西安交通大学 本科"十二五"规划教材
"985"工程三期重点建设实验系列教材

有机化学实验

主编 郗英欣 白艳红

U0290746

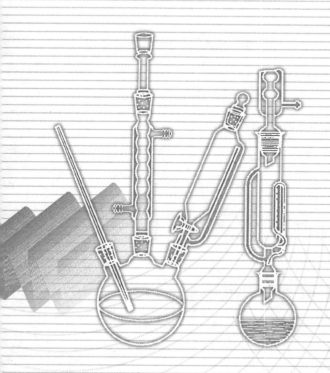

西安交通大学出版社
XI'AN JIAOTONG UNIVERSITY PRESS

内容提要

　　本书介绍了以绿色化学为导向的有机化学实验技术和实验内容,分为有机化学实验的基本知识、有机化合物的分离和纯化技术、有机化合物物理常数测定和结构分析、基础性实验、综合性实验、设计性实验、有机化合物性质及鉴定和附录八个部分,涵盖四十七个实验。其中,一般知识、基本操作、必要数据等部分叙述翔实,实验技术部分注重理论与实践相结合,基础性实验重在复习巩固基本操作技能,综合设计性实验重在运用和提高。引入了微波辐射、超声波辐射等绿色合成、光化学反应等新方法,以及气相、高效液相、红外、核磁共振和 X 射线结构分析等现代有机化合物结构测定技术,紧密结合有机化学新进展,注重开放式和参与性,体现实验技能的综合性、实验实施的独立性、实验过程的研究性和实验理念的绿色化时代特色。

　　本书可作为综合性大学、师范院校、工科院校化学、应用化学、化学工程、材料科学与工程、环境科学、生命科学等专业学生的教科书,也可作为攻读更高学位学生和从事有关专业工作人员使用的参考书。

图书在版编目(CIP)数据

　　有机化学实验/郗英欣,白艳红主编. —西安:
西安交通大学出版社,2014.2(2021.3 重印)
　　ISBN 978 - 7 - 5605 - 5988 - 9

　　Ⅰ.①有… Ⅱ.①郗… ②白… Ⅲ.①有机化
学-化学实验 Ⅳ.①O62 - 33

　　中国版本图书馆 CIP 数据核字(2014)第 019532 号

策　　划	程光旭　成永红　徐忠锋
书　　名	有机化学实验
主　　编	郗英欣　白艳红
责任编辑	王　欣
出版发行	西安交通大学出版社
	(西安市兴庆南路 1 号　邮政编码 710048)
网　　址	http://www.xjtupress.com
电　　话	(029)82668357　82667874(发行中心)
	(029)82668315(总编办)
传　　真	(029)82668280
印　　刷	西安日报社印务中心
开　　本	727mm×960mm　1/16　印张 18.625　字数 337 千字
版次印次	2014 年 2 月第 1 版　2021 年 3 月第 7 次印刷
书　　号	ISBN 978 - 7 - 5605 - 5988 - 9
定　　价	35.00 元

读者购书、书店添货,如发现印装质量问题,请与本社发行中心联系、调换。
订购热线:(029)82665248　(029)82665249
投稿热线:(029)82664954
读者信箱:1410465857@qq.com

编审委员会

Preface 序

教育部《关于全面提高高等教育质量的若干意见》(教高〔2012〕4 号)第八条"强化实践育人环节"指出,要制定加强高校实践育人工作的办法。《意见》要求高校分类制订实践教学标准;增加实践教学比重,确保各类专业实践教学必要的学分(学时);组织编写一批优秀实验教材;重点建设一批国家级实验教学示范中心、国家大学生校外实践教育基地……。这一被我们习惯称之为"质量 30 条"的文件,"实践育人"被专门列了一条,意义深远。

目前,我国正处在努力建设人才资源强国的关键时期,高等学校更需具备战略性眼光,从造就强国之才的长远观点出发,重新审视实验教学的定位。事实上,经精心设计的实验教学更适合承担起培养多学科综合素质人才的重任,为培养复合型创新人才服务。

早在 1995 年,西安交通大学就率先提出创建基础教学实验中心的构想,通过实验中心的建立和完善,将基本知识、基本技能、实验能力训练融为一炉,实现教师资源、设备资源和管理人员一体化管理,突破以课程或专业设置实验室的传统管理模式,向根据学科群组建基础实验和跨学科专业基础实验大平台的模式转变。以此为起点,学校以高素质创新人才培养为核心,相继建成 8 个国家级、6 个省级实验教学示范中心和 16 个校级实验教学中心,形成了重点学科有布局的国家、省、校三级实验教学中心体系。2012 年 7 月,学校从"985 工程"三期重点建设经费中专门划拨经费资助立项系列实验教材,并纳入到"西安交通大学本科'十二五'规划教材"系列,反映了学校对实验教学的重视。从教材的立项到建设,教师们热情相当高,经过近一年的努力,这批教材已见端倪。

我很高兴地看到这次立项教材有几个优点:一是覆盖面较宽,能确实解决实验教学中的一些问题,系列实验教材涉及全校 12 个学院和一批重要的课程;二是质

1

量有保证，90％的教材都是在多年使用的讲义的基础上编写而成的，教材的作者大多是具有丰富教学经验的一线教师，新教材贴近教学实际；三是按西安交大《2010版本科培养方案》编写，紧密结合学校当前教学方案，符合西安交大人才培养规格和学科特色。

　　最后，我要向这些作者表示感谢，对他们的奉献表示敬意，并期望这些书能受到学生欢迎，同时希望作者不断改版，形成精品，为中国的高等教育做出贡献。

西安交通大学教授
国家级教学名师

2013 年 6 月 1 日

Foreword 前言

有机化学实验是化学、化工、材料、能源、环境科学、生命科学、医学、药学、食品、机械、电子等专业以及师范类学生必修的一门独立的基础实验课程。进入 21 世纪以来，随着有机化学实验技术的不断发展和现代有机结构分析手段在有机化学领域中的广泛应用，有机化学实验课程在教学内容、教学方法上有了很大变化，伴随实验条件、教学仪器的不断更新，原有的有机化学实验教材已难以适应有机化学实验教学的要求。与此同时，西安交通大学有机化学实验教学工作经过不断的改革，初步形成了"基础-综合-研究"的实验课教学模式，研究型大学实验教学体系也逐步形成。为适应不断改革和发展的有机化学实验教学工作的需要，在西安交通大学出版社的支持下，结合近年来我校有机化学实验教学实践，我们组织编写了本教材。在编写过程中参考了国内外最新出版的有机化学实验教材。

本教材旨在转变传统的验证式实验教学模式，注重开放式和参与性，引入现代有机结构测定技术，紧密结合有机化学新进展，体现实验技能的综合性、实验实施的独立性、实验过程的研究性和实验理念的绿色化。同时引领学生进入丰富多彩的化学世界，通过了解有机化学实验新技术及其应用，掌握有机化学实验的基本技术、基本操作、基本技能，加深对有机化学基本理论的理解；培养学生的实践创新能力，独立分析和解决问题的能力，使其初步具备进行科学研究的能力，达到复合型人才的培养目标。

本教材主要有以下几个特点：

1. 以加强基础训练与能力培养为主线，按照由浅入深、循序渐进的认识规律，将所选实验分成基本操作实验、合成实验、综合实验与设计性实验四个层次编写。

2. 在保证基础训练和基本操作技能的基础上，注重将现代合成技术（微波辐射和超声波辐射）、光化学反应、水热反应、高压反应等融入实验中，尽可能体现现代有机化学实验的发展成果，合理安排了设计性和综合性实验。

3. 将绿色化学的理念贯穿在实验设计中，倡导环境友好的价值观，引导学生仔细实施实验合成和分离纯化，树立绿色有机化学意识。

4. 将基础科学研究与实验课教学相结合，引入可以实施的仪器分析实验内容。其中综合实验特别是研究性实验，内容包含反应的多向选择、实验的实施及对产物的生成过程跟踪、产物的表征等，均与基础的科学研究相似。

本教材力图求真务实，使实验内容代表性强、覆盖面广、篇幅精简，又能满足较多专业不同层次学生培养的需要。本书内容分为7章，郗英欣、白艳红任主编，参加部分章节编写工作的有王向东、郑阿群、周心艳、向丹、张军杰等，全书由郗英欣、白艳红负责编写、审查定稿。本书是在西安交通大学化学教学实验中心的大力支持下完成的，在编写过程中慕慧教授给予了很大帮助，出版过程中得益于西安交通大学出版社王欣编辑的指导和帮助，在此对他们表示衷心的感谢！

由于编者水平所限，疏误在所难免，恳请读者批评指正！

编　者

2013 年 10 月

Contents 目录

第 1 章　有机化学实验的基本知识

1.1　有机化学实验室的规则

为了保证有机化学实验教学的安全、有序进行,培养学生严谨的实验态度和良好的实验习惯,学生必须严格遵守有机化学实验室的下列规则:

①必须遵守实验室的各项制度,听从教师的指导,尊重实验室工作人员的职权,如果不知道如何安全地进行实验操作,请向实验室主管教师咨询。

②熟悉水、电、气和灭火器的正确使用、摆放位置,掌握灭火、防护和急救的相关知识。

③实验之前应认真预习有关实验内容,明确实验意义和所需解决的问题,安排好实验计划,写好预习报告。

④认领仪器时,应仔细检查仪器有无破损、碎裂,并在实验仪器领取登记本上签名登记。

⑤实验过程中,应仔细观察,科学地、如实地做好实验记录,在整个实验过程中不高声喧哗,不使用手机等娱乐电子产品,始终保持实验室的整洁和安静;做到桌面、地面、水槽、仪器"四净",不得随意乱丢纸屑、药品和沸石等废弃物。

⑥增强环保意识,严禁将废酸、废碱、废弃物倒入水槽,应小心地倒入废液缸内,积累到一定程度后统一处理回收;师生均应培养"绿色化学"意识。

⑦实验中,非经教师许可,不得擅自离开;严禁在实验室内吸烟、吃饮食物。

⑧实验结束后将个人实验台面打扫干净,清洗整理仪器,记录本需经教师审阅后方可离开实验室。实行值日生负责制,每次实验完毕,值日生都应认真打扫和整理实验室,关好水、电和门窗,教师检查后方可离去。

1.2　有机实验室的安全,事故的预防、规避与处置

由于有机化学实验中使用的化学试剂和产物大都易燃、有害、有腐蚀性或有爆炸性,同时有机化学实验常使用玻璃仪器和多种电器设备,如果使用或处理不当,就有可能产生着火、爆炸、中毒、伤害等事故。如果实验者懂得实验基本常识,掌握正确的操作方法,就能有效地维护人身和实验室安全,避免事故的发生,确保实验

顺利进行。

1.2.1　着火的预防及处理

实验室中使用的大多数有机溶剂,如苯、酒精、汽油、乙醚、丙酮等易挥发、易燃烧,操作不慎易引起着火事故。为了防止事故的发生,应随时注意以下几点:

①操作和处理易挥发、易燃烧的溶剂时,应远离火源;尽量不用明火直接加热。

②实验室不许贮放大量易燃物,大量使用时室内不能有明火、电火花或静电放电;用后要及时回收处理,不可倒入下水道,以免聚集引起火灾。若因酒精、苯或乙醚等引起着火,应立即用湿布或沙子等扑灭。

③实验进行时应经常仔细检查仪器是否漏气、有无碎裂,反应进行是否正常;要求操作正确,安装装置做到"稳、妥、端、正"。

④实验室内一旦有失火发生,全室人员要沉着、快速处理,防止事故扩大。首先要切断热源、电源,把附近的可燃物品移走;再针对可燃物的性质和火势的大小,按照实验室安全教育中灭火知识采取适当的灭火措施。小火可用湿布、灭火毯或黄砂盖灭;火较大时,应根据具体情况采用相应的灭火器材进行灭火。例如:酒精及其它可溶于水的液体着火时,可用水灭火;汽油、乙醚等有机溶剂着火时,用砂土扑灭而绝不能用水;衣服上着火,切勿惊慌乱跑,亦可用湿布、灭火毯或实验室自来水冲淋;较严重时应立即卧地将火熄灭。当火势较大不易控制时,应立即拨打119,在指导教师指挥下,撤离实验室。

⑤在实验中,应先将电器设备上的插头与插座连接好后,再打开电源开关。不能用湿手或手握湿物去插或拔插头。实验结束后,应先关掉电源开关,再去拔插头。如遇导线或电器着火时,立即切断电源,用沙或二氧化碳、四氯化碳灭火器灭火,禁止用水或泡沫灭火器等导电液体灭火。

1.2.2　爆炸的预防及处理

在有机化学实验中,预防爆炸的措施通常如下:

①某些化合物容易爆炸,例如,有机过氧化物、芳香族化合物和硝酸酯等,受热或遇敲击、鞋钉磨擦、静电磨擦、电器开关等所产生的火花,均会爆炸。含过氧化物的乙醚在蒸馏时,有爆炸的危险,事先必须除去过氧化物。芳香族硝基化合物不宜在烘箱内干燥。

②仪器装置不正确或操作错误,有时会引起爆炸。若在常压下进行蒸馏和加热回流,仪器装置必须与大气相通,切勿造成密闭体系。减压蒸馏时若使用锥形瓶

或平底烧瓶作接收瓶或蒸馏瓶,因其平底处不能承受较大的负压而发生爆炸,故减压蒸馏时只允许用圆底瓶、尖底瓶或梨形瓶做接收瓶和蒸馏瓶。

③在密闭系统中进行放热反应或加热液体易发生爆炸。凡需要加热或进行放热反应的装置一般都不可密封。加压操作时(如高压釜、封管等),要有一定的防护措施,并应经常注意釜内压力有无超过安全负荷,选用封管的玻璃厚度是否适当,管壁是否均匀。

④开启贮有挥发性液体的瓶塞和安瓶时,必须先充分冷却,然后开启(开启安瓶时需用布包裹),开启时瓶口必须指向无人处,以免由于液体喷溅而导致人身伤害。如遇瓶塞不易开启时,必须注意瓶内贮物的性质,切不可贸然用火加热或乱敲瓶塞等。

⑤如果爆炸事故已经发生,应立即将受伤人员撤离现场,并迅速清理爆炸现场以防引发着火、中毒等事故。

1.2.3 中毒的预防及处理

许多化学药品具有一定毒性,中毒主要是通过呼吸道吸入或皮肤接触到有毒物质引起的。中毒应急处置程序,遵循"先控制":控制有毒区域和控制中毒人员;"后处置":控制的同时实施侦检、监测、疏散救人、处置毒源、救人第一的准则。具体应注意以下几个方面:

①实验前,应了解所用药品的毒性及防护措施,严禁在实验室中饮水、进食,养成每次实验结束后及时洗手的习惯。

②使用或反应过程中产生氯、溴、氧化氮、卤化氢等有害气体或液体的实验,都应该在通风橱内进行,当实验开始后,不要把头伸入通风橱内。也可用气体吸收装置吸收产生的有毒气体。有些有害物质会渗入皮肤,因此在接触固体或液体有毒物质时,必须戴橡皮手套,操作后立即洗手,切勿让毒品沾及五官或伤口。

③禁止口吸吸管移取浓酸、浓碱、有毒液体,应该用吸耳球吸取。禁止冒险品尝药品试剂,不得用鼻子直接嗅气体,而应用手向鼻孔扇入少量气体。

④若吸入气体中毒,应立即到室外呼吸新鲜空气。吸入少量氯气和溴气者,可用碳酸氢钠溶液漱口。若溅入尚未咽下的毒物应立即吐出并用水冲洗口腔;如已吞下时,应根据毒物的性质服解毒剂,并立即送医院。值得指出的是,氯气、溴中毒不可进行人工呼吸,一氧化碳中毒不可用兴奋剂。

1.2.4 "三废"处理

有机化学实验室经常会产生一些有毒的气体、液体或废渣需要特别处理,严禁将浓酸、浓碱废液和不能溶固体物质倒入水池,以防堵塞和腐蚀水管。有机化学实验室的"三废"处理方法如下:

①废气:产生少量有毒气体的实验应在通风橱中进行,如 NO_2、SO_2、H_2S、HF 等可用导管通入碱溶液中,以使其大部分被吸收后排出;CO 可点燃使其转化为 CO_2 再排出。

②废渣:沾附有有害物质的滤纸、包药纸、棉纸、废活性炭及塑料容器等东西,不能随意丢入垃圾箱内,要分类收集,加以焚烧或其它适当的处理;少量有毒废渣,应安排指定地点并深埋于地下。

③废液:严禁将有毒、有害、强腐蚀性试剂及液体倒入水池中,废弃的洗液不得倒入下水道,废液的处理与其性质有关,如:废硫酸液可先用废碱液和碱液中和,调制 pH 为 6~8,然后从下水道排出。实验产生的固液废物应先妥善暂存于各实验室内统一设置分级、分类收集的专门容器中,待专业废液处理公司收购处理。

1.2.5 割伤、灼伤的预防及处理

在有机实验过程中发生割伤、灼伤的预防和处理时的注意事项如下。

①玻璃割伤:如果为一般轻伤,应及时挤出污血,用消毒过的镊子取出玻璃碎片,用蒸馏水洗净伤口,涂上碘酒,再用绷带包扎或敷上创可贴药膏;如果为大伤口,应立即用绷带扎紧伤口上部,使伤口停止出血,急送医院治疗。

②烫伤:高温(热的物体、火焰或者蒸气)或低温(干冰、液态空气或液态氮气等)以及具有腐蚀性的化学药品均可使皮肤烧伤。一旦被火焰、蒸气、高温管道等烫伤时,立即将伤处用大量水冲淋或浸泡,以迅速降温避免深度烧伤。若起水泡不宜挑破,应用纱布包扎后送医院治疗。如为轻伤,可在伤处涂些鱼肝油、烫伤油膏或万花油后包扎;重伤涂以烫伤油膏后送医院。使用液态氮等低温液体时,须格外注意,避免与皮肤的直接接触。装填时应穿戴护具,如防冻手套。皮肤接触低温液体冻伤时,将受伤部位放在不超过 40 ℃ 的温水中浸泡,不要烘干,并立即请医生治疗。

③碱灼伤:应立即用大量水冲洗至碱性物质基本消失,再用 1%~2% 醋酸或 3% 硼酸溶液进一步冲洗。若强碱溅入眼睛内,在现场立刻用大量流水冲洗,再用大量 1% 硼酸溶液冲洗。衣服上用水冲洗后用 1% 醋酸溶液洗涤,再用稀氨水

中和。

④酸灼伤：先用大量流动清水冲洗（皮肤被浓硫酸沾污时切忌先用水冲洗，以免硫酸水合时强烈放热而加重伤势，应先用干抹布或纸面巾吸去浓硫酸，然后再用清水冲洗），再用2%～5%碳酸氢钠溶液、稀石灰水或肥皂水洗，最后再用水冲洗。切忌未经大量流水彻底冲洗就用碱性药物在皮肤上直接中和，这样会加重皮肤的损伤。强酸溅入眼内，在现场立即就近用大量清水或生理盐水彻底冲洗。冲洗时应拉开上下眼睑，使酸不至于留存眼内和下穹窿中。如无冲洗设备，可将眼浸入盛清水的盆内，拉开下眼睑，摆动头部洗掉酸液，切忌因疼痛而紧闭眼睛，经上述处理后立即送医院眼科治疗。衣服上沾酸后先用水冲洗，然后用稀氨水洗，最后再用水洗。地上有酸时则撒一些石灰粉，再用水冲刷。

⑤溴灼伤：溴溅到皮肤上，应立即用水冲洗，再用酒精擦洗，涂上甘油用力按摩；溅到眼睛上用大量水冲洗，再用1%的碳酸氢钠洗；如不慎吸入溴蒸气时，可吸入氨气和新鲜空气解毒。

⑥钠灼伤：可见的小块用镊子移去，然后与碱灼伤处理相同。

⑦酚灼伤：立即用30%～50%酒精擦洗数遍，再用大量清水冲洗干净而后用硫酸钠饱和溶液湿敷4～6小时，由于酚用水稀释至1∶1或2∶1浓度时，在瞬间可使皮肤损伤加重而增加酚的吸收，故不可先用水冲洗污染面。

1.3 实验预习、记录、报告和成绩评判方法

有机化学实验课是一门综合性较强的理论联系实际的课程，它是培养学生独立工作能力的重要环节。书写一份正确、完整的实验报告是对实验过程进行总结，把各种实验现象提高到理性认识的必要训练过程，它是整个实验的一个重要组成部分，也是培养学生科研综合素质的基本任务之一。实验分：实验预习、实验实施与记录、课后实验总结与实验报告。

1.3.1 实验预习

为了使每次实验都能安全、有序、顺利完成，达到预期的效果，实验前必须做好充分的预习和必要的准备工作。只有通过认真的实验预习与实验过程的正确操作，才能得到较为理想的实验结果。要求学生在实验前通过阅读教材和相关参考资料，做到明确实验目的，了解实验室安全规则；仔细阅读实验内容、领会实验原理、了解有关实验步骤和注意事项；此外还需要查阅有关化合物的物理常数，熟悉所用试剂的性质和仪器的使用方法，安排好实验计划并按要求在实验记录本上写

出预习报告。预习报告包括以下几方面内容：

①实验目的：了解实验的基本原理，实验掌握的操作等。

②实验原理：用反应式写出主反应和主要副反应，并简述反应机理。

③仪器和试剂：列出本实验所用仪器的种类和数量；主要试剂和主、副产物的物理化学常数（包括相对分子质量、熔点、沸点、密度、折光率、溶解性等）。

④画出反应和产物分离纯化的实验装置图。

⑤写出详尽实验操作流程：内容要简洁明了，操作顺序正确，要点突出。

⑥实验中可能出现的问题：包括安全问题，写出防范规避措施和处置方法。

⑦实验前需要提问的问题：学生自己预习后仍对原理、操作、控制等有疑问，需要在实验前老师讲评时得到解答的问题。

预习时要清楚书后的提示和问题，特别是对注意事项的理解；记录本须是独立装订的本子；实验记录要编写页码和日期，不可随便撕扯、掉页。

1.3.2　实验记录

实验记录是科学研究的第一手资料，是整理实验报告和研究论文的根本依据，也是培养学生严谨的科学作风和良好工作习惯的重要环节。随时记录是科研工作者的基本素质之一。在实验过程中要认真操作，仔细观察，积极思考，并将观察到的现象及测得的各种数据及时准确地记录于实验记录本中。实验记录应尽可能详细，有些数据宁可在整理实验报告时舍去，也不要因为缺少数据而浪费时间重新实验。实验时要边做边记，仅凭回忆容易造成漏记和误记，影响实验结果的准确性和可靠性。实验记录要实事求是，不得抄袭他人的数据或内容，要如实地反映实验进行的情况，特别是当发生的现象和预期相反，或与教材所叙述的内容不一致时，应记下实验的真实情况，以便探讨其原因。当实验记录完成时，应使别人能看懂所记录的内容，了解该实验在做什么，如何做，得到了什么结果，并能根据记录重复该实验的全部内容。

实验记录除了记下实验指导老师实验前强调的实验要点和注意事项外，每个人的记录应包括以下内容：

①每一步操作所观察到的操作控制因素和现象。操作控制因素如反应的温度、反应的时间、加样的方式等。现象如物料的溶解情况、有无颜色变化、pH 变化、气体放出等，尤其是与预期不一致的异常现象更要如实记录。

②实验后对粗产品的处理纯化过程和测得的各种数据，如：沸程、熔点、折光率、产品称量数据等。

③产品的性状，如：颜色、物理状态等。

④实验操作中出现的不足和失误等。

实验记录不能用铅笔书写,不得涂改,实验结束后应将实验预习报告和产品同时交给老师审阅,产品按要求回收。

1.3.3 实验报告

写实验报告、分析实验现象、归纳整理实验结果,是把实验中直接得到的感性认识上升到理性思维阶段的必要一步。实验操作完成后,必须根据自己的实验记录进行归纳总结,用简明扼要的文字,条理清晰地写出实验报告,应对反应现象给予讨论,对操作中的经验教训和实验中存在的问题提出改进建议。

在基础教学实验中,有机化学实验报告有规定的格式,实验报告的书写内容包括:实验的目的和要求,实验原理,主要原料及主、副产物的物理常数和用量,主要反应装置图,实验的步骤及流程,实验记录(现象及解释),产品产率计算,结果与讨论等。其中结果与讨论部分主要是针对自己的具体实验结果,如:产品的收率、质量、出现的异常现象等进行讨论,分析失误的原因,写出实验的体会,当然也包括对实验提出建设性的意见或建议。

下面以"溴乙烷的合成"实验为例说明实验报告的具体格式。

【例】溴乙烷的合成

一、实验目的

1.掌握由醇制备卤代烷的原理和方法。

2.掌握带有尾气吸收装置的回流加热操作。

3.学习分液漏斗的使用方法。

二、反应原理及反应方程式

主反应:

$$NaBr + H_2SO_3 \longrightarrow HBr + NaHSO_4$$

$$CH_3CH_2OH + HBr \longrightarrow CH_3CH_2Br + H_2O$$

主要副反应:

$$2CH_3CH_2OH \xrightarrow{H_2SO_4} CH_3CH_2OCH_2CH_3 + H_2O$$

$$CH_3CH_2OH \xrightarrow{H_2SO_4} CH_2 = CH_2 + H_2O$$

$$2HBr \xrightarrow{H_2SO_4} Br_2 + SO_2 \uparrow + 2H_2O$$

三、主要试剂

4.0 g(5 mL,0.083 mol)95％乙醇,7.7 g(0.075 mol)无水溴化钠,浓硫酸

四、物理常数

化合物	相对分子质量	熔点/℃	沸点/℃	折光率 n_D^{20}	相对密度 d_4^{20}	溶解性/(g/100 g)^{20}	
						水	有机溶剂
乙醇	46	−117.3	78.3	1.3611	0.7893	无限溶	甲醇、乙醚、氯仿等
溴乙烷	109	−119	38.4	1.4242	1.4612	微溶	乙醇、乙醚、氯仿等
乙醚	74	−116.2	34.5	1.3526	0.7134	不溶	乙醇、苯、氯仿等
乙烯	28	−169.4	−104	1.3630	0.00147	不溶	乙醇、乙醚
浓硫酸	98	10	338	—	1.84	互溶	—
溴化钠	103	747	1390	1.3614	3.203^{25}	90.3^{20}	不溶

五、实验装置图

实验装置如图 1 所示。

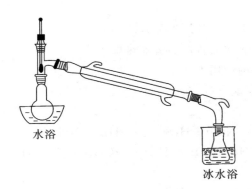

水浴

冰水浴

图 1　溴乙烷制备蒸馏装置

六、实验步骤及现象记录

时间	实 验 步 骤	现 象 记 录
8：30	**1.加料** 　　在 50 mL 圆底烧瓶中加入 5 mL 95％乙醇和 4 mL 水,不断振荡和冷水冷却下,慢慢地加入 10 mL 浓硫酸。冷至室温后,在搅拌下加入 7.7 g 研细的溴化钠,混合均匀后投入 1～2 粒沸石。	加入浓硫酸时放热,烧瓶烫手。固体呈碎粒状,未全溶,溶液淡黄色。
9：10	**2.装配装置,反应** 　　装配好蒸馏装置。为防止产品挥发损失,尾接管放在冰水浴中冷却,并使尾接管的末端刚好浸没在冰水中。小心加热烧瓶,瓶中物质开始冒泡,控制加热大小,使油状物逐渐蒸馏出去。约 30 min 后慢慢调高加热电压,直到无油滴蒸出为止。	加热开始,瓶中出现白雾状 HBr。稍后,瓶中白雾状 HBr 增多。瓶中原来不溶的固体逐渐溶解,因溴的生成,溶液呈橙黄色。
10：10	**3.产物粗分** 　　将接受器中的液体倒入分液漏斗中。静置分层后,将下层的粗制溴乙烷放入干燥的小锥形瓶中。 　　**分液**:将锥形瓶浸于冰水浴中冷却,逐滴往瓶中加入浓硫酸,同时振荡,直到溴乙烷变得澄清透明,而且瓶底有液层分出(约需 4 mL 浓硫酸)。用干燥的分液漏斗仔细地分去下面的硫酸层,将溴乙烷层从分液漏斗的上口倒入 25 mL 蒸馏瓶中。	接受器中液体为浑浊液。分离后的溴乙烷层为澄清液。 　　分液漏斗下层为粗溴乙烷层,上层为水层;分液漏斗上层为粗溴乙烷层,下层为硫酸层。
10：35	**4.溴乙烷的精制** 　　安装蒸馏装置,加 1～2 粒沸石,小心加热,蒸馏溴乙烷。收集 34～40 ℃的馏分。收集产品的接受器要用冰水浴冷却。	无色液体,样品＋瓶重＝25.7 g,其中,瓶重 20.5 g,样品重 5.2 g。
11：20	**5.计算产率** 　　理论产量:0.075×109＝8.175 g 　　产　　率:5.2/8.175＝63.6％	

七、结论

溴乙烷,无色透明液体,沸程 34～40 ℃,产量 5.2 g,产率 63.6%。

八、粗产物纯化过程

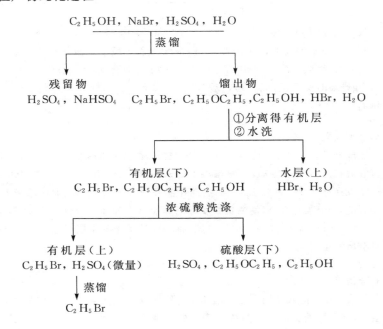

九、结果与讨论

(1)本次实验产品的产量为 5.2 g,液态产品略带橙黄色,可能为副产物中的溴引起。

(2)分液时操作不熟练,未能及时关闭活塞,有少量油层损失。

(3)最后一步蒸馏溴乙烷时,温度偏高,致使溴乙烷逸失,因而产量偏低,以后实验应严格操作。

1.3.4 有机化学实验成绩和成绩评判方法

针对不同学时的专业有机化学实验,计分评分方法不同。

1.有机化学实验学时不大于 32 学时的专业

不再组织有机化学实验的笔试考试,以实验的平时成绩的加权作为有机化学实验的最终成绩,而每次实验的成绩包括三个部分:以 100 分计算,其中实验预习 20 分,实验操作与结果 40 分,实验报告 40 分。实验的最终成绩是取各次实验的平时成绩的平均成绩。

2.有机化学实验学时不小于32学时或者是独立设课的专业

组织有机化学实验的笔试考试,并结合实验的平时成绩作为有机化学实验的最终成绩。其中笔试考试占总分的20%,平时成绩占总分的80%。

1.4　有机化学实验中常用仪器、装置及设备

1.4.1　磨口玻璃仪器及工具

有机合成实验中最常用的就是玻璃仪器。在合成反应中经常需要加热、冷却,要接触各种化学试剂,其中有许多腐蚀性的试剂甚至要经受一定的压力。因此,化学玻璃仪器要求具有优良的化学物理性能:内部结构稳定性良好,具有较高的机械性能和化学性能,较低的膨胀系数,能耐受很高的温差,有良好的灯焰加工性能和很好的透明度。一般采用高硅硼硬质玻璃制造,特点是薄而均匀,其耐骤冷骤热性能好。

玻璃仪器一般分为普通口和标准磨口两类,具体形状见图1.4.1-1、1.4.1-2,常用配件如图1.4.1-3所示。标准磨口仪器可以互相连接,使用方便又严密安全,我国已普遍生产和使用,尤其在精细有机合成实验中已逐渐取代了普通玻璃仪器。

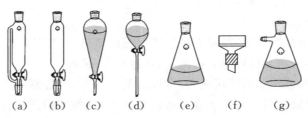

图 1.4.1-1　普通玻璃仪器

(a) 恒压漏斗;(b) 滴液漏斗;(c) 梨形分液漏斗;(d) 圆形分液漏斗;(e) 锥形瓶;(f)布氏漏斗;(g) 吸滤瓶

标准磨口玻璃仪器根据磨口口径分为10、14、19、24、29、34、40、50等号,这些编号是指磨口最大端的直径(单位为mm,取最接近的整数)。相同编号的子口与母口可以连接。当不同磨口编号的子口与母口仪器连接时,中间可加一个大小口(变口)接头,用相应的不同编号的磨口接头使之连接。

学生使用的常量玻璃仪器一般是19号的磨口仪器;半微量实验中采用的是

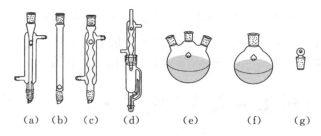

图 1.4.1-2　常用标准磨口玻璃仪器

（a）直形冷凝管；（b）空气冷凝管；（c）球形冷凝管；（d）索氏提取器；（e）三口烧瓶；（f）圆底烧瓶；（g）磨口玻璃塞

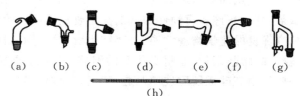

图 1.4.1-3　常用的配件

（a）尾接管；（b）真空尾接管；（c）蒸馏头；（d）克氏蒸馏头；（e）弯形干燥管；（f）弯管；（g）分水器；（h）温度计

14 号的磨口仪器。使用玻璃仪器时应注意以下几点。

（1）使用时应轻拿轻放。

（2）除试管等少数外，一般都不能直接用明火加热，加热时应垫石棉网；不能用高温加热不耐热的玻璃仪器，如：抽滤瓶、普通漏斗、量筒。

（3）带活塞的玻璃器皿使用完后，应及时清洗干净，并在活塞与磨口间垫上纸片，以防粘住。如已粘住，可用水煮后再轻敲活塞；或在磨口四周涂上润滑剂后用电吹风吹热风，使之松动。玻璃仪器最好自然晾干。

（4）磨口必须洁净。若有固体物，则磨口对接不严密导致漏气；若杂物很硬，则会损坏磨口。

（5）磨口仪器使用时，一般不需要涂润滑剂，以免玷污反应物或产物。但是，如果反应中有强碱，则要涂润滑剂，防止磨口连接处因碱腐蚀粘牢而无法拆开。当减压蒸馏时，应在磨口连接处涂润滑剂，保证装置的密封性。

（6）安装仪器装置时，应做到横平竖直，使磨口连接处自然吻合，不能有应力，以免仪器破损。

（7）温度计不能代替搅拌棒使用，也不能用来测量超过刻度范围的温度体系。

温度计使用后要缓慢冷却,不可立即用冷水冲洗以免炸裂。

1.4.2 常用反应装置

有机反应往往比较复杂,影响因素也较多,因而对不同的反应需根据所要求的反应温度、反应时间、物料的投放方式、顺序、反应过程的条件等因素组合、搭建,搭建好反应装置是做好实验的基本保证。

首先应根据要求选择合适的仪器,一般原则如下:

①热源的选择:根据需要温度的高低和化合物的特性来决定。一般低于80 ℃的用水浴,高于80 ℃的用油浴。如果化合物比较稳定,沸点较高,可以用电加热套加热。

②烧瓶的选择:根据液体体积而定,一般液体的体积应占容器体积的1/3～2/3,进行水蒸气蒸馏时,液体体积不应超过烧瓶容积的1/3。

③冷凝管的选择:一般情况下回流用球形冷凝管,蒸馏用直形冷凝管。但是当蒸馏或回流温度超过140 ℃时,应改用空气冷凝管,以防温差较大时,由于仪器受热不均匀而造成冷凝管断裂。

④温度计的选择:实验室一般备有100 ℃、200 ℃和300 ℃三种量程的温度计,根据所测温度可选用不同的温度计,通常选用的温度计要高于被测温度10 ℃～20 ℃。

其次,按照仪器装置的顺序"以热源为准,自下而上,从左到右"安装好仪器装置。无论从正面还是侧面观察,全套仪器装置的轴线都要在同一平面内;铁架应整齐地置于仪器的背面,即仪器安装可概括为四个字:稳、妥、端、正。稳,即稳定牢固;妥,即妥善安装,消除一切不安全因素;端,即端正美观;正,即正确地使用和选用仪器。拆卸时,按照与装配时相反的顺序逐个拆除,并分门别类放置,切勿将玻璃仪器、温度计等与铁架上固定的铁夹子放在一起,避免取放铁夹子时打碎玻璃仪器或温度计。结束蒸馏时,应先撤掉热源,待蒸馏瓶冷却后再关闭冷凝水开关、拆卸仪器。

常用的反应装置有气体吸收装置、回流反应装置、带有搅拌及回流的反应装置、带有气体吸收反应的装置、分水装置、水蒸气蒸馏装置等,下面简要介绍这些反应装置。

1.气体吸收装置

在某些有机化学实验中会产生和逸出有刺激性的、水溶性的气体(如:在制溴乙烷时会逸出溴化氢),这时,必须使用气体吸收装置来吸收这些气体,以减少环境污染。常见的气体吸收装置见图1.4.2-1,其中图1.4.2-1(a)和(b)是吸收少量气体的装置。图1.4.2-1(a)中的漏斗口应略为倾斜,使一半在水中,一半露出水面,以防倒吸。有时为了使卤化氢、二氧化硫等气体能较完全地被吸收,可在水中加少许氢氧化钠。图1.4.2-1(c)是反应过程中有大量有害气体生成或气体逸出速度很快的气体吸收装置。水自上端流入(可利用冷凝管流水)抽滤瓶,在恒定的水平面上从吸滤瓶支管逸出,引入水槽;粗玻璃管应恰好伸入水面,被水封住,以防止气体逸入大气中。

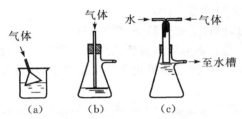

图1.4.2-1　常用气体吸收装置

2. 回流、滴加、分水装置

当有机化学反应需要长时间加热反应物,为了防止反应物或溶剂蒸发损失,常采用回流装置。回流装置将冷凝管与加热瓶连接,通过冷凝管外套循环的冷水冷却,使蒸气冷凝,滴回加热瓶中,这个过程也就是常说的回流。常用的回流装置如图1.4.2-2所示,其中图1.4.2-2(a)是一般简单的回流装置;如需防潮,图1.4.2-2(b)适用于需要干燥的反应体系;图1.4.2-2(c)适应于产生有害气体(如HBr、HCl、SO_2等)的反应体系;图1.4.2-2(d)适用于边滴加边回流的反应体

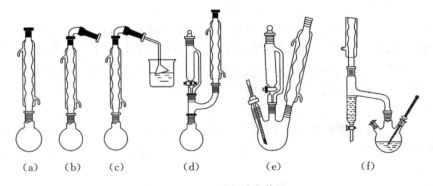

图1.4.2-2　回流反应装置

系;图1.4.2-2(e)适用于滴加、回流过程中测定反应液温度的反应体系。在上述各类回流冷凝装置中,球形冷凝管夹套中的冷却水自下而上流动。可根据烧瓶内

液体的特性和沸点的高低选用水浴、油浴、电热套等加热方式。在回流加热前,不要忘记在烧瓶内加入几粒沸石,以免暴沸。回流时应控制液体蒸气上升不超过两个球为宜,回流的速度控制在每秒1～2滴。某些有机化学反应中,会有水生成,例如酯化反应、醚化反应等。为使反应进行完全,必须使平衡向正反应方向移动,因而可以将生成的副产物从平衡体系中移走。常用的方法是利用水能与许多有机溶剂组成共沸物的特性将水从反应体系中移走,此时需要用到带分水器的回流装置,图1.4.2-2(f)为同时测量反应液温度的分水回流装置。

有些有机反应的原料或试剂对空气或湿气较敏感,这时反应就必须在惰性气体中进行无水无氧反应,以便能顺利地得到不易制备或分离的产物。图1.4.2-3是惰性气体条件下的回流装置。

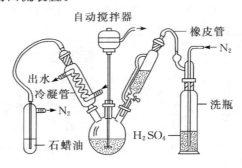

图1.4.2-3 惰性气体条件下的回流装置

3. 搅拌装置

当反应在均相溶液中进行时一般不用搅拌。但是,有很多精细合成反应是在非均相溶液中进行,或反应物之一是逐渐滴加的,这种情况需要搅拌。通过搅拌,使反应物各部分迅速均匀地混合,受热均匀,增加反应物之间的接触机会,从而使反应顺利进行,达到缩短反应时间、提高产率的目的。

实验室中一般有机械搅拌和磁力搅拌两种搅拌装置,二者各有特点,分别适用于不同的实验要求。

(1)机械搅拌装置

如果需要搅拌的反应物较多或黏度较大时,就需要用机械搅拌装置。图1.4.2-4(a)适用于搅拌下回流并需测温的反应;图1.4.2-4(b)适用于搅拌下滴加回流的反应;图1.4.2-4(c)用于搅拌下滴加回流并需测温的反应。

为了搅拌均匀,可以将搅拌棒制造成各种形状(见图1.4.2-5)。在安装搅拌装置时,要求搅拌棒垂直、灵活,与管壁无摩擦和碰撞;与搅拌电机轴(图1.4.2-6)应通过两节真空橡皮管和一段玻璃棒连接,切不可将玻璃搅棒直接与搅拌电机轴相

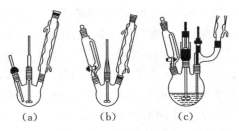

图 1.4.2-4　机械搅拌装置

　　连,避免搅拌棒磨损或折断。搅拌棒虽有多种形状,但安装时总是要求搅拌棒下端距瓶底应有 0.5～1 cm 的距离。机械搅拌器不能超负荷使用,否则电机易发热而烧毁。使用时必须接上地线,平时要注意保养,保持清洁干燥,防潮防腐蚀。轴承应经常涂油保持润滑,每季加润滑油一次。

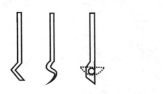

图 1.4.2-5　搅拌棒

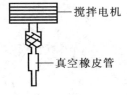

图1.4.2-6　搅拌棒与电机的连接

　　为避免有机化合物蒸气或反应中生成的有害气体污染实验室,在搅拌装置中可采用图 1.4.2-7 所示的密封装置。

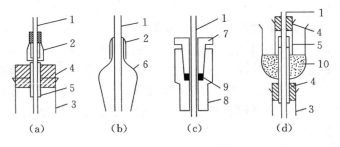

图 1.4.2-7　机械搅拌密封装置

1—搅拌棒;2—橡皮管;3—烧瓶颈;4—橡皮塞;5—玻璃套管;
6—磨口套管;7—有外螺纹的聚四氟乙烯螺丝盖;8—有内螺纹的聚四氟乙烯标准塞;9—硅橡胶密封垫圈;10—液封

　　常用的有简易密封装置或液封装置:简易密封装置使用温度计套管加橡皮管构成,见图 1.4.2-7(a)。搅拌棒在橡皮管内转动,在搅棒和橡皮管之间滴入润滑油。也可用带橡皮管的玻璃套管固定于塞子上代替,见图1.4.2-7(b)。使用磨口仪器时,可采用图1.4.2-7(b)的装置,但有时不及前者稳妥。现在实验室大多采用图1.4.2-7(c)所示的聚四氟乙烯制成的搅拌密封塞。它由上面的螺丝盖、中间的硅橡胶密封垫圈和下面的标准口塞组成。使用时只需选用适当直径的搅棒插入标准口塞与垫圈孔中,在垫圈与搅棒接触处涂少许甘油润滑,旋上螺旋口使松紧适度,把标准口塞装在烧瓶上即可。另外一种是液封装置,见图1.4.2-7(d)。这种装置过去使用水银封闭(称作汞封),因汞毒性较大,现改用其它惰性液体,如石蜡油或甘油作填充液进行密封(常称作石蜡封或甘油封)。

(2)磁力搅拌装置

磁力搅拌是通过一个可旋转的磁铁带动一根以玻璃或塑料密封的软铁制成的磁子或搅拌子旋转进行搅拌的一种装置。一般的磁力搅拌器都有控制磁铁转速的旋钮及可控制温度的加热装置,使用磁力搅拌比机械搅拌装置简单、易操作,且更加安全。它的缺点是不适用于大体积和黏稠体系。使用时应注意及时收回搅拌子,不得随反应废液或固体一起倒入废料桶或下水道。

4. 蒸馏、分馏装置

蒸馏是分离两种以上沸点相差较大的液体和除去溶剂时常采用的方法。蒸馏装置主要由气化、冷凝和接收三大部分组成。主要仪器有蒸馏瓶、蒸馏头、温度计、直形冷凝管、尾接管、接收瓶等。

图1.4.2-8(a)是最常用的蒸馏装置。由于这种装置出口处与大气相通,可能逸出馏液蒸气,蒸馏易挥发的低沸点液体时,需将尾接管的支管连上橡胶管,通向水槽或室外。支管口接上干燥管,可用作防潮的蒸馏。图1.4.2-8(b)是应用空气冷凝管的蒸馏装置,常用于蒸馏沸点在140 ℃以上的高沸点液体。若使用直型水冷凝管,由于液体蒸气温度较高将导致冷凝管炸裂。图1.4.2-8(c)为蒸除较大量溶剂的装置,由于液体可自滴液漏斗中不断地加入,既可调节滴入和蒸出的速度,又可避免使用较大的蒸馏瓶,使蒸馏连续进行。若液体混合物中各组分的沸点相差较小,用普通蒸馏法难以精确分离,则需应用分馏的方法进行分离,分馏装置如图1.4.2-8(d)所示。

5. 减压蒸馏装置

当需要蒸馏一些在常压下未达沸点,就已受热分解、氧化或聚合的液体时,需要使用减压蒸馏装置(图1.4.2-9)。减压蒸馏装置由蒸馏、减压两部分组成。

6. 水蒸气蒸馏装置

水蒸气蒸馏是将水蒸气通入不溶或难溶于水但有一定挥发性的有机物质中,使该物质在低于100 ℃温度下,随水蒸气一起蒸馏出来,如图1.4.2-10所示。

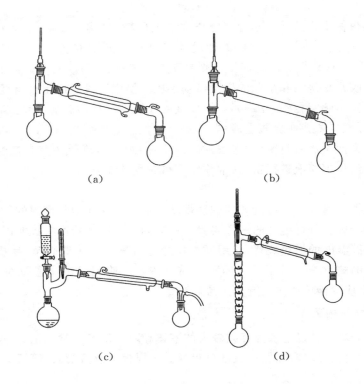

图 1.4.2-8　蒸馏、分馏装置

(a) 低沸点液体的普通蒸馏装置；(b) 高沸点液体的空气冷凝蒸馏装置；(c) 适合大量液体连续蒸馏的装置；(d) 简单分馏装置

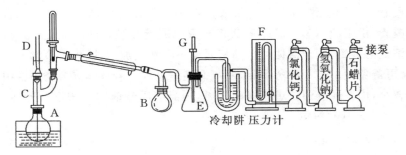

图 1.4.2-9　减压蒸馏装置

水蒸气蒸馏装置由水蒸气发生部分、蒸馏部分、冷凝部分、接收部分组成。

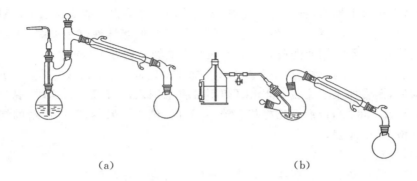

（a）   （b）

图 1.4.2-10　水蒸气蒸馏装置

（a）被蒸馏液体盛装在圆底烧瓶中；（b）被蒸馏液体盛装在三口瓶中

1.4.3　仪器的洗涤和干燥

1.玻璃仪器的洗涤

进行精细有机合成实验，为了避免杂质混入反应物中，必须使用清洁的玻璃仪器。一般来说，附着在仪器上的污物可分成可溶性物质、尘土、不溶性物质、有机物和油垢等，针对具体情况，可分别采取下列方法洗涤。

（1）用水刷洗

简单而常用的洗涤方法是用水洗刷，可以洗去水溶性物质和附着在仪器上的尘土及不溶性物质。

（2）用去污粉和合成洗涤剂刷洗

当器皿上黏附油污和有机物时，难以用水洗刷干净，则可用去污粉和合成洗涤剂刷洗。洗涤时将仪器用水浸湿，再用湿毛刷沾少量去污粉和合成洗涤剂刷洗。若仍洗不干净，可用去污粉和合成洗涤剂的热溶液浸泡一段时间后再洗，或用热的碱液洗。虽然去污粉中细的研磨料微小粒子对洗涤过程有帮助，但有时这种微小粒子会黏附在玻璃器皿壁上，不易被水冲走，此时可用 2％盐酸洗涤一次，再用自来水清洗。

（3）铬酸洗液洗涤

有时即使尽了最大努力仍然不能把顽固的黏附在玻璃仪器上的残渣或斑迹洗净，这时要使用洗液。铬酸洗液氧化性很强，对有机污垢破坏力也很强。除去容器内的水，慢慢倒入洗液，转动器皿，使洗液充分侵润不干净的器壁，数分钟后把洗液倒回洗液瓶中，用自来水冲洗。若壁上有少量炭化残渣，可加入少量洗液，浸泡一段时间后在小火上加热,直至冒出气泡,炭化残渣可被除去。清除器壁上残留的油污,用少量洗液刷洗或浸泡一夜。洗液可重复使用,但当洗液颜色变绿,表示洗液失效,应该弃去,不能倒回洗液瓶中。洗液和废液经处理方可排放。

铬酸洗液的配制方法:在一个 250 mL 烧杯中先将 5 g 重铬酸钾溶于 5 mL 水中,冷却后,慢慢加入浓硫酸 100 mL(切不可将水倒入浓硫酸中),这时,混合物温度升高至 70～80 ℃,待混合物冷却至约 40 ℃时,倒入干燥的、磨口严密的细口试剂瓶(洗液瓶)中保存。

(4)盐酸洗涤

用浓盐酸可洗去附着在器壁上的二氧化锰或碳酸钙等残渣。

(5)有机溶剂洗涤液

当胶状或焦油状的有机污垢用上述方法不能洗去时,可选用有机溶剂洗涤,因为残渣很可能溶于某种有机溶剂。当用有机溶剂洗涤时要尽量用少量溶剂。丙酮是洗涤玻璃仪器时常用的溶剂,但价格较贵,用废的丙酮可循环使用。几种常见的污垢的处理方法见表 1.4.3 - 1。

表 1.4.3 - 1 常见的污垢的处理方法

污垢	处理方法
沉淀的金属如银、铜	用 HNO_3
沉淀的难溶性银盐	用 $Na_2S_2O_3$ 洗涤;Ag_2S 用热浓 HNO_3
黏附的硫磺	用沸腾的石灰水处理
高锰酸钾污垢	用草酸溶液处理(黏在手上也可用此法)
沾有碘迹	用 KI 溶液浸泡;用温热的 NaOH 或 $Na_2S_2O_3$ 溶液处理
瓷研钵内的污垢	用少量食盐在研钵内研磨后倒掉,然后用水洗
有机反应残留的胶状或焦油状有机物	用丙酮或回收的丙酮浸泡;也可用稀 NaOH 或浓 HNO_3 沸腾处理
一般油污及有机物	用含 $KMnO_4$ 的 NaOH 溶液处理
被有机试剂染色的比色皿	用体积比 1∶2 的盐酸-酒精溶液处理

(6)超声清洗器清洗

有机实验中常用超声清洗器洗涤玻璃仪器,其优点是省时又方便。只要把用过的仪器放在配有洗涤剂的溶液中,接通电源,利用超声波的振动和能量,即可达到清洗仪器的目的。

如用于精制或有机分析用的器皿,除用上述方法处理外,还须用蒸馏水冲洗。

注意：玻璃仪器洗净的标志是器壁上能均匀形成水膜而不挂水珠。

2. 玻璃仪器的干燥

干燥玻璃仪器最简便的方法是自然干燥。一般洗净的仪器倒置一段时间或放置过夜后，若没有水迹，即可使用。若要求严格无水，可将所需使用的仪器放在烘箱中烘干。若需快速干燥，可用乙醇淋洗玻璃仪器，然后用电吹风吹干，吹干后用冷风使仪器逐渐冷却。

必须指出，带有刻度的计量仪器不能用加热的方法干燥，否则会影响仪器的准确度。如需干燥，可采用晾干、冷风吹干或有机溶剂干燥等方法。

1.4.4　实验室的电气设备

有机合成实验有很多电气设备，使用时应注意安全，并保持这些设备的清洁，千万不要将药品洒到设备上。常用电气设备如下。

1. 烘箱

实验室一般使用恒温鼓风烘箱（图 1.4.4-1）。主要用来干燥玻璃仪器或烘干无腐蚀性、加热不分解的药品。挥发性易燃物或以酒精淋洗过的玻璃仪器不能放入烘箱内，以免发生爆炸。使用时应注意温度的调节与控制。干燥玻璃仪器应先沥干再放入烘箱，温度一般控制在 100～110 ℃，而且干湿仪器要分开。烘干化学药品时，应注意控制烘箱温度低于化合物熔点 10 ℃以上，切忌将液体药品和易挥发的药品放入烘箱中。

2. 电吹风

实验室中使用的电吹风机可吹冷风和热风，供干燥玻璃仪器之用。图 1.4.4-2所示可快速干燥烧杯。用时特别注意不要将水或反应液洒到机壳的孔眼里。用完要放在干燥处，注意防潮、防腐蚀，定期加油和维护。

图 1.4.4-1　烘箱　　　　图 1.4.4-2　电吹风

3. 气流烘干器

气流烘干器是借助热空气将玻璃仪器烘干的一种设备,其特点是快速方便,如图 1.4.4-3。使用时,将仪器洗干净后,甩掉多余的水分,然后将仪器套在烘干器的多孔金属管(风管)上。气流烘干器不宜长时间加热,以免烧坏电机和电热丝。一般将玻璃仪器插入风管上,5～10 分钟后仪器即可烘干。特别要注意不要把移液管、温度计和玻璃棒等细物插入风管内,以免卡住风扇或损坏仪器;也不要将残留有酸、碱、有机溶剂的仪器插在风管上,以防设备中的金属部件受损。

图 1.4.4-3　气流烘干器

4. 电加热套

电加热套(图 1.4.4-4)是由玻璃纤维包裹着电热丝织成帽状的加热器。由于它没有明火,因此加热和蒸馏易燃有机物时,具有不易着火的优点,热效率也高。

图 1.4.4-4　电热套

电加热套相当于均匀加热的空气浴。加热温度通过调调节温度控制器(或变压器)来控制。最高加热温度可达 400 ℃,是有机合成实验中一种简便、安全的加热装置,主要用做回流加热的热源,使用时应注意,不要将药品洒在电热套中,以免加热时药品挥发污染环境,同时避免电热丝被腐蚀而断开。用完后放在干燥处,否则内部潮湿后会降低绝缘性能。电热套的容积一般与烧瓶的容积相匹配。

5. 搅拌器

搅拌器是有机化学实验中必不可少的设备之一,它可使反应混合物混合得更加均匀,反应体系的温度更加均匀,从而有利于化学反应,特别是非均相反应的进行。常用的搅拌器有电动搅拌器和磁力搅拌器。

(1)电动搅拌器

电动搅拌器(图1.4.4-5(a))是化学反应时搅拌液体反应物的装置,通过变速器或外接调压变压器可调节搅拌速度。使用时应注意以下几点:

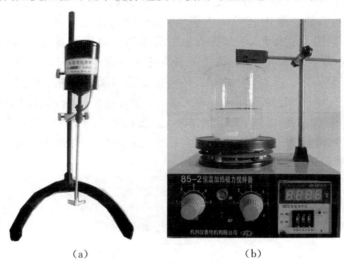

（a）　　　　　　　　　（b）

图1.4.4-5　搅拌器
(a)电动搅拌器；(b)磁力搅拌器

①开启时应逐渐升速,搅拌速度不能太快,以免液体溅出。关闭时应逐渐减速直至停止。

②不能超负荷运转,也不能运转时无人照看。

③电动搅拌器长时间运转会使电机发热,一般不能超过60 ℃(有烫手的感觉)。

④使用时必须接上地线。平时应注意经常保持清洁干燥,防潮,防腐蚀,轴承应经常加油保持润滑。

电动搅拌器一般用于固液反应中,但不适用于过黏的胶状液体。

(2)磁力搅拌器

磁力搅拌器(图1.4.4-5(b))是由磁子和一个可以旋转的磁铁组成。将磁子投入盛有搅拌物的反应容器中,将容器置于内有旋转磁场的搅拌器托盘上,接通电源。由于内部磁场不断旋转变化,容器内的磁子也随之旋转,达到搅拌的目的。一般的磁力搅拌器都有控制磁铁旋转的旋钮及可控制的加热装置。磁力搅拌器的特点是容易安装,当反应物量比较少或反应在密闭条件下进行时,磁力搅拌器的使用更为方便。但缺点是对于一些黏稠液或是大量固体参加或生成的反应,磁力搅拌因动力较小无法顺利使用。

6. 旋转蒸发器

旋转蒸发仪是由电机带动可旋转的蒸发器(圆底烧瓶)、冷凝器和接受器组成(图1.4.4-6),能够在常压或减压下操作。既可一次进料,也可分批吸入蒸发料液。由于蒸发器的不断旋转,不加沸石也不会暴沸。蒸发器旋转时,会使料液附于瓶壁形成薄膜,蒸发面大大增加,加快了蒸发速率。因此,旋转蒸发器是浓缩溶液、回收溶剂的理想装置。其基本操作如下:装配好单口圆底烧瓶,使连接真空接口的三通活塞通大气;打开旋转蒸发仪旋转开关,置于合适的转速,连接真空系统,慢慢关闭通大气的活塞,然后加热;蒸馏完毕后,先慢慢开启使连接真空接口的三通活塞通大气,待内、外压力一致时,关闭真空系统,拆去热源,待温度降低至室温后,停止旋转,取下单口烧瓶;整理、清洗仪器。

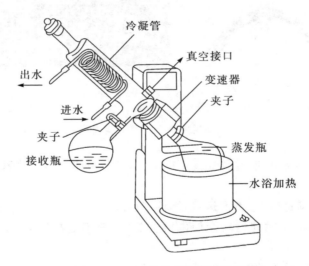

图 1.4.4-6 旋转蒸发仪示意图

1.4.5 其它仪器设备

在有机实验中,还经常用到各种各样的辅助仪器和设备。

1. 托盘天平和电子天平

托盘天平(图1.4.5-1)是最常用的称量器具,又称台秤,用于精度不高的称量。实验室中常用台秤的最大称量为 500 g，能称准到 0.1 g。称量前若发现两边不平衡，应调节两端的平衡螺丝使之平衡。称量时，被称量的物质放在左边秤盘；在右边秤盘上加砝码，最后移动游码，至两边平衡为止。被称量的化学药品必须放在称量纸上或烧杯、烧瓶内，切不可直接放在秤盘上，以保持天平的清洁。称量后应将砝码放回盒中，将游码复原至零刻度。

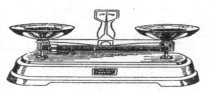

图 1.4.5 - 1　托盘天平

电子天平（图 1.4.5 - 2）也是实验室常用的称量设备，尤其在微量、半微量实验中经常使用。具有体积小，灵敏度高，准确度高，使用方便等优点，最大载荷一般为 100 g 或 200 g，分度值可达到 0.1 mg 或 0.01 mg。分析天平是一种比较精密的仪器，称量时可以精确到 0.0001 g。因次，平时与使用时应注意维护和保养，天平应放置在清洁稳定的环境中，以保证称量的准确性；所称物体不能直接放在盘上，而应放在清洁、干燥的表面皿、硫酸纸或烧杯中进行称量，易挥发的液体物质应盛放在带塞子的锥形瓶或圆底烧瓶中进行称量。始终保持称量台的整洁，称量盘上有药品时应立即清除。

普通电子天平　　　　　分析电子天平

图 1.4.5 - 2　电子天平

2. 循环水式多用真空泵

循环水式多用真空泵是以循环水作为工作流体的喷射泵（图 1.4.5 - 3）。它是利用射流技术产生负压的原理而设计的一种多用真空泵，广泛用于蒸发、蒸馏、结晶、过滤、减压、升华等操作。其特点是：体积小，节约水。因此，是实验室常用的减压设备，常用于对真空度要求不高的减压体系中。

使用循环水式真空泵时应注意以下几点：

①真空泵抽气口最好接一缓冲瓶，以免停泵时倒吸。

②开泵前，检查是否与体系接好，然后打开缓冲瓶上的旋塞。开泵后，用旋塞调至所需真空度。关泵时，要先打开缓冲瓶上的旋塞，拆掉与体系的接口，再关泵，切忌相反操作。

③有机溶剂对水泵的塑料外壳有溶解作用，应经常补充和更换水泵中的水，以保持水泵的清洁和真空度。

图 1.4.5 - 3　循环水式多用真空泵

3.油泵

油泵也是实验室中常用的减压设备。它多用于对真空度要求较高的场合中，其效能取决于泵的结构及油的好坏(油的蒸汽压越低越好)，性能好的油泵能抽到 $10\sim100$ Pa(1 mmHg 柱以下)的真空度。为了保护油泵，使用时应注意：系统和油泵之间必须安装安全防护和污染防护装置；定期更换油；当干燥塔中的氢氧化钠、无水氯化钙已结块时应及时更换。

4.热水浴箱

电热恒温水浴箱(图 1.4.5 - 5)是实验室用于热水浴的设备之一。使用时应将电热恒温水浴箱放在固定平台上，先将排水口的胶管夹紧，再将清水注入水浴箱箱体内。为缩短升温时间，亦可注入热水，但注水时不可将水流入控制箱内，以防发生触电。使用后箱内水应

图 1.4.5 - 5　热水浴箱

及时放净，并擦拭干净保持清洁以利延长使用寿命。加水之前切勿接通电源，而且在使用过程中，水位必须高于隔板，切勿无水或水位低于隔板时加热，否则会损坏加热管。最好用纯净水，以避免产生水垢。

5.超声清洗机

超声清洗机(图 1.4.5 - 6)是用于清洗各种实验室仪器、容器及进行超声反应的一种常用仪器，具有方便性与实用性。

超声波清洗显示出比其它多种清洗方式的优越性，它可用于清洗玻璃器皿人手工洗不到的内壁。由于超声波的能量能够穿透玻璃器皿的内壁和细微的缝隙、

图 1.4.5 - 6　超声清洗机

小孔、死角,故可以应用于任何玻璃器皿的清洗。超声波发生器电源应单独使用一路 220V/50Hz 电源,并配装 2000 W 以上稳压器。一般来说,超声波在 30～40 ℃时的洗涤效果最好,清洗剂则是温度越高,作用越显著。通常实际应用超声波清洗时,采用 30～60 ℃的工作温度。将清洗液倒入清洗槽中(倒入清洗液的量为放入被清洗物时液面的位置约为整体的四分之三为佳)。

6.金属工具

在有机化学实验中常用的金属工具有铁架台、升降台、烧瓶夹、冷凝管夹(又称万能夹)、铁圈、S 扣、镊子、剪子、锥子、打孔器、不锈钢小勺等。这些仪器应放在实验室规定的地方。要保持这些工具的清洁,经常在活动部位加上一些润滑剂,以保证活动灵活不生锈。

7.压缩气体钢瓶

在有机化学实验中,有时会用到气体来作为反应物,如氢气、氧气等,也会用到气体作为保护气,如氮气、氩气等,实验室一般都是使用压缩气体钢瓶来贮存气体的。将气体以较高压力贮存在钢瓶中,既便于运输又可以在一般实验室里随时用到非常纯净的气体。由于钢瓶里装的高压的压缩气体,因此,在使用时必须严格注意安全,否则将会十分危险。

实验室里用的压缩气体钢瓶,一般高度约 160 cm,重约 70～80 kg。对于如此庞大的物体,如果不加以固定,一旦倒下来肯定会砸坏东西或砸伤人,且不说还会有高压气体本身带来的危险。因此,从安全考虑,应当将钢瓶固定在某个地方,如固定在桌边或墙角等。为了转移方便,一般选用特制的推车。

如何正确识别钢瓶所装的气体种类,也是一件相当重要的事情。虽然,所有的气体钢瓶外面都会贴有标签来说明瓶内所装气体的种类及纯度,但是这些标签往往会被损坏或腐烂。为防止各种钢瓶混用,所有的压缩气体钢瓶都会依据一定的标准根据所装的气体被涂成不同的颜色。

除盛毒气的钢瓶外,钢瓶的一般工作压力都在 150 kg/cm² 左右,按国家标准规定涂成各种颜色以示区别,如表 1.4.5-1 所示。

表 1.4.5-1 气体钢瓶的颜色

钢瓶内所装气体	瓶身颜色	标字颜色
氧气	天蓝色	黑字
氮气	黑色	黄字
压缩空气	黑色	白字
氯气	草绿色	白字
氢气	深绿色	红字
氨气	黄色	黑字
石油液化气	灰色	红字
乙炔	白色	红字

1.5 有机化学实验控制

1.5.1 温度控制

1. 加热

有机反应的速率一般随温度的升高而加速,因此,为了加快反应速率,有机反应常常在加热条件下进行。通常玻璃仪器不能用火焰直接加热,因为强烈的温度变化和受热不均匀会造成玻璃仪器的损坏。另外,由于局部过热,还可能引起有机化合物的部分分解或燃烧。所以,根据不同的需要,选择不同的热源和加热方式对有机反应至关重要。有机实验室中常用的热浴有空气浴、水浴、油浴、沙浴等加热法。使用酒精灯或煤气灯的直接加热方式因为安全原因已不被采用。

(1)空气浴

沸点在 80 ℃以上的液体均可采用。空气浴就是让热源把局部空气加热,空气再把热能传导给反应容器。电热套(加热包)和封闭式电炉加热就是简便的空气浴加热,能从室温加热到 200 ℃左右。其优点是:仪器简单、操作方便、加热迅速,明火被基本消除,减少有机溶剂燃烧的隐患。缺点是:控温不够严格,加热不够均匀,使用过程中还要注意防止水漏入电热套、电炉中而引起短路或者漏电。此外,若将有机溶剂如乙醚、石油醚或酒精等不慎漏入加热中的电热套或电炉中,仍有可能引起燃烧,使用时一定要小心操作。通常,电热套、封闭式电炉加热法的空气浴被用来进行蒸馏或者回流,以及对温度要求不是十分严格的反应。安装电热套时,要使反应瓶外壁与电热套内壁保持 2 cm 左右的距离,以便利用热空气传热和防止局部过热等。

(2)水浴

沸点在 80 ℃以下的液体当加热温度不超过 100 ℃时,可采用水浴加热,但涉及金属钠、钾的反应都不能用水浴加热。它是通过热水或水蒸气加热盛在容器中的物质。实验室经常用恒温水浴箱进行加热,被加热的容器放在水浴锅的铜圈或者铝圈上。恒温水浴箱用电加热,可自动控制温度、同时加热多个样品。水浴箱内盛水不要超过 2/3,被加热的容器不要碰到水浴箱底。简单实验时可用烧杯盛水并加热至沸代替水浴锅进行水浴加热更为方便。

(3)油浴

加热温度在 100～250 ℃时可用油浴,也常用电热套加热,其优点是反应物受热均匀。油浴加热法是通过严格控温的加热丝对油浴进行加热的方法,较常见的加热油有液体石蜡和硅油。液体石蜡可加热到 220 ℃,硅油可加热到 250 ℃。使用时,油浴中应放置温度计,观察热载体的实际温度,以便及时调节热源的温度,防止过热。此外,使用油浴加热的过程中,同样要注意防止水或有机溶剂漏入油浴中;在反应完毕后,需将玻璃仪器外壁的油擦干。

(4)沙浴

沙浴温度可达 300～400 ℃。具体做法是在铁制沙盘中装入细沙,将被加热容器下部埋在沙中,用电炉加热沙盘。为了使受热均匀,使用的砂子(河沙或石英砂)需用 60～80 目筛子过筛,并用清水漂洗干净。沙浴中也应插入温度计(一般使用高温温度计或热电偶)观察温度。

2. 加热仪器及注意事项

(1)液体加热注意事项

试管:液体不超过试管容积的 1/3;试管应与桌面成 45°角;试管要预热。

烧杯:液体占烧杯容积的 1/3～2/3。

烧瓶:液体占烧瓶容积的 1/3～2/3;加热前外壁要擦干。

蒸发皿:液体不超过容积的 2/3;加热时要不断地搅拌;当蒸发皿析出较多固体时应减小火焰或停止加热,利用余热把剩余固体蒸干,以防止晶体外溅。

(2)固体加热注意事项

试管:试管口应向下倾斜(加热 NH_4Cl 除外);试管要预热。

蒸发皿:要注意充分搅拌;适用于固体的烘干或灼烧。

坩埚:先小火加热,后强火灼烧;适用于高温加热固体;坩埚种类有瓷坩埚、氧化铝坩埚等,若加热熔融强碱只能在铁坩埚中进行。

3. 冷却

在有机化学实验中,常常需要对体系进行低温操作,如:一些分离提纯过程(气体纯化、结晶析出等)及某些有机反应(重氮化、亚硝化反应等)。所以,冷却操作和冷冻剂的使用都是有机化学实验中常用的基本操作技术。除了最常用的水冷却外,还有以下几种常见的冷却方法。

(1)冰水冷却

若要求冷却至室温以下,可使用冰或者碎冰和水的混合物作冷却剂。利用制冰机或冰箱制冰,与水混合后使用,可增大与被冷却容器的接触面,因而冷却效果比单纯使用冰块好,但冷却温度最低只能达到 0 ℃。

(2)冰盐冷却

冰盐浴的降温原理与溶液的凝固点下降有关,用碎冰与食盐按一定的比例混合制成的冷却剂,最低温度可达到 -20 ℃。常用的冰盐浴有:3 份冰 $+1$ 份食盐: -20 ℃;3 份冰 $+5$ 份 $CaCl_2 \cdot 6H_2O$: -40 ℃。无论用哪一种冷冻混合物,先决条件是须将冰和盐很好地粉碎,而且要混合均匀。用两种冷冻混合物时,须先将 $CaCl_2 \cdot 6H_2O$ 在冰箱中冷却,才能达到上述温度。

(3)干冰或干冰与有机溶剂混合冷却

干冰就是固态的二氧化碳,通常呈块状,其升华温度为 -78.5 ℃,所以将粉碎的干冰加入到丙酮、甲醇、乙醇或者其他合适的有机溶剂中(加入时要小心,因为会产生大量的泡沫),可使温度降至 -78.5 ℃。由于这种制冷剂混合物的冷却容量不大,为使其储有足够大的制冷量,最好向制冷剂中加入过量的干冰。为了降低其与外界环境的热量交换,可以采用杜瓦瓶(广口保温瓶)隔热。使用干冰时,应戴好保护目镜和手套。常见的干冰有机溶剂冷却剂有:丙酮 $+$ 干冰: -78.5 ℃;乙醇 $+$ 干冰: -72 ℃;氯仿 $+$ 干冰: -77 ℃。

(4)液体氮气

如果上述冷却温度还是达不到实验的要求,则可采用液氮冷却法。液氮冷却温度为 -195.8 ℃,但在注入液氮前,杜瓦瓶必须彻底干燥。另外,在操作时务必谨慎小心,注意不要被冻伤。

(5)低温循环泵

有机化学实验中除了可采用上述冷却法外,还可以采用循环冷却仪冷却法。低温冷却液循环泵是采用压缩制冷方法的循环泵设备,可直接冷却试管、反应瓶等进行低温下的化学反应,进行化学品和生物制品低温贮存,也可结合旋转蒸发仪、真空冷冻干燥箱、循环水式多用真空泵等配套使用。

低温循环泵的特点：

①低温冷却液循环泵大容量开口浴槽和外循环一体，即可以作为冷冻槽，又能对外提供冷却液。

②低温冷却液循环泵具有温度数字设定和显示，操作简单。

③低温冷却液循环泵循环系统采用高分子防腐材料，可防锈、防腐蚀、防低温液体污染。

使用注意事项：

①使用前槽内应加入液体介质。

②使用工作电源应根据仪器型号的技术参数确定，实验室电源功率应大于或等于仪器总功率，电源必须有接地良好的"接地"装置（注：仪器背面左下方有接地引线）。

③仪器应安置在干燥通风处，后背及两侧离开障碍物 400 mm 距离。

④当低温冷却液循环泵工作温度较低时，应注意不要开启上盖，手勿进入槽内，以防冻伤。

⑤使用完毕，所有开关置关机状态，拔下电源插头，用吸耳球、皮管把槽内的液体吸干。

1.5.2　无水无氧操作

在化学实验中经常会遇到一些特殊的化合物，这类物质怕空气中的水和氧，因此研究这类对空气和水敏感的化合物——合成、分离、纯化和分析鉴定，采用特殊的仪器和无水无氧操作技术是必要的。否则，即使合成路线和反应条件都是合适的，最终也得不到预期的产物。无水无氧操作技术一般通过以下途径来完成。

1. 惰性气体保护

直接向反应体系中通入气体保护。对于一般的化学体系和要求不是很高的体系（即不是对空气和水汽很敏感的），可采用直接将惰性气体通入反应体系置换出空气的方法。这种方法简便易行，广泛用于各种常规的有机合成，是最常见的保护方式。惰性气体可以是普通的氮气，或是稍贵的高纯氮气或氩气。使用普通氮气时，最好让保护气体通过一装有浓 H_2SO_4 的洗气瓶或装有合适干燥剂的干燥塔后使用效果会更好。

由于氮气有很好的化学稳定性，价格便宜，在化学工业中常作为无氧、干燥的惰性介质，被广泛用作保护气氛、气氛置换、吹除、充填等气体，以使化学性质活泼的物质不受氧化，减少设备的腐蚀。在有机化学实验室的有机合成中，常用氮气作为保护气体，氮气保护主要是为了防止有机化合物被氧化和影响反应方向、速度或引发爆聚反应等。如在许多易燃物质的反应器或贮藏时充入氮气,不但可以保护物料不受氧化,保持产品质量,还能保证反应和贮存的安全,防止燃烧、爆炸事故的发生。但由于氮气的比重比空气轻,所以应将氮气管道从反应釜底插入,向上逸出。氮气注入保护还有一种方法,即通过抽真空将釜内空气抽去再通入氮气,如此进行2~3次,即可把釜内空气全部置换掉。所用氮气是经过除水除氧的干燥气体。这样在氮气正压力下,水汽或空气就不容易进入反应瓶中。

2. 手套箱

对于需要称量、研磨、转移、过滤等较为复杂操作的体系,一般采用在一充满惰性气体的手套箱(图1.5.2-1)中操作。手套箱操作时,先用惰性气体将连有操作手套的实验箱中的空气置换,再通过使用手套进行各种实验操作,优点是可进行较为复杂的固体样品的操作(如X射线衍射单晶结构分析中挑选晶体等),缺点是不易将微量的空气除尽,容易产生死角。手套箱可以由有机玻璃或金属制成。市售的金属手套箱一般由循环净化惰性气体恒压的操作室与前室两部分组成,两部分之间有承压闸门,前室在放入所需物品后即关闭抽真空并充入惰性气体。当前室达到与操作室等压时,可打开内部闸门,将所需样品送入操作室。操作室内有电源、低温冰箱和抽气口等,可以进行精密称量、物料转移等。

图1.5.2-1　手套箱

3. 史兰克(Schlenk)技术

Schlenk技术是在惰性气体气氛下,使用特殊的Schlenk型玻璃仪器(具有通惰性气体和抽真空的侧管和活塞)进行的实验操作。它比手套箱操作更为安全可靠,可适用于一般化学反应(回流、搅拌、滴加液体以及固体投料等)和分离纯化(蒸馏、过滤、重结晶以及提取等)以及特殊样品的储存和转移。例如,对空气和水高度敏感的化合物正丁基锂的制备和处理,通常需要用Schlenk技术。

(1)原理

无水无氧操作Schlenk技术,也称史兰克线(Schlenk Line),是一套惰性气体净化和操作系统。通过这套系统可以将无水无氧的惰性气体导入反应系统，从而使反应在无水无氧氛围中顺利进行。无水无氧操作线主要由除氧柱、干燥柱、Na－K合金管、截油管、双排管、压力计等部分组成，如图1.5.2－2所示。

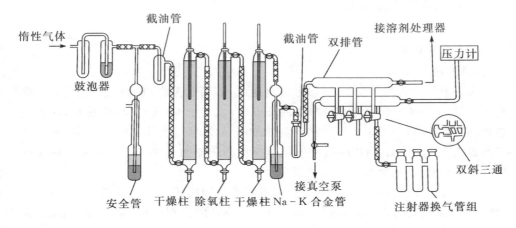

图 1.5.2－2 无水无氧操作线

惰性气体（氮气或氩气）在一定的压力下由鼓泡器导入安全管，经干燥柱初步除水，再进入除氧柱除氧，然后进入第二根干燥柱以吸收除氧柱中生成的微量水，继续通过 Na－K 合金管以除去残余的微量水和氧，最后经过截油管进入双排管（惰性气体分配管）。一般双排管上装有四至八个双斜三通活塞，活塞的一段与反应体系相连。双排管的一路与经纯化的惰性气体（氮气和氩气）相通，双排管的另一路则与真空体系相通。操作者只要通过三通活塞对反应体系进行反复抽真空和充惰性气体，即可完成体系的干燥惰性气体气氛的营造，从而达到无水无氧操作的要求。经过这样的脱水除氧系统处理后的惰性气体，就可以导入到反应系统或其它操作系统中。

（2）注意事项

由于无水无氧操作技术主要对象是对空气和水敏感的物质，所以除了事先仪器和试剂的准备十分重要外，实验操作技术更是实验成败的关键。

①实验前必须进行全盘的周密计划。由于无氧操作比一般常规操作机动灵活性小，因此实验前应对每一步实验的具体操作、所用的仪器、加料次序、后处理的方法等都仔细考虑。所用的仪器事先必须洗净、烘干。所需的试剂、溶剂需先经无水无氧处理。

②在操作中必须严格认真、一丝不苟、动作迅速、操作正确。实验时要先动脑后动手。由于许多反应的中间体不稳定，也有不少化合物在溶液中比固态时更不

稳定,因此无氧操作往往需要连续进行,直到拿到较稳定的产物或把不稳定的产物贮存好为止。

1.5.3 其它非热反应

1.光引发反应

(1)原理

某些单体在光的激发下,能够形成自由基,而引起聚合,称为光引发聚合。光是电磁波,每一光子的能量(E)与光的频率(ν)成正比,与波长(λ)成反比,即波长愈短,则光电子的能量愈大。若波长为 3000 nm,其能量约为 400 kJ/mol,而化学键的键能为 120~840 kJ/mol,一般化学反应活化能为 120~170 kJ/mol,故某些单体在光的激发下,能发生光引发聚合反应。

凡经光照能产生自由基并进一步引发聚合的物质统称光引发剂(photoinitiator)。光引发剂,又称光敏剂(photosensitizer)或光固化剂(photocuring agent),是一类能在紫外光区(250~420 nm)或可见光区(400~800 nm)吸收一定波长的能量,产生自由基、阳离子等,从而引发单体聚合交联固化的化合物。光引发剂按光解机理分为自由基聚合光引发剂和阳离子聚合光引发剂两大类,又以自由基型光引发剂最为广泛。自由基型光引发剂按产生自由基的机理可分为裂解型自由基光引发剂和夺氢型自由基光引发剂。按结构特点,自由基光引发剂可大致分为羰基化合物类、染料类、金属有机类、含卤化合物、偶氮化合物及过氧化合物。

(2)特点

理想的光引发剂应具有以下优点:

①廉价,合成简单。

②光引发剂及其光裂解产物无毒无味。

③稳定性好,便于长时间储存。

④光引发剂的吸收光谱须与辐射光源的发射谱带相匹配,且具有较高的摩尔消光系数。

⑤由于大多数光引发剂分子吸收光能后跃迁至激发单线态,经系间窜跃到激发三线态,因此,引发剂的系间窜跃效率要高。

⑥较高的引发效率。

(3)选用原则

①根据预聚体和单体的类型选用活性适当的光引发剂。

②具有良好的溶解性和反应活性、用量少、引发效率高。

③要有一定的热稳定性,在 85 ℃以下不分解,应有长时间的储存稳定性。

④最好是几种光引发剂复合使用,在不同的波长范围都能引发固化,比单一光引发剂固化速度快。

⑤气味小,无毒害,无环境污染。

⑥价廉易得,成本较低。

(4)光引发剂的发展

光引发剂重点发展方向是自由基-阳离子混杂光引发剂型、可见光型、水性光引发剂型、大分子型等,以及采用双重固化方式。

2. 微波技术

微波是指频率在 300 MHz～300 GHz(即波长 1 m～1 mm)范围的电磁波,频率位于电磁波谱的红外辐射和无线电波之间。它具有波动性、高频性、热特性和非热特性四大基本特性。微波技术的应用已有很长的历史,在第二次世界大战期间,德国就设计出了一种固定频率的微波装置作为雷达的一部分。微波直接作用于化学反应体系而促进各类化学反应的进行,就是本书所讲的微波技术。微波在化学上的应用形成了微波化学(microwave chemistry),微波化学是研究在化学中应用微波的一门新兴的前沿交叉学科,它在国外的研究进展十分活跃。

早在 1967 年 N. H. Williams 就报道了微波能加快某些化学反应的实验研究结果。直到 1986 年,加拿大 Laurentian 大学 R. Gedye 教授领导的课题组报道了在常规条件和微波照射下酯化、水解、氧化及烷基化反应的对比实验结果,发现在微波照射条件下,对氰基苯酚钠与氯化苄化学反应的速度比常规加热快 240 倍。这一发现引起了人们的极大关注。与常规加热法相比,微波辐射促进合成方法具有操作简便、溶剂用量少、产物易于分离纯化、产率高及环境友好等优点,且能实现一些常规方法难以实现的反应等优点。迄今已研究过的有机合成反应有烷基化、缩合、酯化、Diels-Alder、Micheal 加成、重排、氧化还原、杂环化合物合成、有机金属、聚合反应等。

对于微波加快化学反应速度的原理,人们大多认为不同于传统的加热方式,微波的加热是将微波电磁能转变为热能,其能量是通过空间或介质以电磁波的形式来传递的,加热过程与物质内部分子的极化有着密切的关系,其频率与偶极子转向极化及界面极化的时间正好吻合。因此,介质在微波场中的加热也主要是靠这两种极化方式来实现的。尽管微波辐射对化学反应的促进和加速已是不争的事实,但对其加速或改善反应的机理还缺乏充分的了解。目前,一种观点认为微波对化学反应的加速主要归结于对极性有机物的选择加热,即微波导致的热效应。除热效应外,还存在一种非温度引起的非热效应,即改变了反应的动力学,降低了反应的活化能。

近年来微波技术发展很快,本实验教材中列入了相关实验,图 1.5.3－1 为我

图 1.5.3 - 1　微波反应器

中心的微波辅助合成反应器，微波功率可根据反应温度自动变频控制，实时监测和控制反应温度，可配备电磁或机械搅拌，也可按照需要加装反应容器及冷凝、滴加、补液和分水装置。实践证明，微波有机合成具有省时、高效、快速和绿色环保等优点，属于清洁技术。同时，由于引入了新的反应方法，激发了学生的好奇心，有利于拓展学生的视野，培养学生的创新思维和创新意识。

尽管微波有机合成技术发展至今已有二十多年的时间，但是，对微波加速反应机理的研究还有很长的路要走。有些反应结果尚缺乏实验上更充分的论证，有许多实验现象需要更全面、细致和系统地解释，特别是在化学反应动力学研究有待进一步进行。

3. 超声反应

超声波在本质上和声波是一样的，都是机械振动在弹性介质中的传播。超声波和声波的区别仅在于频率范围的不同。声波是指人耳能听到的声音，一般认为声波的频率在 $20\sim20000Hz$ 范围内，而振动频率超过 $20kHz$ 以上的声波则称为超声波。超声波中振动频率在 $100kHz$ 以下的称为低频超声波；振动频率在 $100kHz$ 以上到数十兆赫的称为高频超声波。

超声波在化学合成中的应用始于 1927 年，当时美国 Richards 和 Loomis 采用高频声波处理各种固体、纯液体和溶液。实验结果表明，高频声波可以加速汞的分散、液体脱气、NI_3 的大爆炸，$AgCl$ 的絮凝和硫酸二甲酯的水解。10 年后，Brohult 发现超声波能引起生物聚合物的降解。1939 年，Schmid 和 Rommel 研究发现超声波也引起合成聚合物的降解。由于技术条件和认识的局限，并未引起人们的重视。直到 20 世纪 70 年代,超声清洗器问世并普及,人们发现它可用于有机合成,促使化学工作者利用声学技术进行广泛的化学研究,取得了不少可喜成果,促进了声学和化学的交叉渗透,促成一门新兴学科——声化学(Sonochemistry)的诞生。近十多年来,一系列研究成果丰富了超声化学的"绿色"价值,更加促进了声化学的蓬勃发展。

超声波催化促进有机化学反应,是由于液体反应物在超声波作用下,产生无数微小空腔,空腔内产生瞬时的高温高压而使反应速率加快,而且空腔内外压力悬殊,致使空腔迅速塌陷、破裂,产生极大的冲击力,从而起到了激烈的搅拌作用,使反应物充分接触,促使化学反应进行,从而提高反应的效率。此外,超声波还可改变反应的进程,提高反应的选择性,增加化学反应速率和产率,降低能耗和减少废物的排放。与传统的合成方法相比,超声波辐射具有反应条件温和、反应时间短、产率高等特点,超声波能加速均相反应,也能加速非均相反应,特别是对金属参与下的异相反应影响更为显著。因此,超声化学技术是一种安全无害的"绿色技术",在合成化学中具有广泛的应用。

例如,Grignard 试剂和 α,β-不饱和二氧戊环(dioxolanes)的反应

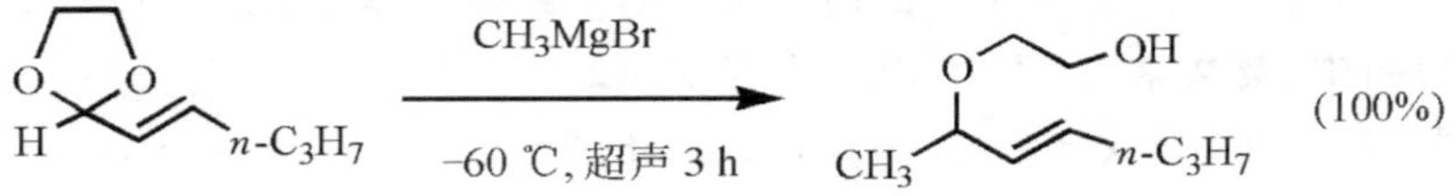

在声化学反应条件下,产率达 100%,甚至在较低温度和没有路易斯酸催化剂时也是如此。而常规搅拌反应产率仅为 5%。

对甲氧基苯乙烯的氧化反应:

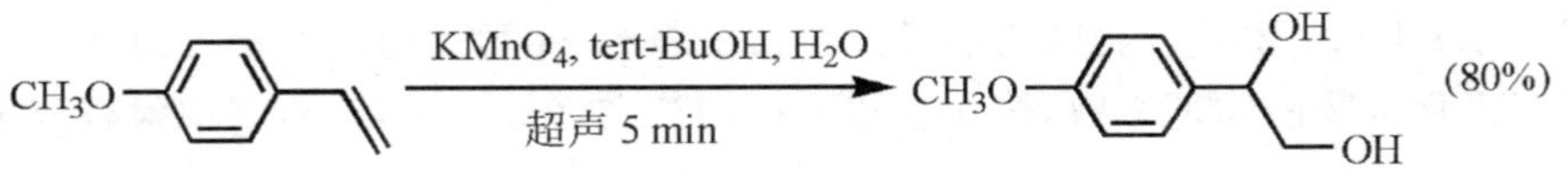

声化学反应 5 min,反应产率达 80%;常规搅拌反应 30 h,产率仅为 55%。

1.6 化学文献资料的查阅

有机化学文献是有机化学学科的科学研究和生产实践的记录与总结,如何从现有的文献中找到研究所需的信息,这是一个科学工作者面临的实际问题。在新知识不断增长的过程中,每个科学工作者在从事新课题研究、研制新产品、开展创新实践时,都要首先查阅与课题相关的文献资料,了解本课题的历史概况、国内外研究水平以及科学研究的发展动态,以便提供借鉴、丰富思维,避免重复性劳动。

　　有机化学实验的学习者,也应该在查阅文献的能力上进行适当的培养训练,要了解有机化学实验的工具书和常用文献,初步掌握查阅方法。在实验之前,必须要了解反应物和产物的物理常数,了解在实验过程中用到的溶剂、干燥剂等物质的化学、物理性质,预测可能发生的主要副反应和副产物。只有这样,才能更好地设计实验和合成方案、确定分离提纯的方法、检验鉴别合成的产物。

1.6.1　常用工具书(辞典、手册)

　　①《化工辞典》(第 4 版). 王箴主编. 北京:化学工业出版社,2000. 这是一部综合性化学化工辞书,收集词目 1.6 万余条。列有有机化合物的分子式、结构式、物理常数和化学性质,对化合物制备和用途均有介绍。全书按汉字笔画排列。

　　②《试剂手册》(第 3 版). 中国医药集团上海化学试剂公司编. 上海科学技术出版社,2002. 该书收集了一万余种无机、有机、生化、仪器分析用试剂、标准品、精细化学品等资料。每个化学品列有中英文名、别名、结构式、分子式、相对分子质量、性状、理化常数、毒性数据、危险性质、用途、质量标准、安全注意事项、危险品国家编号及中国医药集团上海化学试剂公司的商品编号等详尽资料。按英文字母顺序编排,后附中、英文索引,使用方便,查找快捷。

　　③The Merck Index— An Encyclopedia of Chemicals,Drugs,and Biologicals (第 14 版,2006).《默克索引:化合物、药物和生物制品百科全书》是美国 Merck 公司出版的一本辞典,主要介绍有机化合物分子。共收集了 1 万多种化合物的名称、商品代号、结构式、来源、物理常数、性质、用途、毒性及参考文献等。

　　④William M Haynes. The Handbook of Chemistry and Physics(第 91 版). CRC Press Inc.,2010. 美国化学橡胶公司出版的《化学及物理手册》,列有 1.5 万余条有机化合物的物理常数,按化合物名称的英文字母顺序排列,书中附有分子式索引。

　　⑤Beilsteins F K. Beilsteins Handbuch der Organishen Chemie. Berlin:Springer – Verlag,1918.《贝耳斯坦有机化学大全》是一本十分完备的有机化学工具书,该书收集了自 1918 年以前所有的有机化合物数据。介绍化合物的来源、性质、用途及分析方法,附有原始文献。本书第五续编已用英文编写,便于检索。

　　⑥Simons W W. Standard Spectra Collection. Philadelphia:Sadtler Research Laboratories,1978.《萨德勒标准光谱图集》是由美国费城萨德勒研究实验室连续出版的活页光谱图集。该图集收集有标准红外光谱、标准紫外光谱、标准核磁共振谱(^{1}H NMR 和^{13}C NMR)、标准荧光光谱、标准拉曼光谱等。

1.6.2　化学期刊、杂志

期刊是获得相关研究领域最新进展最重要的信息来源,国内外较有影响力的化学相关 SCI 期刊分列如下。

1. 中文期刊

①《中国科学》,月刊,中国科学院主办,化学专辑刊登反映我国化学学科各领域重要的基础理论方面的创造性研究成果。

②《科学通报》,半月刊,中国科学院主办,报道自然科学各学科基础理论和应用研究方面具有创新性、高水平和重要意义的研究成果。

③《化学学报》,半月刊,中国化学会主办,主要刊载化学各学科领域基础和应用基础研究方面的创造性研究论文的全文、研究简报和研究快报等。

④《高等学校化学学报》,月刊,教育部主办的化学学科综合性学术刊物,主要报道我国高等学校的创新性科研成果和化学学科的最新研究成果。

⑤《有机化学》,月刊,中国化学会主办,登载我国有机化学领域的创造性研究综述、全文、研究简报和研究快报等。

⑥《化学进展》,月刊,刊登化学专业领域国内外研究动向、最新研究成果及发展趋势方面的综述与评论性文章。

2. 国外期刊

①Journal of the American Chemical Society(J. Am. Chem. Soc.),《美国化学会志》,周刊,刊载所有化学学科领域高水平的研究论文和简报,目前是世界上最有影响的综合性化学期刊之一。

②Journal of Organic Chemistry(J. Org. Chem.),《有机化学杂志》,双周刊,主要刊登有机化学学科领域高水平的研究论文的全文、短文和简报,全文中有比较详细的合成步骤和实验结果。

③Journal of the Chemical Society(J. Chem. Soc.),《化学会志》,英国综合性化学双周刊。1972 年起分 6 辑出版,其中 Perkin Transactions 辑的 Ⅰ 和 Ⅱ 分别刊登有机化学、生物有机化学和物理有机化学方面的全文。研究简报则发表在另一辑 Chemical Communications(《化学通讯》)上。

④Organometallics,《有机金属化合物》,全年 26 期。论述有机金属与有机金属化合物的合成、结构、结合与化学反应性和反应机理,以及在材料科学和固态化学合成中的应用,刊载论文、简讯和技术札记。

⑤Chemical Reviews,《化学评论》,月刊,美国化学会出版,刊载所有化学学科

研究的关键领域进展的评论与分析文章。

⑥Tetrahedron,《四面体》,半月刊,刊登有机化学最新实验与研究论文。

⑦Organic Letter,《有机快报》,美国化学会主办,主要刊登最新的有机化学相关领域的高水平研究论文。

1.6.3 常用数据库及网站

目前 Internet 上的化学信息资源面广量大,通过 Internet 检索各类化学信息资源是化学工作者了解学科发展动态的首要选择。下面介绍几个相关的主要数据库。

(1)美国化学学会(American Chemical Society,ACS)数据库:http://pubs.acs.org

目前美国化学学会出版的 34 种纸质和电子期刊,每一种期刊都能回溯到期刊的创刊卷,最早的到 1879 年。这些期刊被 ISI 的 Journal Citation Report(JCR)评为在化学领域中,被引用次数最多的化学期刊。

(2)Elsevier(ScienceDirect OnLine)数据库:http://www.sciencedirect.com

荷兰 Elsevier 公司出版的期刊是世界上公认的高品质学术期刊,大多数都是核心期刊,并且被世界上许多著名的二次文献数据库所收录。该数据库包括 Elsevier 集团所拥有的 2200 多种期刊和 2000 多种系列丛书、手册及参考书。

(3)Nature Publishing Group:http://www.nature.com/nchembio

英国著名杂志 Nature 是世界上最早的国际性科技期刊,自从 1869 年创刊以来,始终如一地报道和评论全球科技领域里最重要的突破。

(4)Royal Society of Chemistry(RSC):http://pubs.rsc.org

英国皇家化学学会是一个国际权威的学术机构,是化学信息的一个主要传播机构和出版商。该协会成立于 1841 年,出版的期刊及数据库一向是化学领域的核心期刊和权威性的数据库。RSC 期刊大部分被 SCI 收录,并且是被引用次数最多的化学期刊。

(5)Science Online:http://www.sciencemag.org

美国科学杂志《科学在线》是由 AAAS(美国科学促进会)出版的综合性电子出版物。内容包括《科学》、《今日科学》和《科学快讯》等。《科学》周刊创建于 1880 年,是在国际学术界享有盛誉的综合性科学周刊,影响因子在所有科技类出版物中排名第一。

(6)SciFinder Web:http://scifinder.cas.org

美国《化学文摘》(CA)的网络版是全世界最大、最全面的化学和科学信息数据库,整合了 Medline 医学数据库、欧洲和美国等三十几家专利机构的全文专利资料,以及《化学文摘》1907 年至今的所有内容。涵盖的学科包括应用化学、化学工程、普通化学、物理、生物学、生命科学、医学、聚合体学、材料学、地质学、食品科学和农学等诸多领域。SciFinder Scholar 包括六个数据库:

①Patent and Journal References。1907 年以来的世界上 63 个专利发行机构的专利(含专利族)文献、9 千多种期刊论文、会议录、技术报告、图书、学位论文、评论、会议摘要、电子期刊、网络预印本。

②Substance Information。查找结构图示、CAS 化学物质登记号和特定化学物质名称的工具。

③Regulatd Chemicals。查询备案/管控化学信息的工具。利用这个数据库可了解某化学品是否被管控,以及被哪个机构管控。包含 23 万多备案/被管控物质。

④Chemical Reactions。帮助用户了解反应是如何进行的。包含 1840 年以来的 8 万多个单步或多步反应。

⑤Chemical Supplier Information。帮助用户查询化学品提供商的联系信息、价格情况、运送方式,或了解物质的安全和操作注意事项等信息,记录内容还包括目录名称、订购号、化学名称和商品名、化学物质登记号、结构式、质量等级等。

⑥Medline,是美国国家医学图书馆出品的书目型数据库,主要收录 1951 年以来与生物医学相关的期刊文献。

(7)ISI Web of Knowledge:http://webofknowledge.com

(8)美国专利数据库:http://www.uspto.gov/patft/index.html

(9)日本专利数据库:http://www.jpo.go.jp

(10)中国专利:http://www.sipo.gov.cn/sipo/default.htm

(11)中国期刊全文数据库(CNKI):http://www.cnki.net/index.htm

(12)Sigma－Aldrich:http://www.sigma－aldrich.com

Sigma－Aldrich 是世界上最大的化学试剂供应商。西格玛-阿德里奇试剂网站收录了 20 多万种化学试剂品的信息,可通过英文名称、分子式、CAS 登录号注册后在线检索。

(13)国际纯粹与应用化学联合会网站(IUPAC):http://www.iupac.org

第 2 章　有机化合物的分离和纯化技术

2.1　重结晶

　　从有机化学制备反应中分离出的固体有机化合物通常是不纯的,其中夹杂着一些反应的副产物、未反应完的原料等杂质,纯化这类固体有机化合物的有效方法之一是重结晶法。重结晶(Recrystallization)的基本原理是:利用在不同温度下被提纯物质与杂质在同一溶剂中的溶解性能的差异,将杂质分离出去的提纯方法。固体有机化合物在溶剂中的溶解度均随温度的变化而变化,一般来说,升高温度会使溶解度增大;反之降低温度则使溶解度减小。利用化合物在较高温度下溶解这一性质,把固体有机物溶解在热的溶剂中制成饱和溶液,然后冷却到室温或室温以下,这时,由于溶解度下降,原来热的饱和溶液就变成了冷的过饱和溶液,因而有晶体析出。重结晶操作就是利用溶剂对被提纯物质及杂质的溶解度不同,使杂质通过热过滤除去或冷却后被留在母液中,从而达到分离提纯的目的。一般重结晶提纯的方法只适用于提纯杂质含量小于 5％的固体有机化合物,如果杂质含量大于 5％时,必须先采用其它方法进行初步提纯,如:萃取、水蒸汽蒸馏等,然后再用重结晶法提纯。

2.1.1　溶剂的选择和用量

　　重结晶成功的关键在于选择适当的溶剂,一种良好的溶剂必须符合下面几个条件。

　　①所选溶剂应不与被提纯物质发生化学反应。例如:脂肪族卤代烃类化合物不宜用作碱性化合物结晶和重结晶的溶剂;醇类化合物不宜用作酯类化合物结晶和重结晶的溶剂,也不宜用作氨基酸盐酸盐结晶和重结晶的溶剂。

　　②在较高温度时能溶解多量的被提纯物质;而在室温或更低温度时只能溶解很少量,这样才能保证有较高的回收率。

　　③对杂质的溶解度非常大或非常小。前一种情况冷却时杂质不会随结晶析出,仍留在母液(溶剂)中,过滤时随母液一起除去;后一种情况在加热时杂质不被溶解,在热过滤时将其除去。

④容易挥发(溶剂的沸点较低),易与结晶分离而被除去。溶剂的沸点应低于被结晶物质的熔点,通常在 50～120 ℃为宜。沸点过低时制成溶液和冷却结晶两步操作温差太小,固体物溶解度改变不大,影响收率,而且低沸点溶剂操作也不方便。溶剂沸点过高,则附着于晶体表面的溶剂不易除去。

⑤能得到较好的结晶,且毒性小,操作比较安全,价格低廉,易回收。

溶剂的选择与所提纯化合物和溶剂的性质有关。根据"相似相溶性"原则,通常极性化合物易溶于极性溶剂,非极性化合物易溶于非极性溶剂。用于结晶和重结晶的常用溶剂有:水、甲醇、乙醇、丙酮、乙酸乙酯、氯仿、四氯化碳、苯等。

如果通过文献手册找不出合适的溶剂,应通过实验选择溶剂。方法:取 0.1 g 待结晶样品,放入小试管中,滴入 1 mL 溶剂,振摇下观察样品是否溶解,若不加热很快溶解,说明样品在此溶剂中的溶解度太大,不适合作此样品重结晶的溶剂;若加热至沸腾还不溶解,可补加溶剂,当溶剂用量超过 4 mL 仍不能全溶时,说明此溶剂也不适用。如所选择的溶剂能在 1～4 mL、溶剂沸腾的情况下使样品全部溶解,并在冷却后能析出较多的结晶,说明此溶剂适合作为该样品重结晶的溶剂。实验中应同时选用几种溶剂进行比较。表 2.1-1 给出一些重结晶常用的溶剂。

表 2.1-1　常用重结晶溶剂的性质

溶剂名称	沸点/℃	密度/(g/cm³)	溶剂名称	沸点/℃	密度/(g/cm³)
水	100	1.00	乙酸乙酯	77	0.90
甲醇	65	0.79	二氧六环	101.3	1.03
乙醇	78.5	0.80	氯仿	61	1.49
丙酮	56	0.79	四氯化碳	76.8	1.58
乙醚	34.6	0.71	甲苯	110.6	0.87
石油醚	60～90	0.68～0.72	苯	80.1	0.88
环己烷	80.8	0.78	冰醋酸	118	1.05

＊苯和各种氯代甲烷的毒性较大,如果有其它溶剂可以替代,应尽量不使用

有时很难选择到一种较为理想的单一溶剂,这时应考虑用混合溶剂。混合溶剂一般由两种能混溶的溶剂按一定比例混合而成,其中一种溶剂对化合物的溶解度很大(良溶剂),另一种对化合物的溶解度很小(不良溶剂)。用混合溶剂重结晶时,先用良溶剂在其沸点温度附近将样品溶解,制成接近饱和的溶液。若有颜色,则用活性炭脱色,趁热滤去活性炭或其它不溶物,然后将此溶液在沸点附近滴加热的不良溶剂至溶液中的混浊物不再消失为止,再加入少量良溶剂使之恰好透明,将溶液冷却,析出结晶。也可以将两种溶剂按比例先混合,采用与单一溶剂相同的方法操作。一般常用的混合溶剂有:乙醇-丙酮、乙醇-水、乙醇-石油醚、丙酮-水、乙

酸-水、氯仿-石油醚、乙酸乙酯-己烷、甲醇-乙醚、甲醇-水、乙醚-己烷（或石油醚）、乙醇-乙醚-乙酸乙酯等。最佳复合溶剂的选择必须通过预试验来确定，有时也可以将两种溶剂按比例预先混合好，再进行重结晶。

溶剂量的多少，应同时考虑两个因素。溶剂用量少则收率高，但可能给热过滤带来麻烦，并可能造成更大的损失；溶剂用量多，操作过程中会导致产物溶解损失得多，显然会影响回收率。因此，溶剂的用量应两者综合考虑。一般溶剂的用量可比需要量多加 20% 左右，溶剂的用量最多比需要量多 100% 即可。

2.1.2　重结晶操作方法

重结晶操作过程为：饱和溶液的制备→脱色→热过滤→冷却结晶→抽滤→干燥结晶。

1. 饱和溶液制备

这是重结晶操作过程的关键步骤。其目的是用溶剂充分分散产物和杂质，以利于分离提纯。通过试验结果或查阅溶解度数据计算被提取物所需溶剂的量。一般制备饱和溶液时，将固体被提纯物溶解于锥形瓶或者圆底烧瓶中，先加入少量溶剂，然后加热使溶液沸腾或接近沸腾，边滴加溶剂边观察固体溶解情况，使固体刚好全部溶解，停止滴加溶剂。若未完全溶解，可再添加溶剂，每次加溶剂后需再加热使溶液沸腾，直至被提取物晶体完全溶解（但应注意，在补加溶剂后，发现未溶解固体不减少，应考虑是不溶性杂质，此时就不要再补加溶剂，以免溶剂过量）。记录溶剂用量，再多加 20% 左右的溶剂（这样可避免热过滤时，晶体在漏斗上或漏斗颈中析出造成损失）。溶剂用量不宜太多，否则冷却后难以析出晶体。

2. 脱色

当样品颜色较深时，说明粗产品中有一些有色杂质不能被溶剂去除，因此，需要用脱色剂来脱色。最常用的脱色剂是活性炭，它是一种多孔物质，可以吸附色素和树脂状杂质，但同时它也可以吸附产品，因此使用活性炭进行脱色时，加入量不宜过多，一般使用量为粗产品质量的 5%。具体方法是：为了防止暴沸，待上述热的饱和溶液稍冷后，加入适量的活性炭摇动，使其均匀分布在溶液中。然后加热煮沸 5~10 min 使样品中的有色杂质吸附于活性炭上即可。注意：千万不能向沸腾的溶液中加入活性炭，否则会引起暴沸。

3. 热过滤

热过滤是为了除去活性炭或一些不溶性的杂质。为了尽量减少过滤过程中晶体的损失，操作时应做到：仪器热、溶液热、动作快。为了做到"仪器热"，事先应将过滤所用仪器用烘箱等加热待用。热过滤一般分为常压热过滤(重力过滤)和减压热过滤(抽滤)两种。为了使过滤速度进行地快,常采用短颈漏斗和使用折叠式滤纸。折叠滤纸的方法是:将选定的圆滤纸按图 2.1.2-1 先对折为二份,然后再对折为四份;将 2 与 3 对折成 4,1 与 3 对折成 5,如图中(a);2 与 5 对折成 6,1 与 4 对折成 7,如图中(b);2 与 4 对折成 8,1 与 5 对折成 9,如图中(c)。这时,折好的滤纸边全部向外,角全部向里,如图中(d);再将滤纸反方向折叠,相邻的两条边对折即可得到图中(e)的形状;拉开双层滤纸如图中(f)所示;然后将图(f)中的 1 和 2 向相反的方向折叠一次,可以得到一个完好的折叠滤纸,如图中(g)。在折叠过程中应注意,所有折叠方向要一致,滤纸中央圆心部位不要用力折,以免破裂。

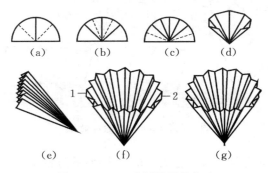

(a) (b) (c) (d)

1— —2

(e) (f) (g)

图 2.1.2-1　滤纸的折叠方法

  如果溶液稍经冷却就有结晶析出,或过滤的溶液较多,则最好用蒸汽漏斗或在电热板上加热过滤(如图 2.1.2-2(a)和(b)所示),过滤时操作如图 2.1.2-2(c)

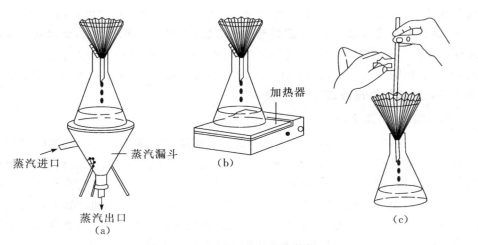

蒸汽进口 蒸汽漏斗

加热器

蒸汽出口
(a)   (b)   (c)

图 2.1.2-2　常压热过滤的装置

所示。过滤易燃溶剂时,严禁使用明火!

另一种快速热过滤方法是采用减压热过滤,又称抽滤或真空过滤,可以快速地将结晶与母液分离,其优点是过滤速度快,缺点是当用沸点低的溶剂时,因减压会使热溶剂蒸发或沸腾,导致溶液浓度变大,晶体过早析出。减压过滤装置包括三个部分(图 2.1.2-3)。①布氏漏斗(Buchner Funnel):其中铺放的滤纸要圆,直径应略小于漏斗内径,要紧贴于漏斗的底壁,恰好盖住所有的小孔;②抽滤瓶:接收滤液,是一个带支管的厚壁三角瓶;③真空减压系统:通过缓冲瓶接循环水式真空泵。

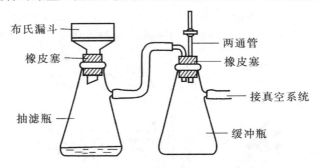

图 2.1.2-3　减压过滤装置

抽滤前先熟悉布氏漏斗的构造及连接方式,将剪好的滤纸放入,滤纸的大小与布氏漏斗底部恰好一样,直径切不可大于漏斗底边缘,否则滤纸会折叠,滤液会从折叠处流出造成损失。先将滤纸用少量溶剂润湿,再通过橡皮塞垫将漏斗安装在抽滤瓶上(注意漏斗下端的斜口要对着抽滤瓶侧面的支管),接真空泵抽真空使滤纸与漏斗底部贴紧。然后将热溶液沿玻璃棒迅速倒入布氏漏斗中,加入量不要超过漏斗的 2/3,通过缓冲瓶(安全瓶)上两通管中的活塞调节真空度,开始真空度可低些,这样不致将滤纸抽破,待滤饼已结一层后,再将余下溶液倒入,此时真空度可逐渐升高些,直至抽"干"为止。停泵时,要先打开放空阀(两通管中的活塞),再停泵,可避免倒吸。过滤完以后再用少量热溶剂洗涤烧杯,并淋洗残留在滤纸上的少量结晶。抽滤所得母液若有用,可移至其它容器内。

4. 结晶析出与干燥

过滤得到的滤液冷却后,晶体就会析出。用冷水或冰水迅速冷却并剧烈搅动溶液时,可得到颗粒很小的晶体,将热溶液在室温下静置,使之缓缓冷却,则可得到均匀而较大的晶体。如果溶液冷却后晶体仍不析出,可用玻璃摩擦液面下的容器壁(形成粗糙面,使溶质分子容易定向排列形成结晶)引发晶体形成,也可加入晶种,或进一步降低溶液温度(用冰水或其它冷冻溶液冷却)。如果溶液冷却后不能析出晶体而得到油状物时,可重新加热,至形成澄清的热溶液后,再缓慢冷却,若仍有油状物，应立即剧烈搅拌使油滴分散，或者重新选择合适的溶剂，使其得到晶形产物。

用溶剂冲洗结晶再抽滤，除去附着的母液。抽滤和洗涤后的结晶，表面上吸附有少量溶剂，因此尚需用适当的方法进行干燥。固体的干燥方法很多，可根据重结晶所用的溶剂及结晶的性质来选择，常用的方法有以下几种：空气晾干，烘干（红外灯或烘箱），用滤纸吸干，置于干燥器中干燥等方法。

5. 重结晶的要点

不少学生在重结晶实验时，回收得到产品的量比较少，主要的原因可能是：①在溶解时加入了过多的溶剂；②脱色时加入了过多的活性炭；③热过滤时动作太慢导致结晶在滤纸上析出而损失；④结晶尚未完全时进行了抽滤。注意以上几点，通常可以提高产品的回收率。

6. 重结晶提纯的操作练习

取 5 g 对氨基苯甲酸粗品，放入 200 mL 烧杯中，先加入 50 mL 水，进行加热。当接近沸腾时，如固体没有完全溶解，用滴管补加水，直至固体全部溶解，再加入 20%～30% 的过量水。待稍冷却后，加入适量的活性炭，加热 10～15 min 进行脱色。然后进行热过滤，将活性炭和不溶性的杂质去除，滤液冷却结晶。待结晶全部析出后，进行抽滤并干燥结晶。对氨基苯甲酸纯品的熔点为 189 ℃。

2.2 萃 取

萃取是实验室常用的一种分离提纯方法。按萃取两相的不同，萃取可分为液液萃取、液固萃取、气液萃取等，在此，我们重点介绍液液萃取和液固萃取。

2.2.1 液液萃取

液液萃取又称溶剂萃取，它是分离提纯液体混合物的重要方法之一。当混合液不能用蒸馏方法分离时，可以考虑使用萃取的方法加以分离。

1. 基本原理

萃取（Extraction）是利用物质在两种不互溶（或微溶）溶剂中的溶解度和分配系数不同来达到分离、提纯目的。

在一定温度、一定压力下，一种物质在两种互不相溶的溶剂 A、B 两相中的浓度之比是一个常数，此即所谓"分配定律"。假设物质在两相中的浓度分别为 C_A 和 C_B，则在一定温度下，$C_A/C_B = K$，对于液液萃取，K 通常是一常数，称为分配系数，可将其近似地看作溶质在萃取剂和原溶液中溶解度之比。

2. 萃取过程的分离效果及萃取剂的选择

影响分离效果的主要因素包括：被萃取物质在两相之间的平衡关系，在萃取过程中两相之间的接触情况。这些因素都与萃取的次数和萃取剂的选择有关，应用分配定律可计算出经过 n 次萃取后在两相中被萃取物质的剩余量：

$$W_n = W_0 \left(\frac{KV}{KV+S} \right)^n$$

式中：W_n 为经过 n 次萃取后被萃取物质在原溶液中的剩余量，W_0 为萃取前化合物的总量，K 为分配系数，V 为原溶液的体积，S 为萃取剂的用量，n 为萃取的次数。

当用一定量的溶剂萃取时，总是希望原溶液中产品的剩余量越少越好。因为上式中 $KV/(KV+S)$ 总是小于 1，所以 n 越大，W_n 就越小，也就是说把全部萃取剂分成多次萃取比一次全部用完萃取效果要好。例如：在 100 mL 水中含有正丁酸的量为 4 g，在 15 ℃时用 100 mL 苯萃取（$K=3$），下面计算用 100 mL 苯一次萃取和用 100 mL 苯分三次，每次以 33.3 mL 萃取的结果。

一次萃取后正丁酸在水中的剩余量为

$$W_1 = 4 \times \left(\frac{1/3 \times 100}{1/3 \times 100 + 100} \right)^1 = 1.0 \text{ g}$$

分三次萃取后正丁酸在水中的剩余量为

$$W_3 = 4 \times \left(\frac{1/3 \times 100}{1/3 \times 100 + 33.3} \right)^3 = 0.5 \text{ g}$$

从计算可看出，用 100 mL 苯一次萃取可以提出 3.0 g 的正丁酸，占总量的 75%，分三次萃取后可提出 3.5 g，占总量的 87.5%。当萃取剂总量不变时，萃取次数越多，每次萃取剂的用量就要减少。当 $n>5$ 时，n 和 S 这两个因素的影响几乎抵消，再增减萃取次数，$W_n/(W_n+1)$ 的变化很小，所以一般同体积溶剂分 3～5 次萃取即可。

依照分配定律，要节省溶剂而提高提取的效率，用一定量的溶剂一次加入溶液中萃取，则不如把该溶剂分成几份作多次萃取好。

3. 萃取操作方法

萃取常用的仪器是分液漏斗，使用分液漏斗萃取操作方法如下。

①选择容积比被萃取溶液体积大一倍以上的分液漏斗，应先检查下口活塞和上口塞子是否有漏液现象。在活塞处涂少量凡士林，旋转几圈将凡士林涂均匀，但孔的周围不能涂，以免堵塞孔洞。在分液漏斗中加入一定量的水，将上口塞子盖好，上下摇动分液漏斗中的水，检查是否漏水，确定不漏水后再使用。然后将漏斗

放置在漏斗架上,关闭下口活塞,将被萃取液和萃取剂(一般为被萃取溶液体积的1/3)依次自上口倒入到分液漏斗中,塞好上端玻璃塞。注意:玻璃塞上如有侧槽必须将其与漏斗上端口径的小孔错开!

②取下分液漏斗,以右手手掌顶住漏斗上口玻璃塞,手指握住漏斗的颈部,左手握住漏斗的下端活塞部分,大拇指和食指按住活塞柄,中指垫在塞座下边,然后振摇;振摇时将漏斗略倾斜,漏斗的活塞部分向上,便于通过活塞放气,见图2.2.1-1;开始振摇要慢,每摇几次以后,就要将活塞打开放气,如此反复放气到漏斗中的压力较小时,再剧烈振摇数次后把漏斗放置到漏斗架上静置。

图2.2.1-1 萃取的操作

③移开玻璃塞或旋转带侧槽的玻璃塞使侧槽对准上口径的小孔。待两相液体分层明显,界面清晰时,缓缓旋转活塞,下层液体应从旋塞放出,收集在大小适当的小口容器(如锥形瓶)中,下层液体接近放完时要放慢速度,放完后要迅速关闭活塞。

④上层溶液从分液漏斗的上口倒出;萃取次数一般3~5次,在完成每次萃取后一定不要丢弃任何一层液体,以便一旦搞错还有挽回的机会。如要确认何层为所需液体,可参照溶剂的密度,也可将两层液体取出少许,试验其在两种溶剂中的溶解性质。分液漏斗用毕,要洗净,为防止盖子的旋塞粘接在一起,将盖子和旋塞分别用纸条衬好。

4. 注意事项

①上层液体一定要从分液漏斗上口倒出,切不可从下面活塞放出,以免被残留在漏斗颈下的第一种液体所沾污。

②分液时一定要尽可能分离干净,有时在两相间可能出现的一些絮状物应与弃去的液体层放在一起。

③以下任一操作环节都可能造成实验失败:

a.分液漏斗不配套或活塞润滑脂未涂好造成漏液或无法操作。

b.对溶剂和溶液体积估计不准,使分液漏斗装得过满,摇振时不能充分接触,妨碍该化合物在溶剂中的分配过程,降低萃取效果。

c.忘了把玻璃活塞关好就将溶液倒入,待发现后已大部分流失。

d.摇振时,上口气孔未封闭,至使溶液漏出,或不经常开启活塞放气,使漏斗内压力增大,溶液自玻璃塞缝隙渗出,甚至冲掉塞子使溶液漏失。

e.静置时间不够,两液分层不清晰时分出下层,达不到萃取目的。

f.放气时,尾部不要对着人,以免有害气体对人的伤害。

2.2.2 液固萃取

萃取不仅可以从液体物质中提取所需组分,还可以从固体物质中提取,这就是液固萃取(固体物质的萃取)。固体物质的萃取是利用溶剂对样品中被提取组分和其他杂质之间溶解度不同而达到分离提取的目的。通常是借助于索氏(Soxhlet)提取器来完成液固萃取的,索氏提取器又称脂肪抽取器或脂肪抽出器,如图2.2.2-1所示。

索氏提取器是利用溶剂的不断回馏和虹吸原理,使固体物质连续不断地被纯的溶剂所萃取,因而效率较高。操作时,应先将固体物质研细,以增加溶剂浸润的面积,然后将固体物质放在滤纸筒 1 内,上下开口处扎紧,以防固体漏出。将其放入提取器的提取筒 2 中,以增加液体浸溶面积,从而提高提取效率。滤纸筒的高度不要超过虹吸管的顶部。从提取筒上口加入溶剂,当发生虹吸时,液体流入蒸馏瓶中,再补加些过量溶剂(根据提取时间和溶剂的挥发程度而定),一般为

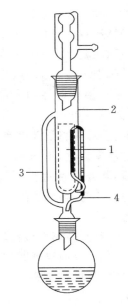

图 2.2.2-1 索氏提取器
1—滤纸筒;2—提取筒;
3—连接管;4—虹吸管

30 mL 左右即可。提取器的下端通过木塞(或磨口)和盛有溶剂的烧瓶连接,上端接冷凝管。通入冷凝水,加入沸石后开始加热。当溶剂沸腾时,蒸气通过连接管 3 上升,被冷凝管冷凝成为液体,滴入提取器中。当溶剂液面超过虹吸管 4 的最高处时,即虹吸流回烧瓶,蓄积的液体带着从固体中提取出来的易溶物质流入到蒸馏瓶中,因而萃取出溶于溶剂的部分物质。继续加热进行第二次提取,这样反复三次左右,几乎可将固体中易溶物质全部提取到溶剂中来。提取过程结束后,将仪器拆除,对提取液进行分离。

在提取过程中应注意调节温度,因为随着提取过程的进行,蒸馏瓶内的液体在不断减少,当从固体物质中提取出来的溶质较多时,温度过高会使溶质在瓶壁上结垢或者碳化。当物质受热易分解和萃取剂沸点较高时,不宜使用此方法。

2.2.3 微波萃取

1.微波辅助萃取原理

微波是频率在 300 MHz 至 300 GHz 之间的电磁波,常用的微波频率为

2450 MHz。它具有波动性、高频性、热特性和非热特性四大基本特性。

微波萃取，即微波辅助萃取（Microwave - Assisted Extraction，MAE），是微波和传统的溶剂萃取法相结合而成的一种萃取方法。1986 年，Ganzler 等首先在分析化学制样（天然产物成分的提取）技术中应用了微波萃取法。

微波萃取的基本原理是微波直接与被分离物作用，即微波能直接作用于样品基体内。当它作用于分子时，促进了分子的转动，分子若此时具有一定的极性，便在微波作用下瞬时极化，当频率为 2450 MHz 时，分子就以 24.5 亿次/秒的速度做极性变换运动，产生键的振动、撕裂和粒子之间的相互摩擦、碰撞，促进分子活性部分（极性部分）更好地接触和反应，从而迅速生成大量的热能，引起温度升高。由于不同物质的介电常数不同，从而吸收微波能的程度也各不相同，产生的热能及传递到周围环境的热能也是各不相同的。在微波场作用下，基体物质的某些区域或萃取体系中的某些组分由于吸收微波能力的不同差异被选择性地加热，这样可以从基体或体系中分离出被萃物。微波能量是通过极性分子的偶极旋转和离子传导两种作用直接传递到物质上，导致分子整体快速转向及定向排列，从而产生撕裂和相互摩擦而发热。而传统的加热方式中，因实际操作需要，容器壁大多由热的不良导体制成，热由器壁传导到溶液内部需要时间；相反，微波加热是一个内部加热过程，它不同于普通的外部加热方式将热量由外向内传递，而是同时直接作用于内、外部的介质分子，使整个物料同时被加热，从而保证能量的快速传导和充分利用。

2. 微波萃取的特点

与传统提取方法相比，微波萃取有无可比拟的优势，主要体现在以下几点。

（1）高选择性

因为微波只对极性分子进行选择性加热，整个萃取过程中由于微波辐射能穿透介质，到达物料的内部，使基质内部温度迅速上升，增大萃取成分在介质中的溶解度，再加上微波产生的电磁场可加速目标物向溶剂的扩散，因此，具有较高选择性。这一特性可广泛应用于天然产物的提取，它能将天然产物中的活性成分很好地选择性溶出，并且活性成分的分子极性越强，选择性越高。

（2）高效性

在同一目标成分提取中，采用传统方法需要几小时至十几小时，而微波提取只需几秒到几分钟即可完成，并且目标成分提取率更高。可见，微波提取速率提高了几十至几百倍，甚至几千倍，大大缩短了萃取时间。

（3）节物、节能、环保的优越性

微波萃取由于微波功率较小且辐射时间短，是传统方法能耗的几十分之一，甚至几百乃至几千分之几。这是因为，微波萃取可以使固液浸取过程得到明显的强化，它的萃取效率要比传统方法的萃取效率高得多。另一方面它又由于受溶剂亲和力的限制较小,可供选择的溶剂较多,在选择无毒或低毒溶剂的同时还可减少其用量。由此可见,该技术既降低物耗、能耗,又做到绿色环保。

（4）加热均匀

常规加热,为提高加热速度,就需要升高加热温度,容易产生外焦内生现象。微波加热的物体各部位通常都能均匀渗透电磁波、产生热量,因此均匀性得到大大改善。

3. 微波萃取的装置及步骤

微波萃取装置一般为带有功率选择和控温、控压、控时附件的微波制样设备,如图 2.2.3-1 所示。

微波萃取的设备分两类:一类为微波萃取罐,另一类为连续微波萃取线。一般由聚四氟乙烯材料制成专用密闭容器作为萃取罐,它允许微波自由通过、耐高温高压且不与溶剂反应。

微波萃取步骤:将极性溶剂或极性溶剂和非极性溶剂混合物与被萃样品混合装入微波制样容器中,在密闭状态下,用微波制样系统加热,加热后样品过滤得到的滤液可进行分析测定,或作进一步处理。微波萃取溶剂应选用极性溶剂,如:乙醇、甲醇、丙酮、水等。纯非极性溶剂不吸收微波能量,使用时可在非极性的溶剂中加入一定浓度的极性溶剂,不

图 2.2.3-1　微波萃取仪

能直接使用纯非极性溶剂。在微波萃取中要求控制溶剂温度,使之保持在沸点和待测物分解温度以下。

4. 微波萃取的主要影响参数

微波萃取操作过程中,萃取参数包括萃取溶剂、萃取功率和萃取时间。影响萃取效果的因素很多,包括萃取溶剂、物料含水量、微波剂量、温度、时间、操作压力及溶剂 pH 值等。

（1）萃取剂的选择

在微波辅助萃取中,应尽量选择对微波透明或部分透明的介质作为萃取剂,也就是选择介电常数较小的溶剂,同时要求萃取剂对目标成分要有较强的溶解能力,对萃取成分的后续操作干扰较小。微波萃取要求溶剂必须有一定的极性,才能吸收微波进行内部加热。通常的做法是在非极性溶剂中加入极性溶剂,目前常见微波辅助萃取剂有,甲醇、丙酮、乙酸、二氯甲烷、正己烷、苯等有机溶剂和硝酸、盐酸、氢氟酸、磷酸等无机溶剂,以及己烷-丙酮、二氯甲烷-甲醇、水-甲苯等混合溶剂。

（2）试样中水分或湿度的影响

水是介电常数较大的物质，可以有效地吸收微波能并转化为热能，所以植物物料中含水量的多少对萃取率的影响很大。另外含水量的多少对萃取时间也有很大影响，因为水能有效地吸收微波能。比如干的物料需要较长的辐照时间，通常要采取物料再湿的方法，使其具有足够的水分，以缩短其辐照时间。

（3）微波剂量的影响

在微波辅助萃取过程中，所需的微波剂量的确定应以最有效地萃取出目标成分为原则。一般所选用的微波能功率在 200～1000 W，频率为 2 MHz～300 GHz，微波时间不宜过长。

（4）萃取时间的影响

微波萃取时间与被测物样品量，溶剂体积和加热功率有关。与传统萃取方法相比，微波萃取的时间很短，一般情况下 10～15 min 已经足够。

（5）其它因素

温度、基体物质、溶液的 pH 值、压力等因素对萃取的效率以及溶剂回收率也有不同程度的影响，最佳条件的选择应根据处理物料的不同而有所不同。

2.2.4 超声波萃取

超声波是指频率为 20 kHz～50 MHz 的电磁波，它是一种机械波。超声波萃取（Ultrasonic Extraction，UE），亦称为超声波辅助萃取、超声波提取，是利用超声波具有的机械效应、空化效应和热效应，通过增大介质分子的运动速度，增加溶剂穿透力，从而加速目标成分进入溶剂，促进提取的进行。

1. 超声波萃取的原理

①机械效应。超声波在介质中的传播可以使介质质点在其传播空间内产生振动，从而强化介质的扩散、传播，这就是超声波的机械效应。超声波在传播过程中产生一种辐射压强，沿声波方向传播，使介质质点运动获得巨大的加速度和动能，被萃取物中的目标成分迅速逸出基体而游离于水中。

②空化效应。超声波在液体介质中传播产生特殊的"空化效应"，"空化效应"不断产生无数内部压力达到上千个大气压的微气穴，并不断"爆破"产生微观上的强大冲击波作用在样品物质上，使其有效成分被"轰击"逸出，加速其溶出。

③热效应。与其它物理波一样，超声波在介质中的传播过程也是一个能量的传播和扩散过程，即超声波在介质的传播过程中，其声能不断被介质的质点吸收，介质将所吸收的能量全部或大部分转变成热能，从而导致介质本身和样品的温度升高，增大了样品有效成分的溶解速度。由于这种吸收声能引起的物质内部温度

的升高是瞬间的,因此可以使被提取的成分的生物活性保持不变。

此外,超声波的振动匀化(Sonication)使样品介质内各点受到的作用一致,使整个样品萃取更均匀。因此,利用超声波的上述效应,从不同类型的样品中提取各种目标成分是非常有效的。

2.超声波萃取的特点

与常规的萃取技术相比,超声波萃取技术快速、价廉、高效。在某些情况下,甚至比超临界流体萃取(SFE)和微波辅助萃取还好。与索氏萃取相比,其主要优点有:

①萃取效率高、溶剂用量少。超声波强化萃取 $20\sim40$ min 即可获最佳提取率,萃取时间仅为水煮、醇沉法的三分之一或更少。萃取充分,萃取量是传统方法的两倍以上。

②无需高温。在 $40\sim50$ ℃水温超声即可强化萃取,无需水煮高温,不破坏被萃取物中某些具有热不稳定、易水解或氧化特性的成分,适合化学不稳定的目标成分的萃取。

③常压萃取,安全性好,操作过程简单,不易对萃取物造成污染。

④超声波萃取对溶剂和目标萃取物的性质(如极性)关系不大。因此,可供选择的萃取溶剂种类多、目标萃取物范围广泛。

⑤减少能耗。由于超声萃取无需加热或加热温度低,萃取时间短,因此大大降低能耗。如:常规法从金鸡纳树皮中提取生物碱需 5 h,超声波法至多 30 min 就可完成。煎煮法提取大黄中的蒽醌类成分需 3 h,超声波法只需 10 min,且收率高。

总之,超声波提取具有节时、节能、节料、收率高等特点,该技术已广泛用于食品、药物、工业原材料、农业环境等领域样品中有机组分或无机组分的分离和提取。如:超声强化酶的萃取,油脂浸取、蛋白质提取、多糖提取、天然香料提取、天然植物和药物活性成分提取中的应用,超声强化金属溶剂萃取,超声波辅助萃取肉桂精油等。

2.3　蒸　馏

液态物质受热沸腾化为蒸气,蒸气经冷凝又转变为液体,这个操作过程称作蒸馏(Distillation)。蒸馏是纯化和分离液态物质的一种常用方法,蒸馏的目的是分离液态混合物,即从溶液中分离出某种(或几种)纯液态物质。根据不同的需要和操作,蒸馏可以分为常压蒸馏、减压蒸馏、水蒸气蒸馏和分馏等。

2.3.1 常压蒸馏

1. 原理

常压蒸馏(Distillation)也称简单蒸馏,它是分离液体混合物最常用的一种方法和技术,通过常压蒸馏可以将两种或两种以上挥发度不同的液体混合物分离。

由于分子运动,液体分子有从表面逸出的倾向,这种倾向可以蒸气压来度量。实验证明,液体的蒸气压与体系中存在的液体量及蒸气量无关,只与温度有关。将液体加热,它的蒸气压就随着温度升高而增大(图2.3.1-1)。

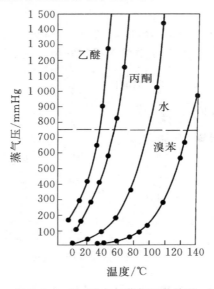

图2.3.1-1 沸点与蒸气压的关系

当液体的饱和蒸气压增大到与外界施于液面的总压力时就有大量气泡从液体内部逸出,即液体沸腾。此时液体的温度称为液体的沸点(boiling boint,b.p),显然,液体的沸点与外压有关。通常所说的沸点是指在大气压力下液体沸腾时的温度。纯的液态物质在一定压力下具有确定的沸点,不同的物质具有不同的沸点。当液体混合物受热时,由于低沸点物质易挥发,首先被蒸出,而高沸点物质因不易挥发或挥发出的少量气体易被冷凝而滞留在蒸馏瓶中,从而使混合物得以分离。由此可见,混合液中各组分挥发度相差越大,常压蒸馏的效果就越好。

综上所述,常压蒸馏就是在常压下将液体混合物加热至沸腾,使部分液体气化,然后将这部分气化了的蒸气冷凝为液体,从体系中分离出来,达到分离的目的。

但是具有恒定沸点的液体并非都是纯化合物,因为有些化合物相互之间可以形成二元或三元共沸混合物,它们也有一定的沸点。例如:乙醇+水→二元共沸物(含乙醇95.5%,含水4.5%,b.p 78.1 ℃);苯+乙醇+水→三元共沸物(含苯74.5%,乙醇18.5%,含水7.4%,b.p 64.9 ℃)。共沸混合物在气相中的组成与液相一样,不能用蒸馏或分馏的方法将它们分离。

纯化合物的沸程(沸点范围)较小(约0.5~1 ℃),而混合物的沸程较大。因此,常压蒸馏常用于:①分离沸点相差较大(大于30 ℃以上)的液体混合物;②测定化合物的沸点;③提纯液体及低沸点固体,以除去不挥发的杂质;④回收溶剂或浓缩溶液。

2. 常压蒸馏装置

常压蒸馏装置一般分为三部分,由蒸馏瓶、蒸馏头、温度计、冷凝管、尾接管和接收器等组成(图2.3.1-2),其仪器的选择和安装方法如下。

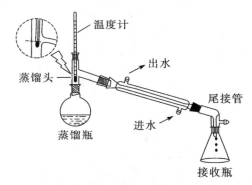

图2.3.1-2　常压蒸馏装置图

①气化部分:由圆底烧瓶、蒸馏头、温度计组成。液体在瓶内受热气化,蒸气经蒸馏头侧管进入冷凝器中。蒸馏瓶的选择原则一般是使蒸馏物的体积为瓶体积为1/3~2/3。温度计的选择视蒸馏物的沸点而定,不可以选择刻度低于蒸馏物沸点的温度计。温度计的位置:水银球上端处于蒸馏头支管底边所在的水平线上。

②冷凝部分:由冷凝管组成,蒸气在冷凝管中冷凝成为液体,当蒸馏物沸点低于140 ℃的液体时,可选用直形冷凝管;当蒸馏沸点高于140 ℃的液体时,必须使用空气冷凝管。此外,对于蒸馏无水的液体,所有的玻璃仪器必须经干燥后方可使用。冷凝管下端侧管为进水口,上端侧管为出水口,安装时应注意上端出水口侧管应向上,保证套管内充满水。

③接收部分:由尾接管、接收器(圆底烧瓶或锥形瓶)组成,用于收集冷凝后的液体,当所用尾接管无支管时,尾接管和接收器之间不可密封,应与外界大气相通。

④热源:当液体沸点低于 80 ℃时通常采用水浴,高于 80 ℃时采用封闭式的电加热器配上调压器控温。

蒸馏装置的安装一般遵循"自下而上,自左向右"原则。安装仪器时,一般先确定热源的位置,如使用电热套可在其下面垫上升降台,然后依次安装蒸馏瓶、蒸馏头、温度计、带水管的冷凝管、尾接管和接收瓶。蒸馏瓶的颈部、冷凝管的中部和接收瓶的颈部分别用铁夹固定。为了保证温度测量的准确性,温度计水银球的位置应放置如图 2.3.1-2 所示,即温度计水银球的上端应与蒸馏头支管口下侧在同一水平线上。在安装磨口玻璃仪器时,应先套上磨口,然后边转边向里轻推即可使仪器密封,仪器组装应做到横平竖直,铁架台一律整齐地放置于仪器背后,整套装置无论从正面还是从侧面观察,要求各个仪器的轴线都在同一平面上,做到安全美观。

3.常压蒸馏操作

沸点测定分常量法和微量法两种。常量法的装置与蒸馏操作相同。

(1)常量法

①量取 20 mL 工业乙醇,倒入圆底烧瓶中,加入 2～3 粒沸石,安装好蒸馏装置(见图 2.3.1-2)。加沸石是为了防止液体暴沸,沸石为多孔性物质,刚加入液体中,小孔内有许多气泡,它可以将液体内部的气体导入液体表面,形成气化中心。在一次持续蒸馏时,沸石一直有效,一旦中途停止沸腾或蒸馏,原有沸石即失效,再次加热蒸馏时,应补加新沸石,因原来沸石上的小孔已被液体充满,不能再起气化中心的作用。如果事先忘了加沸石,决不能在液体加热到沸腾时补加,这样会引起剧烈暴沸,使液体冲出瓶外,还容易发生着火事故,故应该在冷却一段时间后再补加。一般加热回流、蒸馏、分馏、水蒸气发生器产生水蒸汽都需要加沸石。但减压蒸馏、水蒸气蒸馏、电动搅拌反应不需加沸石。

②缓慢开通冷凝水,用电热套加热(注意圆底烧瓶与电热套之间保持适当间隙),使液体平稳沸腾。蒸馏速度控制在 2～3 滴/秒,并保持温度计水银球始终附着有冷凝的液滴。

③收集馏分:准备干燥的接收瓶收集馏分,记下温度突然上升并稳定,开始有馏出液时的温度 T_1,以及温度突然下降时,最后一滴馏出液的温度 T_2,两温度差即为该馏分的沸程,纯粹的液体沸程一般不超过 1～2 ℃。沸程越小,蒸出的物质越纯。

④蒸馏完毕,如不需要接收第二组分,可停止蒸馏。停止蒸馏时,应先停止加热,待蒸馏瓶稍冷且不再有馏出物继续流出时,取下接收瓶保存好产物,关掉冷却水,拆除仪器(与安装顺序相反)并加以清洗。称量所收集馏分的重量或量取其体积,计算收率。

（2）微量法

以内径 3～4 mm、长 8～10 cm、一端封口的玻璃管作沸点管,在沸点管中滴入 4～5 滴无水乙醇,另用一根内径约 1 mm、长约 9 cm 的玻璃毛细管作内管,内管一端是封闭的。将内管开口端向下插入沸点管中（见图 2.3.1-3）,用甘油作热浴,开始加热,慢慢升温。不久会观察到有气泡从沸点管内的液体中逸出,这是由于内管中的气体受热膨胀所致。当升温至液体的沸点时,沸点管中将有一连串的气泡快速逸出。此时,立即停止加热,让浴液自行冷却,管内气体逸出的速度将会减慢。当最后一个气泡因液体的涌入而缩回内管中时,内管内的蒸气压与外界压力正好相等,此时的温度即为该液体在常压下的沸点,记下数值。测 2 次,取平均值。

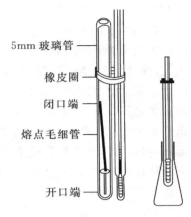

5mm 玻璃管

橡皮圈

闭口端

熔点毛细管

开口端

图 2.3.1-3　微量法测沸点装置

4.常压蒸馏的注意事项

①蒸馏前应根据待蒸馏液体的体积,选择合适的蒸馏瓶。一般被蒸馏的液体占蒸馏瓶容积的 2/3 为宜,蒸馏瓶越大产品损失越多。

②温度计位置:水银球上端应与蒸馏头侧管口的下限在同一水平线上。

③在加热开始后发现没加沸石,应停止加热,待稍冷后再加入沸石。千万不要在沸腾或接近沸腾的溶液中加入沸石,以免在加入沸石的过程中发生暴沸。

④对于沸点较低又易燃的液体,如乙醚,应用水浴加热,而且蒸馏速度不能太快,以保证蒸气全部冷凝。如果室温较高,接收瓶应放在冷水中冷却,在尾接管支口处连接一根橡胶管,将未被冷凝的蒸气导入流动的水中带走。

⑤若需蒸馏沸点高于 140 ℃的液体时,应用空气冷凝管。主要原因是温度高时,如用水作为冷却介质,冷凝管内外温差增大,容易使冷凝管接口处局部骤然遇冷发生断裂。注意冷凝水的走向:下口进水,上口出水。

⑥任何蒸馏或回流装置均不能密封,否则,当液体蒸气压增大时,轻者蒸气冲开连接口,使液体冲出蒸馏瓶,重者会发生装置爆炸而引起火灾。

⑦微量法测沸点时,液体样品不能加得过多;加热速度需要控制。

⑧常见溶剂的沸点列于表 2.3.1-1。

表 2.3.1-1　常见溶剂的沸点

化合物	沸点/℃	化合物	沸点/℃	化合物	沸点/℃
水	100	乙酸乙酯	77	氯仿	61.7
甲醇	65	冰乙酸	118	四氯化碳	76.5
乙醇	78	二硫化碳	46.5	苯	80
乙醚	34.5	丙酮	56	粗汽油	90.5

5.思考题

①为什么蒸馏系统不能密闭？

②为什么蒸馏时不能将液体蒸干？为什么蒸馏时要加入沸石？其作用是什么？

③一般常压蒸馏的速度取多少为宜？

④如果液体具有恒定的沸点,那么能否认为它是单纯物质？

⑤拆、装仪器的顺序是什么？

2.3.2　减压蒸馏

1.原理

液体的沸点是指其蒸气压等于外界压力时的温度,因此液体的沸点是随外界压力的变化而变化的,如果借助于真空泵降低蒸馏液体表面的压力,就可以降低液体的沸点。这种在较低压力下进行的蒸馏操作,就称为减压蒸馏(Reduced Pressure Distillation)。某些沸点较高的有机化合物在常压下加热还未达到沸点时便会发生分解、氧化或聚合的现象,所以不能采用常压蒸馏,使用减压蒸馏即可避免这种现象的发生。所以,减压蒸馏对于分离或提纯沸点较高或性质比较不稳定的液态有机化合物具有特别重要的意义。

人们通常把低于 1×10^{-5} Pa 的气态空间称为真空,欲使液体沸点下降得多就必须提高系统内的真空程度。实验室常用水喷射泵(水泵)或真空泵(油泵)来提高系统真空度。在进行减压蒸馏前,应先从文献中查阅清楚欲蒸馏物质在选择压力下相应的沸点,一般来说,当系统内压力降低到 20 mmHg 时,沸点比常压下的沸点约降低 100~120 ℃;当减压蒸馏在 10~25 mmHg 之间进行时,大体上压力每相差 1 mmHg,沸点约相差 1 ℃。因此,当对有机化合物进行减压蒸馏时,可以事先初步估计出在相应压力下该物质的沸点,这对具体操作中选择热源、温度计以及冷凝管等仪器都有一定的参考价值。

2. 装置

减压蒸馏的装置见图 2.3.2-1，主要仪器设备：蒸馏烧瓶、冷凝管、接收器、测压计、吸收装置、安全瓶和减压泵。

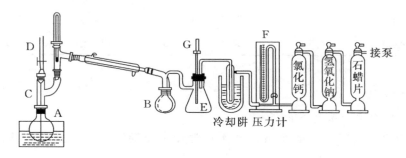

图 2.3.2-1　减压蒸馏装置

（1）蒸馏部分

图中 A 为减压蒸馏烧瓶，也称克氏蒸馏烧瓶，有两个颈，能防止减压蒸馏时瓶内液体由于暴沸而冲入冷凝管中。在带支管的瓶颈中插入温度计，另一瓶颈中插入一根末端拉成毛细管的玻璃管 C，其长度恰好使其下端离瓶底约 1~2 mm，为了控制毛细管的进气量，可在毛细玻璃管上口套一段软橡皮管 D，橡皮管中插入一段细铁丝，并用螺旋夹夹住使蒸馏平稳，避免液体过热而导致暴沸或者冲出烧瓶。蒸出液接收部分，通常用多孔尾接管连接多个梨形瓶或圆形烧瓶 B，在接收不同馏分时，只需转动尾接管。在减压蒸馏系统中切勿使用有裂缝或薄壁的玻璃仪器，尤其不能用不耐压的平底瓶（如锥形瓶等），以防止内向爆炸。

（2）抽气部分用减压泵，最常见的减压泵有油泵和水泵两种。油泵的效能取决于油泵的机械结构和油的品质，好的油泵能抽到 13.3 Pa(0.1 mmHg)。为了保护好油泵和泵油，在油泵与反应体系之间增加必要的保护装置，如放置装有固体石蜡片的干燥塔来吸收低沸点的有机物；放置装有氢氧化钠的干燥塔来吸收酸性气体；放置装有硅胶或者无水氯化钙的干燥塔来吸收水汽。用循环水泵进行减压蒸馏时，真空度能达到的最低压力为当时室温下水的蒸汽压。如：水温为 6~8 ℃时，其蒸汽压为 7~8 mmHg；若水温为 30 ℃，则水的蒸汽压为 31.5 mmHg。用循环水泵进行减压蒸馏时不需要这些干燥塔保护，但是在体系与泵之间加一个安全瓶 E 是必不可少的。安全瓶由耐压的抽滤瓶或其它广口瓶装置而成，瓶上的两通活塞 G 供调节系统内压力及防止水压骤然下降时水泵的水倒吸入接收瓶中。

（3）测压部分

通常利用水银压力计来测量减压系统的压力,使用时应注意:停泵时,先慢慢打开缓冲瓶上的放空阀,再关泵,否则,由于汞的密度很大（13.9 g/cm³）,在快速流动时,会冲破玻璃管,使汞喷出,造成污染。

3. 减压蒸馏操作要点

减压蒸馏的具体操作步骤如下。

①当被蒸馏物中含有低沸点物质时,应先通过常压蒸馏和水泵减压蒸馏将其除去,最后再用油泵进行减压蒸馏;

②按图 2.3.2-1 安装减压蒸馏装置,先检查系统的气密性,方法是:关闭毛细管,减压至压力稳定后,夹住连接系统的橡皮管,观察压力计水银柱有否变化,无变化说明不漏气,有变化即表示漏气。为保证系统的密闭性好,磨口仪器的所有接口部分都必须用真空油脂润涂好。

③检查仪器不漏气后,向蒸馏烧瓶中倒入待蒸馏液体,其量控制在烧瓶容积的1/3～1/2,旋紧毛细管上的螺旋夹,打开安全瓶上的两通活塞,开动油泵,逐渐关闭安全瓶上的两通活塞使系统达到所需的真空度。调节毛细管上的螺旋夹,使被蒸馏液体中有连续平稳的小气泡逸出为宜。

④当压力稳定后,通冷却水,开始加热。液体沸腾后,应注意控制温度,并观察沸点变化情况,蒸馏速度控制在 1～2 滴/秒,在压力稳定及化合物较纯时,沸程应控制在 1～2 ℃范围内。

⑤蒸馏结束时,应先移去热源,待稍冷后,渐渐打开安全瓶上的两通活塞,同时慢慢打开毛细管上的螺旋夹,使系统内外压力平衡,然后关闭油泵,关闭冷却水,按从右往左,由上而下的顺序拆卸装置,蒸馏过程完毕。

4. 注意事项

①蒸馏液中含低沸点组分时,应先进行常压蒸馏再进行减压蒸馏。

②减压系统中应选用耐压的玻璃仪器,切忌使用薄壁的甚至有裂纹的玻璃仪器,尤其不要使用平底瓶（如锥形瓶）,否则易引起内向爆炸。

③蒸馏过程中若有堵塞或其它异常情况,必须先停止加热,稍冷后,缓慢解除真空后才能进行处理。

④抽气或解除真空时,一定要缓慢进行,否则汞柱急速变化,有冲破压力计的危险。

⑤解除真空时,一定要稍冷后进行,否则大量空气进入有可能引起残液的快速氧化或自燃,甚至发生爆炸。

5. 思考题

(1)简述减压蒸馏的过程。

(2)为什么减压蒸馏时,必须先抽真空后加热?

(3)请估计苯甲醛、苯胺、苯己酮在 1333 Pa(10 mmHg)下的沸点大约是多少?

2.3.3　水蒸气蒸馏

水蒸气蒸馏(Steam Distillation)也是有机化合物分离和纯化的常用方法之一。它主要用于与水互不相溶、不反应,并且具有一定挥发性的有机化合物的分离,这些物质在 100 ℃左右的蒸气压应不小于 1333 Pa;此外,在常压蒸馏时,易分解的物质、需要从天然原料分离的液体和固体物质也可使用水蒸气蒸馏的方法进行提纯。

1. 原理

当有机物与水一起共热时,整个体系的蒸气压根据道尔顿(Dalton)分压定律,应为各组分蒸气压之和,即

$$p = p_{H_2O} + p_A$$

其中,p 代表体系的总蒸气压;p_{H_2O} 为水的蒸气压;p_A 为有机物的蒸气压。当 p 等于外界大气压时,则混合物开始沸腾。显然,混合物的沸点低于任何一个单独组分的沸点,即有机物可以在比其沸点低得多的温度下蒸馏出来。假设它们都是理想气体,混合蒸气中各气体分压之比等于它们的摩尔比,所以有:

$$\frac{n_A}{n_{H_2O}} = \frac{p_A}{p_{H_2O}}$$

因此有 $n_A = \dfrac{g_A}{M_A}$,$n_{H_2O} = \dfrac{g_{H_2O}}{18}$,其中 g_A、g_{H_2O} 为有机物和水在一定容积中蒸气的质量,M_A 为有机物的相对分子质量:

$$\frac{g_A}{g_{H_2O}} = \frac{M_A p_A}{18 p_{H_2O}}$$

以溴苯为例,当和水一起加热至 95.5 ℃时,水的蒸气压为 640 mmHg,溴苯的蒸气压为 120 mmHg,它们的总压力等于 1 大气压时开始沸腾。水和溴苯的相对分子质量分别为 18 和 157,代入上式得

$$\frac{g_A}{g_{H_2O}} = \frac{157 \times 120}{18 \times 640} = \frac{1.64}{1}$$

即每蒸出 1 g 水就能带出 1.64 g 溴苯,溴苯在蒸馏出液中的质量分数为 62%。但是,在实验操作中,完全与水不互溶的有机物很少,因此蒸出水量要多些,

这种计算值只是近似值。

2. 水蒸气蒸馏装置

图 2.3.3-1 是实验室常用的装置。包括水蒸气发生器、蒸馏部分、冷凝部分和接收器四个部分。

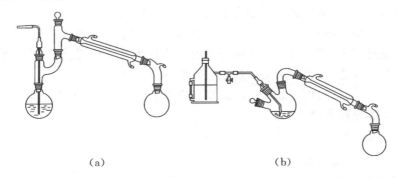

（a）　　　　　　　　　　　　（b）

图 2.3.3-1　水蒸气蒸馏装置

水蒸汽发生器可以用金属制成，也可用圆底烧瓶代替，发生器的上口通过塞子插入一根长玻璃管（长 1 m，直经约为 7 mm 的玻璃管作安全管），管子的下端接近烧瓶底部，当烧瓶内气压太大时，水可沿着玻璃管上升，以调节内压，所以此管可以起到安全管的作用。水蒸气导入管通过温度计磨口套管与三口烧瓶的中间口相连接，导入管下端要尽量靠近烧瓶的底部，三口烧瓶的另一口可用空心磨口塞塞住，另外一口则用 75°磨口蒸馏弯头与冷凝管相连，后面依次与尾接管和接收器相连接即可。蒸气发生器导出管与一个 T 形管相连，T 形管的支管套上一短橡皮管。橡皮管用螺旋夹夹住，以便及时除去冷凝下来的水滴。

3. 水蒸气蒸馏操作

水蒸气蒸馏的具体操作步骤如下：

①向水蒸气发生器（大圆底烧瓶）中加入总容积 1/2～2/3 的水，向蒸馏三口烧瓶中加入被蒸馏物（被蒸馏物的体积不得超过容积的 1/3）。

②通冷凝水，打开 T 形管上的螺旋夹，使之与大气相通，开始加热水蒸汽发生器，至沸腾后关闭 T 形管上的螺旋夹，使水蒸气均匀地进入三口烧瓶中。

③混合物受热翻腾不久便会有有机物和水的混合物蒸气经过冷凝管冷凝成乳浊液进入接收器，调节温度使馏出速度为每秒 2～3 滴为宜。

④当馏出液澄清透明不再含有油滴时，即可停止蒸馏。

⑤停止蒸馏时，必须先打开 T 形管上的螺旋夹（否则会发生倒吸），再移去热源，关闭冷却水，拆除装置。

4.注意事项

①安装正确,连接处严密。

②蒸馏过程中,必须随时检查水蒸汽发生器中的水位是否正常,安全管水位是否正常,有无倒吸现象,一旦发现不正常,应立即将 T 形管上螺旋夹打开,找出原因排除故障,然后逐渐旋紧 T 形管上的螺旋夹,继续进行。

③调节火焰,控制蒸馏速度 2～3 滴/秒,并时刻注意安全管。

④蒸馏过程中,必须随时观察烧瓶内混合物体积增加情况,混合物崩跳现象,蒸馏速度是否合适,是否有必要对烧瓶进行加热。

⑤停火前必须先打开螺旋夹,然后移去热源,以免发生倒吸现象。

⑥按安装相反顺序拆卸仪器。

5. 思考题

(1)什么是水蒸气蒸馏?

(2)什么情况下可以利用水蒸气蒸馏进行分离提纯?

(3)被提纯化合物应具备什么条件?

(4)水蒸气蒸馏利用的什么原理?

(5)安全管作用是什么?

(6)T 形管具有哪些作用?

(7)发现安全管内液体迅速上升,应该怎么办?

2.4 分 馏

简单蒸馏只能对沸点差异较大(大于 30 ℃)的混合物作有效的分离,而采用分馏柱进行蒸馏则可对沸点相近的混合物进行分离和提纯,这种操作方法称为分馏(Fractional Distillation)。简单地说,分馏就是多次蒸馏,利用分馏技术甚至可以将沸点相距 1～2 ℃的混合物分离开来。

1.基本原理

分馏是使沸腾着的混合物蒸气通过分馏柱(工业上用分馏塔)进行一系列的热交换,当混合物受热沸腾时,其蒸气首先进入分馏柱。由于柱内外存在温差,柱内蒸气中高沸点组分受柱外空气的冷却而被冷凝,并流回至烧瓶,从而导致继续上升的蒸气中低沸点组分的含量相对增加。这一个过程可以看作是一次简单的蒸馏,当高沸点冷凝液在回流途中遇到新蒸上来的蒸气时,两者之间发生热交换,上升的蒸气中,同样是高沸点组分被冷凝,低沸点组分继续上升,这又可以看作是一次简单蒸馏。蒸气就是这样在分馏柱内反复地进行着气化、冷凝和回流的过程,或者说,重复地进行着多次简单蒸馏。因此,只要分馏柱的效率足够高,从分馏柱上端蒸出的蒸气组分就能接近低沸点单组分的纯度,而高沸点组分仍回流到蒸馏烧瓶中,这样,最终便可将沸点不同的物质分离出来。需要指出的是,由于共沸混合物具有恒定的沸点,与蒸馏一样,分馏操作也不可用来分离共沸混合物。

分馏的效率与回流比有关,回流比是指在同一时间内冷凝的蒸气及重新回入柱内的冷凝液数量与柱顶馏出的蒸馏液数量之间的比值。一般来说,回流比越高分馏效率就越高,但回流比太高,则蒸馏液被馏出的量少,分馏速度慢。

2. 分馏装置

简单分馏装置如图 2.4 - 1 所示,它由烧瓶、分馏柱、蒸馏头、温度计套管、温度计、直形冷凝管、尾接管、接收器等组成。

分馏柱的种类较多。常用的有填充式分馏柱和刺形分馏柱,刺形分馏柱又称韦氏(Vigreux)分馏柱。填充式分馏柱是在柱内填上各种惰性材料,以增加表面积。填料包括:玻璃珠、玻璃管、陶瓷,螺旋形、马鞍形、网状等各种形状的金属片或金属丝。它效率较高,适合于分离一些沸点差距较小的化合物。实验室常用韦氏分馏柱,其结构简单,且较填充式粘附的液体少,缺点是较同样长度的填充柱分馏效率低,适合于分离少量且沸点差距较大的液体。若欲分离沸点相距很近的

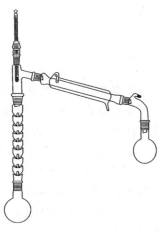

图 2.4 - 1　简单分馏装置

液体化合物,则必须使用精密分馏装置。安装操作与蒸馏类似,自下而上,由左向右。装置应处于同一平面,分馏柱要垂直台面。

3. 分馏操作

简单分馏操作和蒸馏大致相同,将待分馏的混合物放入圆底烧瓶中,加入沸石。分馏柱外围可用石棉布包住,这样可减少柱内热量的散发。选用合适的热浴进行加热,液体沸腾后要注意调节浴温,使蒸气慢慢升入分馏柱。在有馏出液滴出后,调节浴温使得蒸出液体的速度控制在每 2～3 秒/滴,这样可以得到比较好的分馏效果,待低沸点组分蒸完后,再渐渐升高温度。当第二个组分蒸出时,温度会迅速升至第二个组分的沸点。上述情况是假定分馏体系有可能将混合物组分进行严格的分馏,一般则有相当大的中间馏分。当欲收集的组分全部收集完后,停止加热。

4. 注意事项

①分馏一定要缓慢进行,要控制好恒定的分馏速度。

②分馏柱柱高是影响分馏效率的重要因素之一。一般来讲,分馏柱越高,上升蒸气与冷凝液间的热交换次数就越多,分离效果就越好。但是,如果分馏柱过高,则会影响馏出速度。

③必须尽量减少分馏柱的热量散失和波动。

④在分馏过程中,要注意调节加热温度,使馏出速度适中。如果馏出速度太快,就会产生液泛现象,即回流液来不及流回至烧瓶,并逐渐在分馏柱中形成液柱。若出现这种现象,应停止加热,待液柱消失后重新加热,使气液达到平衡,再恢复收集馏分。

2.5　干　燥

干燥是进一步将有机液体、固体或气体中的微量水或溶剂除去最常用的方法。

在有机合成中常常需要对原料、产物或溶剂进行干燥。因为液体中的水分会与液体形成共沸物,在蒸馏时就有过多的"前馏分",造成物料的严重损失;固体中的水分会造成熔点降低,而得不到正确的测定结果。试剂中的水分会严重干扰反应,如在制备格氏试剂或酰氯的反应中若不能保证反应体系的充分干燥就得不到预期产物;而反应产物如不能充分干燥,则在分析测试中就得不到正确的结果,甚至可能得出完全错误的结论。因此,干燥在有机化学实验中是最普遍也是比较重要的一项基本操作。

按被干燥物质的特性可分为固体干燥、液体干燥和气体干燥。按干燥方法又可分为物理方法和化学方法两种。

1. 物理方法

物理方法有烘干、晾干、吸附、分馏、共沸蒸馏和冷冻等。近年来,还常用离子交换树脂和分子筛等方法进行干燥。

离子交换树脂是一种不溶于水、酸、碱和有机溶剂的高分子聚合物。分子筛是含有水硅铝酸盐的晶体。

2. 化学方法

化学方法采用干燥剂来除水,根据除水作用原理,又可分为以下两种。

①能与水可逆结合,生成水合物。如:

$$CaCl_2 + nH_2O \rightleftharpoons CaCl_2 \cdot nH_2O$$

②与水发生不可逆的化学变化,生成新的化合物。如:

$$2Na + 2H_2O \longrightarrow 2NaOH + H_2 \uparrow$$

使用干燥剂时要注意以下几点：

①当干燥剂与水的反应为可逆反应时，反应到平衡需要一定的时间。因为，加入干燥剂后，一般最少要 2 h 的时间才能达到较好的干燥效果。因反应可逆，不能将水完全除尽，故干燥剂的加入量要适当。

②当干燥剂与水发生不可逆反应时，使用这类干燥剂在蒸馏前不必滤除。

③干燥剂只适用于干燥少量水分。若水的含量大，干燥效果不好，且使用大量的干燥剂，有机液体因被干燥剂带走而造成损失。

2.5.1 固体有机化合物的干燥

固体有机物在结晶（或沉淀）滤集过程中常吸附一些水分或有机溶剂。一般采用物理方法干燥，常用的干燥方式有：自然晾干、烘干、玻璃干燥器干燥等。

1. 自然晾干

在空气中晾干。对于那些热稳定性较差且不吸潮的固体有机物，或当结晶中吸附有易燃的挥发性溶剂如乙醚、石油醚、丙酮等时，可以放在空气中晾干（将该物质铺放在陶瓷板或滤纸上，盖上滤纸以防灰尘落入）。这种干燥法简单，但费时较长，且干燥不彻底。

2. 烘干

常用的设备有恒温干燥箱、恒温真空干燥箱、红外灯。

（1）恒温干燥箱（烘箱）干燥：烘箱用来干燥无腐蚀性、无挥发性、加热不分解的固体物质。使用温度为 50～300 ℃，通常温度控制在 100～200 ℃。对于在高温下容易发生分解、聚合等反应的固体物质，应使用恒温真空干燥箱干燥。

（2）红外灯干燥：固体中如含有不易挥发的溶剂，为加速干燥，常用红外灯干燥。利用红外线穿透能力强的特点，使水分或溶剂从固体内的各个部分迅速蒸发出来，所以干燥速度较快。红外灯通常与变压器联用，根据被干燥固体的熔点高低来调整电压，控制加热温度以避免因温度过高而造成固体的熔融或升华。用红外灯干燥时应注意经常翻搅固体，这样既可加速干燥，又可避免"烤焦"，但对光敏感的物质不适用。

3. 玻璃干燥器干燥

对于容易吸湿或在高温干燥时会分解、变色的固体物质，可置于干燥器中干燥。干燥器一般有普通干燥器和真空干燥器两种。普通干燥器一般用来保存易潮解或易升华的固体样品，但干燥效率不高，时间较长。干燥器的盖与缸身之间的平面经过磨砂，在磨砂处涂上润滑油脂使之密封。缸中有多孔瓷板，瓷板下面放置干燥剂,上面可放置盛有待干燥样品的表面皿或培养皿等。常用的干燥剂有变色硅胶、分子筛。变色硅胶是使用最普通的干燥剂,它干燥时为蓝色,吸水后变成红色,置于120 ℃的烘箱中活化脱水后又变成蓝色,可重复使用。分子筛是一种硅铝酸盐晶体,在晶体内部有许多孔道。它允许孔径比干燥剂孔径小的分子进入,孔径比干燥剂孔径大的分子排除在外,即通过选用合适的分子筛类型,除水以外的所有流体成分都可以不被吸附。分子筛按微孔直径进行分类,可分为3Å、4Å、5Å等分子筛,表示它可吸附最大直径为3Å、4Å、5Å的分子。当加热至350 ℃以上时,吸附水的分子筛可以脱水活化,重复使用。一般新购买的分子筛应放在马弗炉内加热至550 ℃活化2 h,待温度降到200 ℃左右取出,存放在干燥器内,待用。

4.真空干燥箱

真空干燥箱(图2.5.1-1)的干燥效率比普通干燥器高,其优点是使样品维持在一定的温度和负压下进行干燥,干燥量大,效率较高;但这种干燥箱不适用于升华物质的干燥,如果用试剂瓶盛装样品,必须敞口放入真空干燥箱中,以防瓶子爆炸。

图2.5.1-1 真空干燥箱

根据被干燥固体的性质、用量、潮湿程度以及反应条件,选择不同的干燥剂和仪器。干燥固体常用的干燥剂见表2.5.1-1。

表2.5.1-1 干燥固体的常用干燥剂

干燥剂	可以吸收的溶剂蒸气
CaO	水、醋酸、氯化氢、溴化氢
CaCl$_2$	水、醇(低级醇)
NaOH	水、醋酸、氯化氢、酚、醇
浓 H$_2$SO$_4$	水、醋酸、醇
P$_2$O$_5$	水、醇
石蜡片	醇、醚、石油醚、苯、甲苯、氯仿、四氯化碳
硅胶	水

2.5.2　液体干燥

液态有机化合物在合成或分离过程中,往往要经过一系列水溶液洗涤,应先经过干燥将粗产品中溶解或夹杂的痕量(或微量)水去除后才能进行蒸馏,因为一般蒸馏方法不能将这部分水除掉。对于一次具体的干燥过程来说,需要考虑的因素有干燥剂的种类、用量、干燥的温度和时间以及干燥效果的判断等,这些因素是相互联系、相互制约的,因此需要综合考虑。

1. 干燥剂的选择

常用干燥剂的性能与应用范围见表 2.5.2-1。

表 2.5.2-1　常用干燥剂的性能与应用范围

干燥剂	吸水作用	应用范围	效能	干燥速度
氯化钙	$CaCl_2 \cdot nH_2O$ $n=1,2,4,6$	能与醇、酚胺、酰胺及某些醛、酮、酯形成配合物,因而不能用于干燥这些化合物	中等	较快,但吸水后表面为薄层液体所覆盖,应放置时间较长
硫酸镁	$MgSO_4 \cdot nH_2O$ $n=1,2,4,5,6,7$	应用范围广,可代替 $CaCl_2$,并可用于干燥酯、醛、酮、腈、酰胺等不能用 $CaCl_2$ 干燥的化合物	较弱	较快
硫酸钠	$Na_2SO_4 \cdot 10H_2O$	一般用于有机液体的初步干燥	弱	缓慢
硫酸钙	$2CaSO_4 \cdot H_2O$	中性,常与硫酸镁(钠)配合,作最后干燥之用	强	快
碳酸钾	$K_2CO_3 \cdot \frac{1}{2}H_2O$	干燥醇、酮、酯、胺及杂环等碱性化合物;不适于酸、酚及其他酸性化合物的干燥	较弱	慢
氢氧化钾(钠)	溶于水	用于干燥胺、杂环等碱性化合物;不能用于干燥醇、醛、酮、酸、酚	中等	快

干燥剂	吸水作用	应用范围	效能	干燥速度
金属钠	$Na + H_2O \rightarrow$ $NaOH + \frac{1}{2} H_2$	限于干燥醚、烃类中的痕量水分。用时切成小块或压成钠丝	强	快
氧化钙	$CaO + H_2O \rightarrow$ $Ca(OH)_2$	适于干燥低级醇类	强	较快
五氧化二磷	$P_2O_5 + 3H_2O$ $\rightarrow 2H_3PO_4$	适于干燥醚、烃、卤代烃、腈等化合物中的痕量水分；不适用于干燥醇、酸、胺、酮等	强	快，但吸水后表面为黏浆液覆盖，操作不便
分子筛	物理吸附	适用于各类有机化合物干燥	强	快

选择干燥剂的原则是：(1)所用干燥剂不能溶解于被干燥液体，不能与被干燥液体发生化学反应，也不能催化被干燥液体发生自身反应。如碱性干燥剂不能用于干燥酸性液体；酸性干燥剂不可用来干燥碱性液体；强碱性干燥剂不可用于干燥醛、酮、酯、酰胺类物质，以免催化这些物质的缩合或水解；氯化钙不宜用于干燥醇类、胺类及某些酯类，以免与之形成络合物等。

(2)当干燥未知物质的溶液时，一定要使用化学惰性的干燥剂，如：硫酸镁或硫酸钠。金属钠在使用时，可用压钠机将金属钠压成丝状直接加到被干燥的液体物质中。金属钠块在放入到压钠机前，其氧化表皮应予除去。压钠机使用后，必须用乙醇处理，再用水洗净干燥待用。

(3)充分考虑干燥剂的干燥能力，即吸水容量、干燥效能和干燥速度。在干燥液体物质或溶液的过程中，并不是干燥剂加得越多越好，加入过多的干燥剂只能造成液体物质的损失。实际操作中，应将该液体置于干燥的锥形瓶中，用药勺取适量的干燥剂放入液体中，加塞振摇片刻。如发现干燥剂附着瓶壁互相黏结，表明干燥剂不够，应予添加。一般每 10 mL 液体约需 0.5～1 g 干燥剂。经干燥后，液体若由浑浊变澄清，表明液体中的水分已基本除去。

2. 液体干燥操作

将含水的有机液体倒入分液漏斗中将水层尽可能分出，以看不到明显的水珠存在为准。把待干燥的液体放入干净并且干燥的锥形瓶中，取颗粒大小合适的干燥剂(如黄豆大小的无水氯化钙颗粒、粉末状无水硫酸镁)放入液体中，用塞子塞住瓶口，轻轻振摇。干燥剂用量不能太多，否则将吸附液体，引起更大的损失。干燥剂分批少量加入，每次加入后须不断旋摇观察一段时间，如此操作直到液体由混浊变澄清，干燥剂也不再粘附于瓶壁，振摇时可自由移动，说明水分已基本除去，此时再加入过量 10%～20% 的干燥剂，盖上瓶盖静置约 30 min。将干燥剂过滤掉，把干燥好的液体滤入干净的蒸馏瓶中，然后进行蒸馏。

干燥时如出现下列情况，要进行相应处理：

①干燥剂互相黏结，附于器壁上，说明干燥剂用量过少，干燥不充分，需补加干燥剂。

②容器下面出现白色浑浊层，说明有机液体含水太多，干燥剂已大量溶于水，此时须将水层分出后再加入新的干燥剂。

③黏稠液体的干燥应先用溶剂稀释后再加干燥剂。

④未知物溶液的干燥，常用中性干燥剂干燥，例如，硫酸钠或硫酸镁。

2.5.3　气体干燥

实验室中临时制备的或由储气钢瓶中导出的气体在参加反应之前往往需要干燥；进行无水反应或蒸馏无水溶剂时，为避免空气中水汽的侵入，也需要对可能进入反应系统或蒸馏系统的空气进行干燥。

气体的干燥方法有冷冻法和吸附法两种。冷冻法是使低沸点的气体通过冷阱，气体受冷时，其饱和湿度变小，其中的水汽或其他可凝性杂质冷凝下来留在冷阱中，从而达到干燥的目的。冷阱中的冷却剂可以采用干冰或液氮。吸附法是使气体通过吸附剂（如变色硅胶、活性氧化铝等）或干燥剂，使其中的水汽被吸附剂吸附或与干燥剂作用而除去或基本除去以达到干燥之目的。实验室使用的吸附法有干燥塔法和洗气瓶法。干燥塔法是将气体通过装有干燥剂的干燥塔进行的，通常在干燥剂的两端用载体如玻璃纤维、浮石或石棉绒等隔离，以防止干燥剂在干燥过程中结块，如用无水氯化钙干燥气体时切勿用细粉末，以免吸潮后结块堵塞。化学惰性的气体可以通过装有浓硫酸的洗气瓶进行干燥，为了防止发生倒吸，在洗气瓶前必须配有安全瓶。如用浓硫酸干燥，酸的用量要适当，并控制好通入气体的速度。为防止大气中的湿气浸入体系，凡是开口的装置都应加接干燥管，干燥管中可以填装氯化钙或其它适当的干燥剂，进行空气的干燥。

根据被干燥气体的性质、用量、潮湿程度以及反应条件，选择不同的干燥剂和仪器。干燥气体常用的干燥剂见表 2.5.3-1。

表 2.5.3-1　用于气体干燥的常用干燥剂

干燥剂	能干燥的气体
CaO、碱石灰、NaOH、KOH	NH_3 类
无水 $CaCl_2$	H_2、HCl、CO_2、CO、SO_2、N_2、O_2、低级烷烃、醚、烯烃、卤代烷
P_2O_5	H_2、O_2、CO_2、SO_2、N_2、烷烃、乙烯
浓 H_2SO_4	H_2、N_2、CO_2、Cl_2、HCl、烷烃
$CaBr_2$、$ZnBr_2$	HBr

2.6　升　华

1. 原理

升华是纯化固体有机物的一种方法,它是指固体物质受热后不经熔融就直接转变为蒸气,该蒸气经冷凝又直接转变为固体,这个过程称为升华(Sublimation)。利用升华不仅可以分离具有不同挥发度的固体混合物,而且还能除去难挥发的杂质。但并不是所有的固体有机化合物都能用升华来纯化,它只能用于在不太高的温度下有足够大的蒸气压[高于 2.67 kPa(20 mmHg)]的固态物质,因此有一定的局限性。一般由升华提纯得到的固体有机物纯度都较高。但是,由于该操作较费时,而且损失也较大,因而升华操作通常只限于实验室少量(1～2 g)物质的精制。表 2.6 列出了某些化合物的熔点、沸点及升华温度,升华温度比其在相同真空度下的熔点低。

表 2.6　化合物的熔点、沸点及升华温度

化合物	相对分子质量	熔点/℃	沸点/℃			在 $0.13×10^{-3}$ kPa (10^{-3} mmHg) 下升华最初温度/℃
			101.3 kPa (760mmHg)	1.9 kPa (15 mmHg)	$0.13×10^{-3}$kPa (10^{-3} mmHg)	
菲	178	101	340		95.5	20
月桂酸	200	43.7		176	101	22
甲基异丙基菲	234	98.5	390	216(11)	135	36

化合物	相对分子质量	熔点/℃	沸点/℃			在 0.13×10⁻³ kPa (10⁻³ mmHg) 下升华最初温度/℃
			101.3 kPa (760mmHg)	1.9 kPa (15 mmHg)	0.13×10⁻³kPa (10⁻³ mmHg)	
蒽醌	208	285	380			36
菲醌	208	217	>360			36
茜素	240	289	430		153	38
硬脂酸	284	71.5	约371	232	154.5	38
月桂酮	338	70.3				40
棕榈酮	451	82.8				53
硬脂酮	506	88.4		345(12)		58

一般来说,对称性较高的固体物质,具有较高的熔点,易于用升华来提纯。这类物质具有三相点,即固、液、气三相并存之点。物质的三相点指的是该物质在固、液、气三相达到平衡时的温度和压力。在三相点以下,物质只有固、气两相。这时,只要将温度降低到三相点以下,蒸气就可不经液态直接转变为固态。反之,若将温度升高,则固态又会直接转变为气态。由此可见,升华操作应该在三相点温度以下进行。例如:六氯乙烷的三相点温度是 186 ℃,压力为 104.0 kPa(780 mmHg),当升温至 185 ℃时,其蒸气压已达 101.3 kPa(760 mmHg),六氯乙烷在常压下即可由固相直接挥发为蒸气。

另外,有些物质在三相点时的平衡蒸气压比较低,在常压下进行升华时效果较差,这时可在减压条件下进行升华操作。

2. 操作方法

图 2.6-1 是常压下简单的升华装置,在瓷蒸发皿中盛粉碎了的样品,上面用一个直径小于蒸发皿的漏斗覆盖,漏斗颈用棉花塞住,防止蒸气逸出,两者用一张穿有许多小孔(孔刺向上)的滤纸隔开,以避免升华上来的物质再落到蒸发皿内。操作时,应控制加热温度低于被升华物质的熔点,让其慢慢升华。蒸气通过滤纸小孔,冷却后凝结在滤纸上或漏斗壁上。

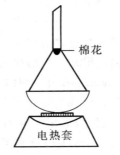

棉花

电热套

图 2.6-1 常压升华装置

为了加快升华速度,可在减压下进行升华,减压升华法特别适用于常压下其蒸气压不大或受热易分解的物质。图 2.6-2 所示装置用于少量物质的减压升华。

3.思考题

(1)升华操作时,为什么要缓慢加热?

(2)升华分离方法的必要条件和适用范围是什么?

(3)升华分离方法的优缺点是什么?

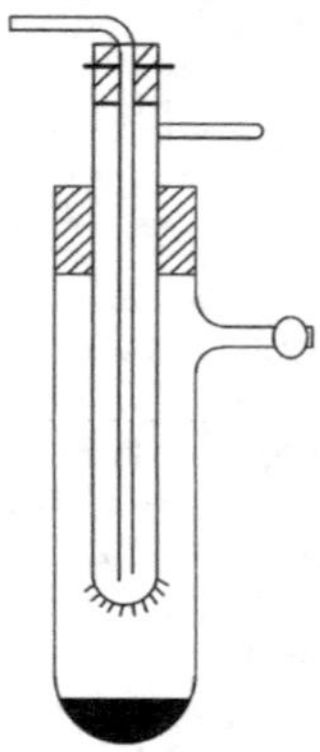

图 2.6-2 减压升华装置

2.7 色 谱

色谱法是近代有机分析中应用最广泛的工具之一,它既可以用来分离复杂混合物中的各种成分,又可以用来纯化和鉴定物质,尤其适用于少量物质的分离、纯化和鉴定。其分离效果远比萃取、蒸馏、分馏、重结晶好。

色谱法(Chromatography),又称层析法或色层分析法,它是在 1903 年由俄国植物学家 M. Tswett 首先系统提出来的。他将叶绿素的石油醚溶液通过 $CaCO_3$ 管柱,并继续以石油醚淋洗,由于 $CaCO_3$ 对叶绿素中各种色素的吸附能力不同,色素被逐渐分离,在管柱中出现了不同颜色的谱带或称色谱图(Chromatogram)。当时这种方法并没引起人们的足够注意,直到 1931 年将该方法应用到分离复杂的有机混合物,人们才发现了它的广泛用途。随着科学技术的发展以及生产实践的需要,层析技术也得到了迅速的发展。为此作出重要贡献的当推英国生物学家 Martin 和 Synge,他们首先提出了色谱塔板理论。这是在色谱柱操作参数基础上模拟蒸馏理论,以理论塔板来表示分离效率,定量的描述、评价层析分离过程。其次,他们根据液-液逆流萃取的原理,发明了液-液分配色谱。特别是他们提出了远见卓识的预言:① 流动相可用气体代替液体,与液体相比,物质间的作用力减小了,这对分离更有好处;② 使用非常细的颗粒填料并在柱两端施加较大的压差,应能得到最小的理论塔板高(即增加了理论塔板数),这将会大大提高分离效率。前者预见了气相色谱的产生,并在 1952 年诞生了气相色谱仪,它给挥发性的化合物的分离测定带来了划时代的变革;后者预见了高效液相色谱(High Performance Liquid Chromatography,HPLC)的产生,在 20 世纪 60 年代末也为人们所实现,现在 HPLC 已成为生物化学与分子生物学、化学等领域不可缺少的分析分离工具之一。因此,Martin 和 Synge 于 1952 年被授予诺贝尔化学奖。如今的色层分析法经常用于分离无色的物质,已没有颜色这个特殊的含义。但色谱法或色层分析法这个名字仍保留下来沿用,现在我们简称为层析法或层析技术。

层析法的最大特点是分离效率高,它能分离各种性质极其类似的物质。而且它既可以用于少量物质的分析鉴定,又可用于大量物质的分离纯化制备。因此,作为一种重要的分析分离手段与方法,它广泛地应用于科学研究与工业生产上。目前,在石油、化工、医药卫生、生物科学、环境科学、农业科学等领域都发挥着十分重要的作用。

层析法的原理是:溶于流动相(Mobile Phase)中的各组分经过固定相(Stationary Phase)时,由于与固定相发生作用(吸附、分配、离子吸引、排阻、亲和)的大小、强度不同,在固定相中滞留时间不同,从而先后从固定相中流出,达到分离的目的。按分离原理,可分为吸附色谱、分配色谱、离子交换色谱等。按固定相的外型分,固定相装于柱内,称柱色谱;固定相呈平板状的色谱称平板色谱,又可分为薄层色谱法和纸色谱法。按原理可分为吸附色谱法、分配色谱法、离子交换色谱法、亲和色谱法。按流动相状态分类,流动相是气体的为气相色谱法,流动相是液体的为液相色谱法,流动相为超临界流体的为超临界流体色谱。根据色谱法原理制成的仪器叫色谱仪。

这里主要介绍柱色谱、薄层色谱、气相色谱和高效液相色谱法。

2.7.1　柱色谱

1. 基本原理

柱色谱(Colmn Chromatography,CC)法又称柱层析法。它是提纯少量物质的有效方法,常见的有吸附色谱和分配色谱两类。吸附色谱常用氧化铝和硅胶作固定相,填装在柱子中的吸附剂将混合物中各组分先从溶液中吸附到其表面上,而后用溶剂洗脱,溶剂流经吸附剂时发生数次吸附和脱附的过程,由于混合物中各组分被吸附的程度不同,当洗脱剂流下时,吸附强的组分移动得慢留在柱的上端,吸附弱的组分移动得快留在柱的下端,于是形成了不同层次,即溶质在柱中自上而下按对吸附剂的亲和力大小分别形成若干色带,从而达到分离的目的。分配色谱是利用混合物中各组分在两种互不相溶的液相中的分配系数不同而进行分离,常以硅胶、硅藻土和纤维素作为载体,以吸附的液体作为固定相。

(1)吸附剂

实验室常用的吸附剂有氧化铝、硅胶、氧化镁、碳酸钙和活性炭等。选择吸附剂的首要条件是与被吸附物质及展开剂均无化学作用。吸附剂的选择一般要根据待分离的化合物类型而定。例如:硅胶的性能比较温和,属无定形多孔物质,略具酸性,同时硅胶极性相对较小,适合于分离极性较大的化合物,如羧酸、醇、酯、酮、胺等;而氧化铝极性较强,对于弱极性物质具有较强的吸附作用,适合于分离极性较弱的化合物。

大多数吸附剂都能强烈地吸水,而且水分易被其它化合物置换,使吸附剂的活性降低。因此,吸附剂使用前一般要经过纯化和活性处理。吸附能力与颗粒大小也有关系,粒度愈小表面积愈大,吸附能力就愈高,但颗粒愈小时,溶剂的流速就慢,所以通常使用的吸附剂颗粒的大小以 100~200 目为宜。供柱色谱使用的氧化铝有酸性、中性、碱性三种。酸性氧化铝是用 1‰ 盐酸浸泡后,用蒸馏水洗至氧化铝的悬浮液 pH 值为 4~4.5,用于分离酸性物质。中性氧化铝 pH 值为 7.5,用于分离中性物质。碱性氧化铝 pH 值为 9~10,用于胺、生物碱及烃类化合物的分离。

吸附剂的活性取决于含水量的多少,最活泼的吸附剂含最少量的水。氧化铝的活性分为Ⅰ~Ⅴ五级,Ⅰ级的吸附作用太强,分离速度太慢,Ⅴ级的吸附作用太弱,分离效果不好,所以一般常采用Ⅱ或Ⅲ级。

化合物的吸附性与它们的极性成正比,化合物分子中含有极性较大的基团时,吸附性也较强,各种化合物对氧化铝的吸附性按以下次序递减:

酸和碱＞醇、胺、硫醇＞酯、醛、酮＞芳香族化合物＞卤代物、醚＞烯＞饱和烃

(2)溶剂

柱色谱分离效果与溶剂的性质有关,溶剂的选择也是重要的一环,通常根据被分离物中各组分的极性、溶解度和吸附剂的活性等来考虑:①溶剂要求较纯,否则会影响样品的吸附和洗脱。②溶剂和氧化铝不起化学反应。③溶剂的极性应比样品极性小些,否则样品不易被氧化铝吸附。④样品在溶剂中溶解度不能太大,否则影响吸附;也不能太小,如果太小,溶剂的体积增加,易使色谱分散。柱色谱的展开首先使用极性较小的溶剂,使最容易脱附的组分分离。再用极性较大的溶剂将极性大的化合物自色谱柱中洗脱下来。为了提高溶剂的洗脱效果,也可用混合溶剂洗脱。常用洗脱剂的极性按如下次序递增:己烷和石油醚(低沸点＜高沸点)＜环己烷＜四氯化碳＜三氯乙烯＜二硫化碳＜甲苯＜苯＜二氯甲烷＜氯仿＜乙醚＜乙酸乙酯＜丙酮＜丙醇＜乙醇＜甲醇＜水＜吡啶＜乙酸。

值得指出的是,要找到最佳的分离条件往往不容易,较为方便的方法是参考前人的工作中类似化合物的分离条件,或用薄层色谱摸索出分离条件供采用柱层析时参考。

2. 实验内容

用柱色谱分离荧光黄和碱性湖蓝 BB,所需试剂、样品有:中性氧化铝(100~200 目),1 mL 溶有 1 mg 荧光黄和 1 mg 碱性湖蓝 BB 的 95‰ 乙醇溶液。荧光黄为橙红色,商品名是二钠盐,稀的水溶液带有荧光黄色。碱性湖蓝 BB 又称为亚甲基蓝,是一种活体染色剂,深绿色有铜光的结晶,能溶于水和酒精,其稀的水溶液为蓝色。两种物质的结构式如下:

荧光黄

碱性湖蓝 BB

3. 柱色谱法实验操作

常用的柱色谱装置包括色谱柱、滴液漏斗、接收瓶,如图 2.7.1－1 所示。操作包括装柱、装样、洗脱、收集等。

(1)装柱

装柱是柱色谱中最关键的操作,装柱的好坏直接影响分离效果。

实验时选一合适色谱柱(长径比应不小于(7～8)∶1,吸附剂用量为被分离样品的 30～40 倍),装柱前应先将色谱柱洗净、干燥,垂直固定在铁架台上,柱子下端放置一锥形瓶。如果层析柱下端没有砂芯横隔,应取一小团脱脂棉或玻璃棉,用玻璃棒将其推至柱底,再铺上一层约 0.5～1 cm 厚的砂,然后采用湿法或干法装柱。装柱要求吸附剂填充均匀,无断层、无缝隙、无气泡,否则会影响洗脱和分离效果。

①湿法装柱。取 15 cm×1.5 cm 色谱柱一根或 25 mL 酸式滴定管一支作为色谱柱,洗净干燥后垂直固定在铁架台上。取少许脱脂棉放于干净的色谱柱底,用长玻璃棒将脱脂棉轻轻塞紧,在脱脂棉上覆盖一层厚 0.5 cm 的石英砂[1]。色谱柱下端置一个 250 mL 锥形瓶作洗脱液的接收器。关闭柱下部活塞,向柱内倒入 95%乙醇至柱高的 3/4 处,打开活塞,控制乙醇流出速度为 1 滴/秒。然后将用乙醇溶剂调成糊状的一定量的中性氧化铝(100～200 目)通过一只干燥的粗柄短颈漏斗从柱顶加入,使溶剂慢慢流入锥形瓶。

在添加吸附剂的过程中,可用木质试管夹或套有橡皮管的玻璃棒绕柱四周轻轻敲打,促使吸附剂均匀沉降并排出气泡。注意敲打色谱柱时,不能只敲打某一部位,否则被敲打一侧吸附剂沉降更紧实,致使洗脱时色谱带跑偏,甚至交错而导致

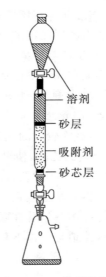

图 2.7.1－1 柱色谱装置

溶剂
砂层
吸附剂
砂芯层

第 2 章 有机化合物的分离和纯化技术

077

分离失败。另外还需掌握敲打时间,敲打不充分,吸附剂层降不紧实,各组分洗脱太快分离效果不好;敲打过度,吸附剂层降过于紧实,洗脱速度太慢而浪费实验时间。一般洗脱剂流出速度为每分钟 5～10 滴。吸附剂添加完毕,在吸附剂上面覆盖约 0.5 cm 厚的石英砂。整个添加过程中一直保持上述流速,但要注意不能使石英砂顶层露出液面,不能使柱顶变干[2],否则柱内会出现裂痕和气泡。

②干法装柱。在色谱柱上端放一个干燥的漏斗,将一定量的吸附剂倒入漏斗中,使其成为细流连续不断地装入色谱柱中,边加入边敲击柱身,使吸附剂装填均匀,不能有空隙。加完后,在吸附剂上覆盖 0.5 cm 厚石英砂,然后加洗脱剂湿润。

装柱小技巧:万一装柱时带入气泡,可从上端压入大量溶剂将气泡从下端挤出。

（2）加样

加入 1 mL 已配好的含有 1 mg 荧光黄和 1 mg 碱性湖蓝 BB 的 95％乙醇溶液[3],当液面降至接近石英砂顶层时,立刻用滴管取少量 95％乙醇洗涤色谱柱内壁上沾有的样品溶液,如此连续 2～3 次,直至洗净为止。

（3）洗脱与分离

样品加完并混溶后,开启活塞,当液面下降至与石英砂顶层相平时,在色谱柱上装置滴液漏斗,用 95％乙醇作洗脱剂进行洗脱,流速控制在 1 滴/秒[4],这时碱性湖蓝 BB 谱带和荧光黄谱带分离。蓝色的碱性湖蓝 BB 因极性较小,首先向柱下部移动,极性较大的荧光黄则留在柱的上端。通过柱顶的滴液漏斗,继续加入足够量的 95％的乙醇,使碱性湖蓝 BB 的色带全部从柱子里洗下来。待洗出液呈无色时,更换一只接收器,改用水为洗脱剂,黄绿色的荧光黄开始向柱子下部移动,用另一接收器收集至蓝色全部洗出为止,分别得到两种染料的溶液。

样品中各组分在吸附剂上经过吸附、溶解、再吸附、再溶解等过程,即可按极性大小规律地自上而下移动而相互分离。在此过程应注意:①洗脱剂应平稳加入,整个过程中,应使洗脱剂始终覆盖吸附剂。②在洗脱过程中,样品在柱内的下移速度不能太快,也不能太慢,通常流出的速度为每分钟 5～10 滴,若洗脱剂下移速度太慢,可适当加压或用水泵减压。③当色带出现拖尾时,可适当提高洗脱剂的极性。④如果被分离各组分有颜色,可以根据色谱柱中出现的色层收集洗脱液。如果各组分无色,先依等分收集法收集(该操作可由自动收集器完成),然后用薄层色谱法逐一鉴定,再将相同组分的收集液合并在一起。蒸除洗脱溶剂,即得各组分。

4. 注释

[1]覆盖石英砂的目的是:①使样品均匀地流入吸附剂表面;②在加料时不致把吸附剂冲起,影响分离效果。若无砂子也可用玻璃毛或将剪成比柱子内径略小的滤纸压在吸附剂上面。

[2]向柱中添加洗脱剂时,应沿柱壁缓缓加入,以免将表层吸附剂和样品冲溅泛起,造成非水平谱带。在洗脱的整个操作中勿使氧化铝表面的溶液流干,一旦流干再加溶剂,易使氧化铝柱产生气泡和裂缝,产生不规则的谱带,影响分离效果。

[3]加样时一定要沿壁加入,注意不要把氧化铝冲松浮起,否则易产生不规则色带。

[4]要控制洗脱液的流出速度,一般不宜太快。

2.7.2 薄层色谱

1. 原理

薄层色谱(Thin Layer Chromatography,TLC)属于固-液吸附色谱,是一种微量的分离分析方法,具有设备简单、速度快、分离效果好、灵敏度高以及能使用腐蚀性显色剂等优点,适用于小量样品(几到几十微克,甚至 $0.01\mu g$)的分离。同时薄层色谱是一种非常有用的跟踪反应的手段,在进行化学反应时,常利用薄层色谱观察原料斑点的逐步消失来判断反应是否完成;也常用作柱色谱的先导,可用于柱色谱分离中展开剂的选择,也可监视柱色谱分离状况和效果。

最常用的薄层色谱属于液-固吸附色谱,把吸附剂(如氧化铝、硅胶)和黏合剂(如煅石膏 $CaSO_4 \cdot H_2O$、羧甲基纤维素钠等)均匀地铺在一块玻璃板上形成薄层,将待分离样品滴加在薄层的一端,当利用毛细作用使流动相沿着吸附剂薄层(固定相)移动时,吸附剂借各种分子间力(包括范德华力和氢键)作用于混合物中各组分,各组分以不同的作用强度被吸附。被分离组分在固定相与流动相之间进行分配或吸附,经过反复无数次的分配平衡或吸附平衡,极性不同的组分化合物就会在薄层板上移动不同的距离。极性强的化合物会"黏"在极性的吸附剂上,在薄板上移动的距离比较短,而非极性的物质在薄层板上移动较大的距离,从而实现混合物的分离。

2. 操作方法

薄层色谱技术包括制板、点样、展开、显色等。

(1)薄层板的制备

在薄层色谱中常用的吸附剂或支持剂有硅胶或氧化铝。薄层色谱用的硅胶有硅胶 H,不含黏合剂;硅胶 G(Gypsum 的缩写),含煅石膏做粘合剂;硅胶 HF_{254},只含荧光物质,可在波长 254 nm 紫外光下观察荧光;硅胶 GF_{254} 含有煅石膏和荧光剂。薄层色谱用的氧化铝也分为氧化铝 G、氧化铝 GF_{254} 及氧化铝 HF_{254},其含义与硅胶相同,氧化铝的极性比硅胶大,用于分离极性小的化合物。

粘合剂除煅石膏外,还可以用淀粉、聚乙烯醇和羧甲基纤维素钠(Carboxy Methyl Cellulose,CMC)。一般在使用时配成 0.5%~5% 的水溶液。如:羧甲基纤维素钠的质量分数一般为 0.5%~1%,最好是 0.7%。淀粉的质量分数为 5%。在薄板制备过程中,可以根据需要选择是否加入粘合剂,加粘合剂的薄板称为硬板,不加粘合剂的薄板称为软板。

制备薄层板,首先将吸附剂调成糊状:如称取约 3 g 硅胶 G,加入到 6~7 mL 0.5% 的羧甲基纤维素钠水溶液中,调成均匀的糊状物(可铺 7~8 张载玻片)。这一步一定要将吸附剂逐渐加入到溶剂中,边加边搅拌;如果把溶剂加到吸附剂中,容易结块。然后采用简单的平铺法和倾斜法将糊状物涂布在干净的载玻片上,制成薄层板。

①平铺法:可将自制涂布器(如图 2.7.2-1)洗净,把干净的载玻片在涂布器中摆好,上下两边各夹一块比载玻片厚 0.25 mm 的玻璃板,在涂布器槽中倒入糊状物,将涂布器自左向右推,即可将糊状物均匀地涂在载玻片上。

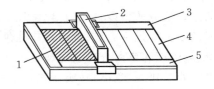

图 2.7.2-1 薄层板涂布器

1—吸附剂薄层;2—涂布器;3—玻璃夹板;4—玻璃板;5—玻璃夹板

②倾斜法:如没有涂布器,则可将调好的糊状物倒在载玻片上,用药匙摊开后,用手摇晃并轻轻敲击载玻板背面,使其糊状物均匀铺开且表面均匀光滑。

薄层板的薄层应尽可能的均匀而且厚度(0.25~1 mm)要固定,否则展开时溶剂前沿不齐,色谱结果也不易重复。

(2)薄层板的活化

涂好的薄层板室温水平放置晾干后,放入烘箱内加热活化,活化条件根据需要而定。硅胶板一般在烘箱中渐渐升温,维持 105~110 ℃活化 30 min。氧化铝板在 200~220 ℃烘 4 h 可得活性Ⅱ级的薄板;150~160 ℃烘 4 h 可得活性Ⅲ~Ⅳ级的薄层板。薄层板的活性与含水量有关,其活性随含水量的增加而下降。注意硅胶板活化时温度不能过高,否则硅醇基会相互脱水而失活。活化后的薄层板应放在干燥器内保存。

(3)点样

将样品溶于低沸点溶剂(丙酮、甲醇、乙醇、氯仿、苯、乙醚和四氯化碳)配成

1%的溶液,用内径小于 1 mm 管口平整的毛细管点样:用毛细管取样品溶液,在薄层板一端约 1.0 cm 处,垂直地轻轻地接触到薄层上的吸附剂,样品溶液就可点到薄层上。在薄层色谱中,样品的用量对物质的分离效果有很大影响,所需样品的量与显色剂的灵敏度、吸附剂的种类、薄层的厚度均有关系。样品太少,斑点不清楚,难以观察;样品量太多,往往出现斑点太大或拖尾现象,各组分不易分开。若样品溶液太稀,可重复点样,但应待前次点样的溶剂挥发后方可重新点样,样点直径一般以 2~4 mm 为宜。同一薄层上的样点直径应一致。另外点样要轻,不可刺破薄层。如果在同一块薄层板上点两个样,两斑点间距应保持 1~1.5 cm 为宜。干燥后就可以进行层析展开。

(4)展开与显色

选择合适的展开剂是至关重要的。一般展开剂的选择与柱色谱中洗脱剂的选择类似,即极性化合物选择极性展开剂,非极性化合物选择非极性展开剂。当一种展开剂不能将样品分离时,可选择混合展开剂,混合展开剂的选择参考柱色谱中洗脱剂的选择。一般展开能力与溶剂的极性成正比例,常用溶剂及其相对极性如下:
水>甲醇>乙醇>丙酮>乙酸乙酯>乙醚>二氯甲烷>氯仿>甲苯>四氯化碳>戊烷>石油醚

←─────────────────── 极性及展开能力增强

以层析缸作展开器,加入展开剂,其量以液面高度为 0.5 cm 为宜,并使展开器内空气饱和 5~10 min,以达到气液平衡。为使溶剂蒸气迅速达到平衡,可在层析缸内衬一滤纸,待滤纸全部被溶剂润湿后,将点过样的薄展板斜置于其中,使点样一端朝下,保持点样斑点在展开剂液面之上,盖上盖子(见图 2.7.2－2)。当展开剂上升至离薄展板上端约 1 cm 处时,将薄层板取出,并用铅笔标出展开剂的前沿位置。待薄层板干燥后,便可观察斑点的位置。如果斑点无颜色,可在紫外灯下观察

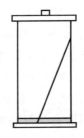

图 2.7.2－2　薄层色谱展开

荧光斑点,也可用显色剂显色,如:碘熏显色。具体方法为:在广口瓶中放置少量碘晶体,使用时将薄层板放入,盖上瓶盖,密封瓶内的碘蒸气即可使大部分有机化合物显色(饱和烃与卤代烃除外)。马上用铅笔标出斑点的位置,然后计算各斑点的 R_f 值。

(4)比移值(R_f)的计算

化合物在薄板上移动距离的多少取决于所选取的溶剂。溶剂的极性越大,对化合物的洗脱能力也越大,即 R_f 值也越大。在戊烷和环己烷等非极性溶剂中,大多数极性物质不会移动,但是非极性化合物会在薄板上移动一定距离。极性溶剂

通常会将非极性的化合物推到溶剂的前端而将极性化合物推离基线。一个好的溶剂体系应该使混合物中所有的化合物都离开基线,但并不使所有化合物都到达溶剂前端,R_f 值最好在 $0.15 \sim 0.85$ 之间。最理想的 R_f 值为 $0.4 \sim 0.5$,良好的分离 R_f 值为 $0.15 \sim 0.75$,如果 R_f 值小于 0.15 或大于 0.75 则分离不好,就要调换展开剂重新展开。化合物移动的距离大小用 R_f 值表达,它的定义为:$R_f = \dfrac{d_i}{d}$。

如图 $2.7.2 - 3$ 所示,d 为点样点到溶剂前沿的距离,d_1 为点样点到斑点 1 的距离,d_2 为点样点到斑点 2 的距离。

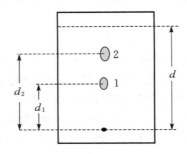

图 $2.7.2 - 3$　薄层色谱 R_f 值的计算

3. 注意事项

①在制糊状物时,搅拌一定要均匀,切勿剧烈搅拌,以免产生大量气泡,难以消失,致使薄层板出现小坑,使薄层板展开不均匀,影响实验效果。

②点样时,所有样品不能太少也不能太多,一般以样品斑点直径 $2 \sim 4$ mm 为宜。因为若样品太少,有的成分不易显出,若量过多易造成斑点过大,互相交叉或拖尾,不能得到很好的分离。

③用显色剂显色时,对于未知样品,判断显色剂是否合适,可先取样品溶液一滴,点在滤纸上,然后滴加显色剂,观察是否有色点产生。除碘熏法显色外,茚三酮、浓硫酸等亦是常用显色剂。此外,在紫外灯下多环芳烃基团等化合物具有颜色。

④用碘熏法显色时,当碘蒸气挥发后,棕色斑点容易消失(自容器取出后,呈现的斑点一般于 $2 \sim 3$ s 内消失),所以显色后,应立即用铅笔或小针标出斑点的位置。

4. 思考题

①在薄层色谱中,何谓硅胶 G、硅胶 H、硅胶 GF_{254}?

②点样时,样品浓度太高或斑点太大会对薄层色谱有何影响?

③展开剂的高度超过点样线,对薄层色谱有什么影响?

④分离混合物用薄层色谱时,如何判断各组分在薄层上的位置?

2.7.3 气相色谱

气相色谱(Gas Chromatography,GC)是 20 世纪 50 年代发展起来的一种分离、分析技术。气相色谱发展很快,已成为科研和生产中必不可少的重要常规分析工具。气相色谱主要用于气体和挥发性较强的液体混合物的分离和分析,在有机合成实验中,也可用来对合成产物进行分离及定性和定量分析。尤其是适用于多组分混合物的分离,具有快速、高效、高选择性和高灵敏度的优点。目前已广泛应用于沸点 500 ℃以下、热稳定挥发性物质的分离和测定。

1. 基本原理

气相色谱是以气体作为流动相的一种色谱法。根据固定相的状态不同,气相色谱又可分为气固色谱(GSC)和气液色谱(GLC)。这里主要介绍气液色谱法。

气液色谱属于分配色谱,其原理是利用混合物中各组分在固定相和流动相之间的分配情况不同,达到分离的目的。气相色谱中的流动相是载气,固定相是吸附在载体或担体上的液体。担体是具有热稳定性及惰性的材料,常用的担体有硅藻土、聚四氟乙烯等。担体本身无吸附能力,对分离不起作用,只是用来支撑固定相,使其停留在柱内。分离时,先将含有固定相的担体装入色谱柱中。色谱柱通常是一根 U 形或螺旋状的不锈钢管,内径约为 3 mm,长度由 1 m 到 10 m 不等。当配成一定浓度的溶液样品,用微量注射器注入气化室后,样品在气化室中受热迅速气化,并随载气(流动相)进入色谱柱中,由于样品中各个组分的极性和挥发性(或沸点)不同,气化后的样品在柱中固定相和流动相之间进行反复多次分配,挥发性较高的组分由于在流动相中的溶解度大,因而随流动相迁移得快,而挥发性较低的组分在固定相中溶解度大于其在流动相中的溶解度,因此随流动相迁移慢。经过一定的柱长后,易挥发的组分先随流动相流出色谱柱,进入检测器鉴定,而难挥发的组分随流动相迁移得慢,后进入检测器,产生的离子流信号经放大后,在记录器上描绘出各组分的色谱峰,从而达到将各组分分离的目的。

2. 气相色谱仪及色谱分析

气相色谱仪由气流控制系统(气源、气体净化、流速控制阀门和压力表等)、进样系统(进样器、气化室等)、分离系统(色谱柱)、检测系统(检测器)、控温系统和记录系统(数据处理系统-色谱工作站)六大部分,见图 2.7.3-1。

组分能否分开,关键在于色谱柱;分离后组分能否鉴定出来则在于检测器,所

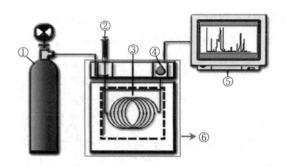

图 2.7.3-1　气相色谱仪示意图开

1—气源;2—进样系统;3—色谱柱;4—检测器;5—数据处理系统;6—温度控制系统

以分离系统和检测系统是仪器的核心。

　　常用的载气是储于钢瓶中的氮、氢或氦气,用减压阀控制载气流量,一般流速控制在 $30\sim120$ mL/min。载气通过净化干燥管净化,再经稳压阀和转子流量计后,以稳定的压力、恒定的速度流经气化室与气化的样品混合,将样品气体带入色谱柱中进行分离。分离后的各组分随着载气先后流入检测器,然后载气放空。检测器将物质的浓度或质量的变化转变为一定的电信号,经放大后在记录仪上记录下来,就得到色谱流出曲线。根据色谱流出曲线上得到的每个峰的保留时间(t_R),可以进行定性分析。另外,各组分的含量与其谱峰面积成正比,根据峰面积或峰高的大小,进行定量分析。定量分析的原理是:在一定的范围内色谱峰的面积与化合物中分组分的含量呈直线关系,即色谱峰面积(或峰高)与组分的浓度成正比。峰面积(A)等于峰高(h)乘以半峰宽 $W_{h/2}$,即 $A=h\times W_{h/2}$。峰面积确定后,某组分的质量分数 x_i 为

$$x_i = \frac{A_i}{A_1 + A_2 + \cdots + A_n} \times 100\%$$

式中,x_i 是组分 i 的质量分数;A_i 是体系中某组分的峰面积;$A_1,A_2,\cdots,A_n$ 是体系中各组分的峰面积。

　　进样系统包括进样装置和气化室。气体样品可以用注射进样,也可以用定量阀进样。液体样品用微量注射器进样;固体样品则要溶解后用微量注射器进样。样品进入气化室后在一瞬间就被气化,然后随载气进入色谱柱。根据分析样品的不同,气化室温度可以在 $50\sim400$ ℃ 范围内任意设定。通常,气化室的温度要比柱温高 $10\sim50$ ℃ 以保证样品全部气化。进样量和进样速度会影响色谱柱效率,进样量过大会造成色谱柱超负荷,进样速度慢会使色谱峰加宽,影响分离效果。

　　通常使用的检测器有:

(1)热导检测器(Thermal Conductivity Detector,TCD)

是应用比较多的检测器,不论对有机物还是无机气体都有响应。热导检测器是将两根电阻值完全相同的金属丝(钨丝或铂金丝)作为两个臂接入惠斯顿电桥中,利用含有样品气的载气与纯载气热导系数不同,引起热敏丝的电阻值发生变化,从而使电桥电路不平衡,产生信号。将此信号放大并记录得到一条检测器电流对时间的变化曲线,记录仪画在纸上便得到一张色谱图。热导检测器结构简单、稳定性好,对有机物和无机气体都能进行分析,其缺点是灵敏度低。

(2)氢火焰离子化检测器(Flame Ionization Detector,FID)

简称氢焰检测器。有机物在氢火焰中离子化反应的过程如下:当氢在空气中燃烧时,进入火焰的有机物发生高温裂解和氧化反应生成自由基,自由基又与氧作用产生离子。在外加电压作用下,这些离子形成离子流,经放大后被记录下来,即得色谱峰。所产生的离子数与单位时间内进入火焰的碳原子质量有关,因此,氢焰检测器是一种质量型检测器,这种检测器对绝大多数有机物都有响应,其灵敏度比热导检测器要高几个数量级,易进行痕量有机物分析。其缺点是不能检测惰性气体、空气、水、CO、CO_2、NO、SO_2 及 H_2S 等。

(3)电子捕获检测器(Eelectron Capture Detector,ECD)

电子捕获检测器是一种选择性很强的检测器,它只对含有电负性元素的组分产生响应,因此,这种检测器适于分析含有卤素、硫、磷、氮、氧等元素的物质。在电子捕获检测器内一端有一个多放射源作为负极,另一端有一正极,两极间加适当电压。当载气(如 N_2)进入检测器时,受多射线的辐照发生电离,生成的正离子和电子分别向负极和正极移动,形成恒定的基流。含有电负性元素的样品进入检测器后,就会捕获电子而生成稳定的负离子,生成的负离子又与载气正离子复合,结果导致基流下降。因此,样品经过检测器,会产生一系列的倒峰。电子捕获检测器是常用的检测器之一,其灵敏度高,选择性好,主要缺点是线性范围较窄。

2.7.4 高效液相色谱

高效液相色谱法(High Performance Liquid Chromatography,HPLC)是 20 世纪 60 年代发展起来的一种高效、快速分离、分析有机化合物的技术。在目前已知的有机化合物中可用气相色谱分析的约占 20%,而 80% 则需用高效液相色谱来分析,可见其应用广泛。它适用于高沸点、难挥发、热不稳定、离子型及高聚物、很难用气相色谱法分析的有机化合物的分离与分析。作为分离、分析手段,气相色谱和高效液相色谱可以互补。就色谱而言,它们的差别主要在于,前者的流动相是气体,而后者的流动相则是液体。与柱色谱相比,HPLC 具有方便、快速、分离效果好、使用溶剂少等优点。HPLC 使用的吸附剂颗粒比柱色谱的要小得多,一般为 5～50 μm,需要采用高的进柱口压(大于 10 MPa)以加速色谱分离过程。因此,HPLC 的分离效率、分析速度和灵敏度都高。

1. 高效液相色谱仪

HPLC 流程和气相色谱流程的主要差别在于,气相色谱是气流系统,高效液相色谱仪由五个部分组成:高压输液系统、进样系统、色谱柱、检测系统和记录仪,具体流程如图 2.7.4-1 所示。

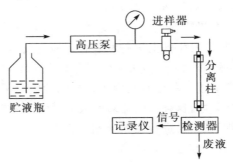

图 2.7.4-1　高效液相色谱仪示意图

(1)高压输液系统

高压输液系统由贮液器、高压泵、梯度洗提装置组成,核心部分是高压泵。

1)贮液器及流动相　高效液相色谱的流动相应满足如下要求:①应具有足够的纯度,一般选用色谱纯试剂;②流动相与固定液应互不相溶;③流动相对试样各组分应有适当的溶解度;④黏度小;⑤检测器对流动相不产生响应。

2)高压泵　高压泵是高效液相色谱仪的重要组成部分,应具备如下性能:①有足够的输出压力,使流动相能顺利地通过颗粒很细的色谱柱,通常在 14.7 MPa～44 MPa 之间;②输出流量恒定无脉动,其流量精度在 1%～2% 之间;③输出流动相的流量范围广且流速可调,对分析仪器,一般为 3 mL/min,制备仪器为 10～20 mL/min;④压力平稳,脉动小。

(2)进样装置

一般 HPLC 多采用六通阀进样,先由注射器将样品常压下注入样品环,然后切换阀门到进样位置,由高压泵输送的流动相将样品送入色谱柱。样品环的容积是固定的,因此进样重复性好。

(3)色谱柱

HPLC 常用的固定相有全多孔型、薄壳型、化学改性型等类型。色谱柱是高效液相色谱仪的心脏,它是由内部抛光的不锈钢管制成,一般长 10～60 cm,内径

2～7 mm,柱形多为直形,内部充满微粒固定相,柱温一般为室温或接近室温。液相色谱的固定相是将固定液涂在担体上而成。担体有两类:一类是表面多孔型担体;另一类是全多孔型担体。近年来又出现了全多孔型微粒担体。

HPLC 的基本理论和定性定量分析方法与气相色谱基本相同,它们之间的重大差别在于作为流动相的液体与气体之间性质的差别。流动相在 HPLC 分离过程中有较重要的作用,因此在选择流动相时,不但要考虑到检测器的需要,还要考虑它在分离过程中所起的作用。常用的流动相:甲醇、乙醚、苯、乙腈、乙酸乙酯、吡啶等。使用前一般要过滤、脱气,必要时需要进一步纯化。

(4)HPLC 检测器

检测器很多,应具有:灵敏度高、噪音低、线性范围宽、定量准确、适用范围广等特点,同时还应该对温度和载液流速的变化不敏感。可用的检测器有:紫外、折光、电导、荧光、极谱等。常用的检测器有:紫外-可见光度检测器和差示折光检测器。

1)紫外检测器(Ultra-Violet Detector,UVD) 紫外检测器是液相色谱中应用最广泛的检测器,适于有紫外吸收物质的检测,约有 80% 的样品可以使用这种检测器。其工作原理如下:由光源产生波长连续可调的紫外光或可见光,经过透镜和遮光板变成两束平行光,有样品通过时,由于样品对光的吸收,参比池和样品池通过的光强度不相等,有信号产生。根据朗伯-比尔定律,样品浓度越大,产生的信号越大。这种检测器灵敏度高,检测下限约为 10^{-10} g/mL,而且线性范围广,对温度和流速不敏感,适于进行梯度洗脱,但不能用于对紫外-可见光完全不吸收的试样的检测。

2)差示折光检测器(Refractive Index Detector,RID) 差示折光检测器是根据不同物质具有不同折射率来进行组分检测的。凡是具有与流动相折射率不同的组分,均可以使用这种检测器。差示折光检测器的优点是通用性强,操作简便;缺点是灵敏度低,最小检出限约为 10^{-7} g/mL,不能做痕量分析。此外,由于洗脱液组成的变化会使折射率变化很大,因此,这种检测器也不适用于梯度洗脱。

3)荧光检测器(Fluorescent Detector,FD) 荧光检测器的工作原理是:物质的分子或原子经光照射后,有些电子被激发至较高的能级,这些电子从高能级跃至低能级时,物质会发出比入射光波长较长的光,这种光称为荧光。在其他条件一定的情况下,荧光强度与物质的浓度成正比。许多有机化合物具有天然荧光活性,另外,有些化合物可以利用柱后反应法或柱前反应法加入荧光化试剂,使其转化为具有荧光活性的衍生物。在紫外光激发下,荧光活性物质产生荧光,由光电倍增管转变为电信号。荧光检测器是一种选择性检测器,它适用于稠环芳烃、氨基酸、胺类、维生素、蛋白质等荧光物质的测定。这种检测器灵敏度非常高,其检出限可达 10^{-13} g/mL,比紫外检测器高 2～3 个数量级,适合于痕量分析,而且可以用于梯度洗脱。其缺点是适用范围有一定的局限性。

此外，还有二极管阵列检测器 DAD(Diod Array Detector)和电化学检测器 ECD(Electrochemical Detector)等。

(5)记录仪

对峰面积的积分、分析结果的计算、误差的分析或色谱图的输出记录的信号进行程序化、自动化处理。

2.注意事项

(1)HPLC 在分析样品时，样品需要采用微孔过滤器(一般为 0.45 μm 的微孔过滤膜过滤器)过滤，以免污染色谱柱。

(2)与气相色谱法一样，HPLC 法分析测定有机化合物时，均需要用流动相平衡，当仪器基线稳定后，才可进样品。

(3)HPLC 法分析测定完，需使用甲醇等流动相冲洗色谱柱，以保护色谱柱。

3. 实验内容

HPLC 分析杀菌剂嘧霉胺(按面积积分计算)

(1)色谱条件

色谱柱：200 mm×4.6 mm(内径)不锈钢柱，内填固定相(Spherigel ODS C$_{18}$)；

流动相：$V_{甲醇}$：$V_{水}$ = 75：25；   流量：1.0 mL/min；

检测波长：270 nm；   柱温：室温；   进样量：4 μL。

(2)分析测定

称取嘧霉胺样品 0.04 g，加入 100 mL 容量瓶中，加入分析纯甲醇至刻度，摇匀。在上述操作条件下，待仪器基线稳定后，连续进数针样品，待两针的相应值相对偏差小于 1.5% 时，再进样品，用数据处理机给出嘧霉胺和所含杂质的含量。

本实验约需 2 h。

4.思考题

①待分析的有机化合物沸点很高、极容易分解、氧化，采用气相色谱法还是高效液相色谱法分析？为什么？

②高效液相色谱法和气相色谱法在原理上有何不同？

第3章 有机化合物物理常数测定和结构分析

3.1 有机化合物物理常数测定

3.1.1 熔点测定

1. 原 理

通常当固体化合物受热达到一定的温度时,由固态转变为液态,这时的温度就是该化合物的熔点(Melting Point, m. p.)。熔点的严格定义为:物质的固液两态在大气压力下达到平衡状态时的温度。对于纯粹的有机化合物,一般都有固定的熔点。有机物的熔点通常用毛细管法来测定。实际上,由此法测得的熔点数据不是一个温度点,而是一个熔程,即样品从开始熔化到完全熔化为液体的温度范围。纯净的固态物质通常都有固定的熔点,初熔至全熔的温度不超过 1 ℃(熔程)。如有其它物质混入,则对其熔点有显著的影响:熔点降低,熔程拉长。因此,可借助熔点的测定来定性地判断固体样品的纯度。

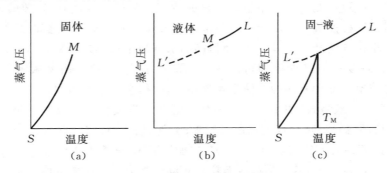

图 3.1.1 - 1 化合物的温度与蒸气压曲线

图 3.1.1 - 1(a)表示固体的蒸气压随温度升高而增大的曲线。图 3.1.1 - 1(b)表示液态物质的蒸气压-温度曲线。如将曲线(a)、(b)加合,即得图 3.1.1 - 1(c)曲线。固相的蒸气压随温度的变化速率比相应的液相大,最后两曲线相交,在

交叉点 M 处(只能在此温度时)固-液两相可同时并存,此时温度 T_M 即为该化合物的熔点。当温度高于 T_M 时,固相的蒸气压已较液相的蒸气压大,使所有的固相全部转化为液相;若低于 T_M 时,则由液相转变为固相;只有当温度为 T_M 时,固-液两相的蒸气压才是一致的,此时固-液两相可同时并存,这是纯粹有机化合物有固定而又敏锐熔点的原因。当温度超过 T_M 时,甚至很小的变化,如有足够的时间,固体就可以全部转变为液体。所以要准确测定熔点,在接近熔点时加热速度一定要慢,每分钟温度升高不能超过 2 ℃,只有这样才能使整个熔化过程尽可能接近于两相平衡的条件。

通常将熔点相同的两个化合物混合后测定熔点,如仍为原来熔点,即认为两化合物相同(形成固熔体除外);如熔点下降则此两化合物不相同。具体作法:将两个试样以 1∶9、1∶1、9∶1 不同比例混合,原来未混合的试祥分别装入熔点管,同时测熔点,将测得的结果相比较。但也有两种熔点相同的不同化合物混合后熔点并不降低反而升高。混合熔点的测定虽然有少数例外,但对于鉴定有机化合物仍有很大的实用价值。

2. 毛细管法测熔点操作

毛细管法测熔点的主要过程为:准备熔点浴→装样→加热、观察→读数。

熔点浴的设计最重要的是要受热均匀,便于控制和观察温度,下面介绍两种在实验室中最常用的熔点浴:b 形管和双浴式。

(1)熔点浴

1)提勒(Thiele)管 提勒(Thiele)管,又称 b 形管,如图 3.1.1 - 2(b)所示。选择大小合适的橡皮塞,在中心处用打孔器打孔以插入温度计,并在边缘开一小槽以接通大气。然后,在 b 形管中倒入适量的浴液。常用的浴液有:浓硫酸、液体石蜡、甘油、机油、硅油等。温度计水银球位于 b 形管上下两叉管口之间,装好样品的熔点管,用小橡皮圈套在温度计上,使样品的部分处于水银球中部,见图 3.1.1 - 2(d),浴液的高度达上叉管处即可。在图示部位加热,受热的浴液做沿管上升运动,从而促使整个 b 形管内的浴液呈对流循环,使得温度较为均匀。

2)双浴式 双浴式,如图 3.1.1 - 2(c)所示。将试管经开口软木塞插入 250 mL 平底(或圆底)烧瓶内,直至离瓶底约 1 cm 处,插入温度计,其水银球应距试管底 0.5 cm。瓶内装入约占烧瓶体积 2/3 的加热液体,试管内也应放入一些加热液体,使在插入温度计后,其液面高度与瓶内相同。熔点管用小橡皮圈套粘于温度计水银球旁,与在 b 形管中相同。

(2)样品填装

将 0.1 g 样品在表面皿上研细,聚成小堆,将一头封闭、长度 7～8 cm 的熔点管的开口端插入样品粉末中,使样品挤入毛细管中。将毛细管开口端朝上投入准

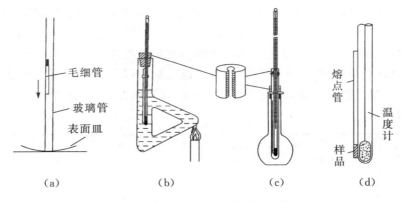

图 3.1.1-2　毛细管测定熔点的装置

备好的玻璃管,竖直放在干净的表面皿上,如图 3.1.1-2(a)所示,让毛细管自上而下从玻璃管自由落下,样品因毛细管上下弹跳而被压入毛细管底,如此反复几次,把样品填装均匀、密实,使装入的样品高度为 2~3 mm。最后擦去管外粘附的粉末,将熔点管用橡皮圈固定在水银温度计上,注意使样品处于水银球的中部。

(3)测定熔点

按照图 3.1.1-2(b)安装装置,温度计用套管固定,b 形管中装入液体石蜡。把装样品的毛细管用橡皮圈固定于温度计上(样品部分在水银球中部),放入 b 形管(水银球恰在 b 形管两侧管的中部,此处对流循环好,温度均匀)。酒精灯加热,控温(开始升温可快,接近熔点 15 ℃时,控制升温速度为 1~2 ℃/min)。观察熔点。始熔:固体收缩,当样品开始塌落并出现液相时,即为始熔;全熔:固体完全消失而成透明的液体时,即为全熔,如图 3.1.1-3 所示。记录结果(熔点距,即始熔至全熔温度)。

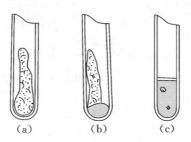

图 3.1.1-3　样品熔化过程
(a) 始熔;(b) 部分熔;(c) 全熔

熔点测定,至少要有两次的重复数据。每一次测定必须用新的熔点管另装试样,不得将已测过熔点的熔点管冷却,使其中试样固化后再做第二次测定。因为有时某些化合物部分分解,有些经加热会转变为具有不同熔点的化合物的结晶形式,且浴温要低于熔点 20 ℃以上才放入。如果测定未知物的熔点,应先对试样粗测一次,加热可以稍快,知道大致的熔距,待温度降至熔点以下 30 ℃左右,再另取一根装好试样的熔点管做准确的测定。记录样品的初熔温度、全熔温度。

数据记录:

	始熔温度 $T/℃$	全熔温度 $T/℃$	熔程 $T/℃$
粗测			
第一次测定			
第二次测定			

3.显微熔点仪测定法

显微熔点仪型号很多,图 3.1.1-4 为 X-5 型精密显微熔点测定仪。其共同特点是使用样品量少(2~3 颗小晶体),可观察晶体在加热过程中的变化情况,能测量室温至 300 ℃样品的熔点,具体操作如下:

图 3.1.1-4　X-5 型精密显微熔点测定仪

在干净且干燥的载玻片上放微量晶体并盖一片载玻片,放在加热台上。调节反光镜、物镜和目镜,使显微镜焦点对准样品,开启加热器,先快速后慢速加热,温度快升至熔点时,控制温度上升为每分钟 1~2 ℃。当样品结晶棱角开始变圆时,表示熔化已开始,结晶形状完全消失表示熔化已完成。在显微镜下观察样品熔化过程,按照熔点由低到高的顺序测定各有机化合物的熔点。从数值仪上记录初熔温度和终熔温度并计算熔程($\Delta T = T_全 - T_始$)。具体操作步骤:

①打开仪器电源开关,稳定 20 min,此时,保温灯、初熔灯亮、电表偏右方,初始温度为 50 ℃左右。

②通过拨盘设定起始温度。

③选择升温速率。

④预置灯熄灭时,起始温度设定完毕,可插入样品毛细管。此时电表指零,初熔灯熄灭。

⑤调零,使电表准确指零。

⑥按下升温钮,升温指示灯亮(注意! 忘记插入带有样品的毛细管按升温钮,读数屏将出现随机数提示)。

⑦数分钟后,初熔灯先闪亮,然后出现全熔读数显示,欲知初熔读数,按初熔钮即得。

⑧只要电源未切断,上述读数值将一直保留至测下一个样品。

3.1.2　沸点测定

1.常量法

量取 20 mL 工业乙醇,倒入圆底烧瓶中,加入 2~3 粒沸石,按图 2.3.1-2 安装好蒸馏装置,测沸点,记录沸程。

2.微量法

按图 2.3.1-3,置数滴液体样品于沸点管(内径 3~4 mm、长 8~10 cm,一端封闭的玻璃管)中,其中插入一根熔点管,封闭端在上,前者称沸点管的外管,内置的封口的熔点管称内管。液柱高约 1 cm,然后将沸点管用小橡皮圈附于温度计旁,用甘油作热浴,开始加热,慢慢升温。不久会观察到有气泡从沸点管内的液体中逸出,这是由于内管中的气体受热膨胀所致。当升温至液体的沸点时,沸点管中将有一连串的气泡快速逸出。此时,立即停止加热,让浴液自行冷却,管内气体逸出的速度将会减慢。当最后一个气泡因液体的涌入而缩回内管中时,内管内的蒸气压与外界压力正好相等,此时的温度即为该液体在常压下的沸点,记下数值。测 2 次,取平均值。

3.1.3　折光率测定

1.原　理

折光率(Refractive Index)是有机化合物最重要的物理常数之一,固体、液体和气体都有折射率。折光率常作为检验原料、溶剂、中间体和最终产物的纯度及鉴定未知样品的依据。

光在两种不同的介质中的传播速度是不相同的,光线从一种透明介质进入另一种透明介质时,其传播方向会发生改变,这就是光的折射现象。根据折射定律,折射率是光线入射角 α 与折射角 β 的正弦之比,即

$$\sin\alpha/\sin\beta = n$$

当光线由介质 A 进入介质 B 时,如果介质 A 为光疏介质,介质 B 为光密介质,则折射角 β 必小于入射角 α,如果入射角 α 为 90° 时,$\sin\alpha = 1$,这时折射角达到最大值(称为临界角,以 β_0 表示)。折光率的测定都是在空气中进行的,但仍可近似地视作在真空状态之中,故有:$n = 1/\sin\beta_0$。因此,通过测定临界角 β_0,即可得到介质的折光率 n。通常,折光率是用阿贝(Abbe)折光仪来测定,其工作原理就是基于光的折射现象。

由于入射光的波长、测定温度等因素对物质的折光率有显著影响,因而其测定值通常要标注操作条件。例如:在 20 ℃ 条件下,以钠光 D 线波长(589.3 nm)的光线作入射光所测得的四氯化碳的折光率为 1.4600,记为 n_D^{20} 1.4600。由于所测数据可读至小数点后第四位,精度高,重复性好,因而以折光率作为液态有机物的纯度标准甚至比沸点还要可靠。另外,温度对折光率的影响呈反比关系,通常温度每升高 1 ℃,折光率将下降 $3.5\times10^{-4}\sim5.5\times10^{-4}$。为了方便起见,在实际工作中常以 4×10^{-4} 近似地作为温度变化常数。例如:甲基叔丁基醚在 25 ℃ 时的实测值为 1.3670,其校正值应为:

$$n_D^{20} = n_D^{25} + (室温-20)\times4\times10^{-4} = 1.3670 + 5\times4\times10^{-4} = 1.3690$$

折光率是有机化合物的最重要的物理常数之一,它能精确而方便地测定出来,作为液体物质纯度的标准,它比沸点更为可靠,利用折光率可以鉴定未知物。

2. 操作方法

阿贝(Abbe)折光仪的结构如图 3.1.3-1 所示。将折光仪置于近窗户的桌子或普通照明灯前,但勿使仪器置于直照的日光中,以避免液体试样迅速蒸发。用橡皮管将测量棱镜和辅助棱镜上保温夹套的恒温器接头的进水口与超级恒温槽串联起来,恒温温度以折光仪上的温度计读数为准。打开折光仪的棱镜,先用镜头纸蘸丙酮擦净棱镜的镜面,待残留丙酮挥发干净后,加 1~2 滴待测样品于棱镜面上,迅速地合上棱镜。旋转反光镜,让光线入射至棱镜,使两个镜筒视场明亮。再转动棱镜调节旋钮,直至在目镜中可观察到半明半暗的图案。若出现彩色带,可调节消色散棱镜(棱镜调节旋钮),至明暗界线清晰为止。接着,再将明暗分界线调至刚好通过目镜中的"×"字的交叉点(见图 3.1.3-2(d))。

这时从放大镜下的标尺可直接读出被测液在测试温度下的折光率。每个样品

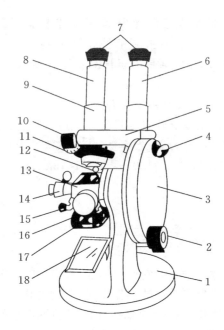

1—底座;2—棱镜调节旋钮;

3—圆盘组(内有刻度板);

4—小反光镜;5—支架;

6—读数镜筒;7—目镜;

8—观察镜筒;

9—分界线调节螺丝;

10—消色散调节旋钮;

11—色散刻度尺;

12—棱镜锁紧扳手;

13—棱镜组;14—温度计插座;

15—恒温器接头;16—保护罩;

17—主轴;18—反光镜。

图 3.1.3-1 阿贝(Abbe)折光仪

(a)　　　　(b)　　　　(c)　　　　(d)

图 3.1.3-2 折光仪在临界角时的目镜视野图

重复测定 3 次,取其平均值,同时记录下观测时的温度。测定完毕,打开棱镜,用丙酮擦净镜面。

3.注　释

[1]由于阿贝折光仪设置有消色散棱镜,可使复色光转变为单色光。因此,可直接利用日光测定折光率,所得数据与用钠光时所测得的数据一样。

[2]要注意保护折光仪的棱镜,不可测定强酸或强碱等具腐蚀性液体。测定之前,一定要用镜头纸蘸少许易挥发性溶剂将棱镜擦净,以免其它残留液影响测定结果。

[3]如果测定易挥发性液体,滴加样品时可由棱镜侧面的小孔加入。

[4]在测定折光率时常见情况如图 3.1.3-2 所示,其中图 3.1.3-2(d)是读取

数据时的图案。当遇到图 3.1.3 - 2(a)即出现色散光带,则需调节棱镜微调旋钮直至彩色光带消失呈图 3.1.3 - 2(b)图案,然后再调节棱镜调节旋钮直至呈图 3.1.3 - 2(d)图案;出现图 3.1.3 - 2(c)的情况,则是由于样品量不足所致,需再添加样品重新测定。

[5]如果读数镜筒内视场不明,应检查小反光镜是否开启。

[6]可用仪器所带的已知折光率的校正玻璃片对阿贝折光仪进行校正,也可用蒸馏水进行校正。蒸馏水在不同温度下的折光率为:$n_D^{10}1.3337n_D^{16}1.3333$,$n_D^{20}1.3330,n_D^{22}1.3328,n_D^{24}1.3326,n_D^{26}1.3324,n_D^{30}1.3320;n_D^{34}1.3314,n_D^{40}1.3307$。

3.1.4 旋光度测定

1. 原 理

对映异构体是互为实物与镜像的一对异构体,它们的熔点、沸点、相对密度、折光率以及光谱等物理性质都相同,并且在与非手性试剂作用时,它们的化学性质也一样,唯一不同的是它们的旋光性。手性化合物能使偏振光的振动平面旋转一定的角度,这个角度称为旋光度(Optical Rotation)。由此,手性化合物又称为旋光性物质或光学活性物质。大多数生物碱和生物体内的有机化合物分子都是光学活性物质。

旋光性物质的旋光度和旋光方向可以用旋光仪来测定。旋光仪主要由一个钠光源、两个尼科尔棱镜和一个盛有测试样品的盛液管(样品管)组成(图 3.1.4 - 1)。

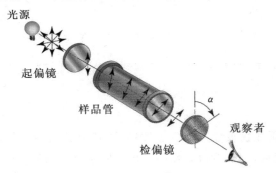

图 3.1.4 - 1　旋光仪的光学系统示意图

光学活性物质使偏振光振动平面向右旋转(顺时针方向)的叫右旋光物质,向左旋转(逆时针方向)的叫左旋光物质。光活性物质的旋光度与其浓度、测量温度、所用光源的波长等因素密切相关。但是,在一定条件下,每种光活性物质的旋光度

为一常数,用比旋光度 $[\alpha]_{\lambda}^{t}$ 表示,即

$$[\alpha]_{\lambda}^{t} = \frac{\alpha}{c \times l}$$

式中:α 为旋光仪测试值;c 为待测液体的浓度,单位为 g/mL;l 为测量管的长度,单位为 dm;λ 为光源波长,通常采用钠光源,以 D 表示;t 为测量温度。表示比旋光度时通常还需表明测定时所用的溶剂。

2. 操作方法

①预热:打开仪器电源开关,预热 10 min,待光源稳定。

②配制溶液:准确称量 0.1~0.5 g 样品,放到 250 mL 容量瓶中配成溶液,一般溶剂选用水、甲醇、乙醇、氯仿等。

③装待测液:选用适当的盛液管,先用蒸馏水洗干净,再用少量待测溶液洗 2~3 次,然后注满待测液,不留空气泡,旋上已装好金属片和橡皮垫的金属螺旋帽,但不要旋得太紧,以不漏水为限。用软布擦干液滴及盛液管两端的残液。

④调零:将装满蒸馏水的盛液管放入旋光仪中,旋转视野调节旋钮,直到三分视场界线变得清晰,达到聚焦为止。旋动刻度盘手轮,使三分视场明暗程度一致,并使游标尺上的零度线置于刻度盘 0°左右,重复 3~5 次,记录刻度盘读数,取平均值,此数即为零点。

⑤测定:将待测样品的盛液管放入旋光仪内,此时三分视场的亮度出现差异,旋动检偏镜,使三分视场明暗程度一致,记录刻度盘读数。此读数与零点之间的差值即为该物质的旋光度。重复 3~5 次,取平均值,即为测定结果。然后以同样的步骤测定第二种待测液的旋光度。

3. 注意事项

①如果样品的比旋光度值较小,在配制待测样品溶液时,宜将浓度配得大一些,并选用长一点的测试盛液管,以便观察。

②温度变化对旋光度有一定的影响。若在钠光($\lambda = 589.3$ nm)下测试,温度每升高 1 ℃,多数光活性物质的旋光度会降低 0.3% 左右。

③测试时,盛液管所放置的位置应固定不变,以消除因距离变化所产生的测量误差。

3.1.5 液体密度的测量

物质的相对密度是鉴定液体化合物的重要常数,可用来区别组成相似的不同化合物,特别是当这些样品不能制备成适宜的固体衍生物时。例如:液态烷烃,就

是以沸点、密度、折射率等的测定结果来鉴定的。在微量实验中常用密度计算试剂的体积。

单位体积内所含物质的质量称为该物质的密度(Density)。密度的数值常以 d_4^{20} 形式记载(又称相对密度),指的是 20 ℃时物质的质量与 4 ℃时同体积的水的质量之比。因为水在 4 ℃时的密度为 1.0000 g/mL,所以当采用 g/mL 为单位时,d_4^{20} 即该物质的密度。相对密度只是没有单位而已,数值上与实际密度是相同的。例如:甲烷的相对密度为 0.92。物质密度的大小与它所处的条件(温度、压力)有关;对于固体或液体物质来说,压力对密度的影响可以忽略不计。

在实验室中测定液体准确的密度常用比重瓶。比重瓶的容量通常为 1~5 mL。测定时先用洗液和蒸馏水将比重瓶洗干净,干燥后在分析天平上准确称重。然后用蒸馏水把它充满,置于 20 ℃的恒温槽中 15 min,取出后将瓶中的液面调到比重瓶的刻度处。擦干,称重,这样可求得瓶中蒸馏水 20 ℃时的质量。倾去水,用少量乙醇润洗两次,再用乙醚润洗一次,吹干。干燥后,装入样品,在 20 ℃恒温槽中恒温后,调节瓶中液面到同一刻度。擦干,称重,这样可求得与水同体积的液体样品在 20 ℃时的质量。在测定时我们没有测定比重瓶中蒸馏水在 4 ℃时的质量,因为此温度通常低于室温很多,比较难以维持。但只要用 20 ℃时水的质量除以 20 ℃时水的相对密度(0.99823),就得到同样体积水在 4 ℃时的质量。因此

$$d_4^{20} = (20 ℃时样品的质量/20 ℃时同体积水的质量) \times 0.998230$$

在测定密度时,样品的纯度很重要。液体样品一般需要再进行一次蒸馏,蒸馏时收集沸点稳定的中间馏分供测定密度用。

3.2 有机化合物的结构分析

3.2.1 概述

有机化合物的结构分析是有机化学实验的重要内容。随着有机化学的发展,有机化合物的结构鉴定先后经历了早期的以经典化学分析方法为主和近代的仪器分析为主、化学手段为辅的分析方法两个阶段。化学分析方法由于具有样品和试剂的消耗量大、步骤多和周期长等缺点,越来越不能满足研究工作的要求。紫外光谱、红外光谱、质谱和核磁共振谱等波谱方法的广泛应用,促进了复杂有机化合物的研究和有机化学的发展。其中紫外和红外分析提供分子官能团信息,核磁确定分子骨架信息,它们相互补充的结构信息为鉴定有机化合物结构提供了有力的依据。波谱法具有微量、快速、灵敏、准确等优点,已经广泛应用于有机化学、石油化

工、生物化学和药物化学等相关领域。本部分将结合我们实验中心现有仪器平台，对常用的紫外光谱、红外光谱、核磁共振谱和 X-衍射等加以介绍。

3.2.2 紫外光谱

紫外光谱(Ultraviolet Spectrum,UV)是指波长在 200~400 nm 的近紫外区吸收光谱，主要用于研究分子中电子能级的跃迁，又称电子吸收光谱，其能量范围对应于 π 电子的跃迁能级。因此，一般有机化合物没有相应的吸收光谱，主要是具有共轭结构的化合物才有紫外光谱吸收，它在确定共轭体系中具有独到之处。一般的紫外光谱仪观察范围为 200~800 nm，包括了紫外区和可见光区，故也称为紫外-可见光谱。由于紫外光谱具有测量灵敏度和准确度高、能定性或定量测定有机化合物、仪器操作简单、快速等优点，是有机化合物结构鉴定与分析的重要手段之一。

1. 基本原理

(1)电子跃迁和常用术语

一般有机分子的化学键中主要有 σ 电子和 π 电子，另外还有未参与成键的孤对电子(n 电子)，这些电子的跃迁形成了有机化合物的电子吸收光谱。它们的能级高低大致顺序如下：$(\sigma) < (\pi) < (n) < (\pi*) < (\sigma*)$，其中 π* 表示 π 电子的反键轨道，σ* 表示 σ 电子的反键轨道。

电子跃迁主要有如下四种类型：$\sigma \to \sigma*$，$\pi \to \pi*$，$n \to \sigma*$ 和 $n \to \pi*$，跃迁所需能量大小的顺序如下：$n \to \pi* < \pi \to \pi* < n \to \sigma* < \sigma \to \sigma*$。

生色团：分子结构中含有 π 电子，能产生 $\pi \to \pi*$，$n \to \pi*$ 跃迁，导致在 200~1000 nm 波长范围内产生吸收的基团，称为生色团，如 C=C,C=O 等基团。

助色团：分子结构中含有 n 电子，能使生色团的吸收谱带明显地向长波移动，而且吸收强度增加的基团叫助色团，如：—OH、—OR、—X 等基团。

红移：由于分子中助色团的作用、共轭作用或者溶剂的影响，谱带向长波方向移动的现象，叫红移。

蓝移：由于基团取代基、溶剂的影响，谱带向短波方向移动的现象，叫蓝移。

增色效应和减色效应：由于结构的变化和溶剂的影响，使吸收强度增加的现象，叫增色效应；吸收强度减弱的现象，叫减色效应。

(2)紫外光谱的产生

紫外光谱是化学键的电子跃迁产生的吸收光谱。当特定波长的紫外光通过样品分子时，分子吸收紫外光，电子从低能级跃迁到高能级，则产生紫外吸收光谱。通常电子发生 $\sigma \to \sigma*$ 跃迁，由于能级差较大，需要吸收较短波长的紫外光，处于远紫外区。当分子中含有 C=C、C≡C、C=O、C≡N 等不饱和键时,可以发生 $n \to \pi*$ 和 $\pi \to \pi*$ 跃迁,使吸收光谱处于近紫外区。如果分子中存在共轭体系,由于电子的离域作用,使 $n \to \pi*$ 和 $\pi \to \pi*$ 跃迁所需能量减小,吸收向长波方向移动,使吸收光谱在近紫外区,因此,紫外光谱对于鉴定共轭分子的结构有独特作用。

(3)紫外吸收光谱的表示方法

紫外光谱中吸收带的强度标志着电子能级跃迁的几率,它遵守朗伯-比耳定律:

$$A = \lg(I_0/I) = \varepsilon \cdot c \cdot l$$

式中:A 为吸光度,I_0 和 I 分别为入射光和透射光的强度;l 为样品厚度,单位为 cm;c 为溶液浓度,单位为 mol/L;ε 为摩尔吸光系数,是指浓度 1 mol/L 溶液在厚度为 1 cm 的吸光池中,于一定波长下测得的吸光度,单位为 L/(mol·cm)。

紫外光谱一般以波长为横坐标,纵坐标可用吸光度 A,摩尔吸光系数 ε,或摩尔吸光系数的对数值($\lg \varepsilon$)表示。

(4)紫外光谱的应用

鉴定已知化合物:其方法是将某化合物与已知化合物在同样的条件下测定的紫外光谱进行比对,或查找标准紫外光谱与之对照,二者谱图一致,则为同一化合物。

确定分子骨架结构:由紫外-可见光谱图可以得到各吸收带的 λ_{max} 值和相应的 ε_{max} 值,它反映了分子中生色团或助色团的相互关系,即分子内共轭体系的特征。Woodward-Fieser 总结了共轭体系中 K 带规则,对共轭分子的最大吸收所对应的波长进行了估算,为有机化合物骨架的推断和鉴别提供有用信息:

①化合物在 220~400 nm 内无吸收,说明该化合物是脂肪烃,环烷烃或者它们的简单衍生物(如卤化物、醇、醚、羧酸等),也有可能是非共轭烯烃。

②在 220~250 nm 范围有强吸收带($\varepsilon > 10000$),说明分子中存在两个共轭的不饱和键(如:共轭二烯烃或 α,β-不饱和醛酮)。

③在 200~250 nm 范围有强吸收带(ε 在 1000~10000 之间),再结合在 250~290 nm 范围有中等强度吸收带(ε 在 100~1000 之间)或显示不同程度的精细结构,说明分子中有苯环存在。前者为 E 带,后者为 B 带,B 带为芳环的特征谱带。

④在 250~350 nm 范围有低强度的吸收带(ε 在 10~100 之间),并且在 200 nm 以上无强吸收带,则说明分子中含有饱和醛,酮基,弱峰系由 $n \to \pi*$ 跃迁引起。

⑤在 300 nm 以上的高强度吸收,说明化合物具有较大的共轭体系。如果化合物有颜色,则至少有四五个相互共轭的双键结构。若高强度吸收具有明显的精细结构,说明为稠环芳烃、稠杂环芳烃或其衍生物。

2.实验方法

(1)紫外-可见分光光度计组成

紫外-可见分光光度计主要由光源、单色器、样品池、检测器和记录装置等几个部分组成。通常有三种类型:单光束分光光度计、双光束分光光度计、双波长分光光度计。双波长分光光度计结构如图3.2.2-1所示。

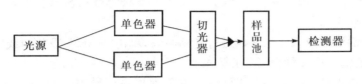

图3.2.2-1 双波长分光光度计结构示意图

光源有钨灯及氘灯两种,可见光区使用钨丝灯,紫外光区用氘灯。由于玻璃吸收紫外光,因此单色器用石英棱镜(或光栅),样品池也由石英制成。检测器使用两只光电管,一个是氧化铯光电管,用于625~1000 nm的波长范围;另一个是锑铯光电管,用于200~625 nm的波长范围。检测器也常用光电倍增管,其灵敏度比一般的光电管高。

(2)样品的制备

紫外-可见吸收光谱的测定通常在溶液中进行,固体样品需配成溶液。光谱分析对溶剂的要求是:良好的溶解能力,在测定波段无明显吸收、化学性质稳定、挥发性小、毒性低、价格便宜等。环己烷是检测芳香化合物常用的理想溶剂。当需要极性较高的溶剂时,首选5%的乙醇,溶液的浓度定性测定时控制其吸光度为0.7~1.2,定量测定时控制其吸光度为0.2~0.8最为合适。操作步骤如下:

①根据实验要求,称量样品,选择溶剂配制样品溶液。

②将样品溶液倒入石英样品池中,将石英样品池插入支架。

③将支架推入,测定紫外光谱。

(3)紫外光谱的测定

本实验中心使用的紫外光谱仪(UV-1800),其标准操作方法如下:

①开机(预热20 min),打开电脑。

②双击桌面上"UVProbe2.35"图标,打开软件,在用户名栏中输入"admin",单击"OK"。

③单击下角的"Connect"图标,仪器扫描结束,单击"OK"→"确定",再按下紫外检测器"enter"键→"F4"键,单击电脑中的"Connect"键。

④单击屏幕右上角的带圈M(method),输入波长扫描范围(波长范围1100~190),选择扫描速度(通常为Medium,即中速),扫描模式通常默认为"Single",按

"确定"键。

⑤按"Baseline",弹出对话框,单击"OK"。按"Go To WL"键,输入波长"750",单击"OK"。再按"Auto Zero",进行自动调零。

样品测试:

①放入空白溶液,进行基线扫描。

注意:样品比色皿放置在外侧(靠近操作人员),空白比色皿置于内侧,两比色皿内均装入空白溶液。

②将样品溶液放入样品池内进行样品测量,单击"Start";吸收曲线完成后,弹出窗口,将所测数据文件命名并存入文件夹。

③单击右上角"peak pick"图标,从左上表格中可看出所测物质的最大吸收波长。

④单击"Report"图标,在左栏中选择需要的内容,生成报告。

⑤关机:先关电脑,再按紫外光谱仪的"return"键返回到主界面,关闭仪器开关,拔下电源。

3. 注意事项

①比色皿使用完毕,立即用蒸馏水或有机溶剂冲洗干净,并用柔软清洁的纱布把水渍擦净,以防表面光泽受损。

②使用的比色皿必须洁净并保持样品的洁净,否则会产生误差。

③校准基线时,盛空白溶液的比色皿和盛试样的比色皿内均需装入空白溶液,且盛空白溶液的比色皿要放在里面;样品池内不能放入腐蚀性液体;比色皿两光面易腐蚀,勿用手触摸;每次测量时要使用配对的比色皿。

④"Go To WL"进行吸光度调零时,可选择波长 750 nm 或 500 nm,一般选择750 nm。

⑤紫外光谱仪关机时,需先按"return"键返回到主界面,再关闭仪器开关。

⑥测定时注意样品池室门应关紧,否则引入过多的杂散光,使吸光度读数下降。

3.2.3 红外光谱

红外光谱(Infrared Spectroscopy,IR)主要是用来迅速鉴定分子中含有哪些官能团,以及鉴定两个化合物是否相同。由于每种化合物均有红外吸收,尤其是有机化合物的红外光谱能提供丰富的结构信息,所以,红外光谱是有机化合物结构解析的重要手段之一,与其它几种波谱技术结合,可以在较短的时间内完成一些复杂的未知物结构的测定。

1. 基本原理

(1)原理

分子吸收了红外线的能量,导致分子内振动能级的跃迁,从而产生相应的记录信号——红外光谱。通过红外光谱可以判定各种有机物的官能团;如果结合对照标准红外光谱,还可用以鉴定有机化合物的结构。红外光谱鉴定分子结构的一般过程为:辐射→分子振动能级跃迁→红外光谱→官能团→分子结构。

根据实验技术和应用的不同,将红外光区分成三个区:近红外区、中红外区、远红外区,各红外光区的划分见表3.2.3-1。其中波长为 $2.5 \sim 25~\mu m$、波数为 $400 \sim 4000~cm^{-1}$ 的中红外区是研究和应用最多的区域。

表 3.2.3-1　红外光区的划分

区域名称	波长/μm	波数/cm^{-1}	能级跃迁类型
近红外区(泛频区)	0.75~2.5	14000~4000	OH、NH、CH 键的倍频吸收
中红外区(基本振动区)	2.5~25	4000~400	分子振动、伴随转动
远红外区(分子转动区)	25~300	400~10	分子转动

红外光谱作为"分子的指纹"广泛应用于分子结构和化学组成的研究。根据分子吸收红外后得到谱带的位置、强度、形状等,便可确定分子的空间构型。从光谱分析的角度看主要是利用特征吸收谱带的频率推断分子中存在某一官能团或化学键,由特征吸收谱带频率的变化推测邻近的基团或化学键,进而确定分子的化学结构,也可以由特征吸收谱带强度的改变对化合物进行定量分析。红外光谱的样品适应范围广,任何气体、液体、固体样品均可进行红外光谱测定。

(2)红外光谱产生的条件

红外光谱反映了分子中原子的振动。由于有机分子不是刚性结构,分子中的共价键就像弹簧一样,在一定频率的红外光辐射下会发生各种形式的振动,如:伸缩振动(以 v 表示)、弯曲振动(以 δ 表示)等。伸缩振动又分为对称伸缩振动(以 v_s 表示)和不对称伸缩振动(以 v_{as} 表示)。伸缩振动伴随着键长的伸长和缩短,需要较高的能量,往往在高波数区产生吸收。弯曲振动(或变角振动)包括面内弯曲和面外弯曲振动,面内弯曲振动又包括剪式振动和面内摇摆振动;面外振动包括面外摇摆振动和面外扭曲振动,伴随着键角的扩大或缩小,需要较低的能量,通常在低波数区产生吸收。

分子中各种振动能级的跃迁同样是量子化的,并且在红外区内。如果用频率连续改变的红外光照射分子,当分子中某个化学键的振动频率和红外光的振动频率相同时,就产生了红外吸收。不同类型的化学键,由于它们的振动能级不同,所吸收的红外射线的频率也不同,因而通过分析射线吸收频率谱图(即红外光谱图)就可以鉴别各种化学键。需要指出的是,并非所有的振动都会产生红外吸收,只有那些偶极矩的大小和方向发生变化的振动,才能产生红外吸收,这称为红外光谱的选择规律。因为,对称分子:没有偶极矩,辐射不能引起共振,无红外活性,如:H_2、O_2、N_2电荷分布均匀,振动不能引起红外吸收,$H—C\equiv C—H$、$R—C\equiv C—R$ 等,其 $C\equiv C$(三键)振动也不能引起红外吸收。非对称分子:有偶极矩,有红外活性。

(3)双原子及多原子振动

从经典力学理论出发,采用谐振子模型来研究双原子分子的振动。化学键相当于无质量的弹簧,两端连着质量分别为 m_1 和 m_2 的刚性小球,该体系的振动频率 ν 可用分子振动方程式(Hooke 定律)导出:

$$\nu_{振} = \frac{1}{2\pi}\sqrt{\frac{k}{\mu}} \qquad 其中,\mu = \frac{m_1 \times m_2}{m_1 + m_2}$$

式中:k 为化学键的力常数,单位为 N/cm;μ 为折合质量,单位为 g。力常数 k 与键能、键长有关:键能愈大,键长愈短,k 值愈大,吸收光谱愈在高频区出现。折合质量 μ:两振动原子只要有一个的质量↓,μ↓,ν↑,红外吸收信号将出现在高波数区。由此可见:$\nu \propto k$,ν 与 μ 成反比。吸收峰的峰位:化学键的力常数 k 越大,原子的折合质量越小,振动频率越大,吸收峰将出现在高波数区(短波长区);反之,出现在低波数区(高波长区)。

多原子的分子可看成双原子分子的集合,可把其复杂的振动分解成许多简单的基本振动。

2. 红外光谱图

红外光谱图以红外光通过样品的百分透过率(T)或吸光度(A)为纵坐标,以红外光的波数 ν 或波长 λ 为横坐标。光谱图一般要反映四个要素,即吸收谱带的数目、位置、形状和强度。红外光的透过率为入射光被样品吸收后透过光的强度与入射光强度之比:

$$T = I/I_0 \times 100\%; \qquad A = \lg(1/T) = \lg(I_0/I) = kb$$

式中,A 为吸光度;I_0、I 为表示入射和透射光的强度;T 为透过率;b 为样品厚度;k 为吸收系数。

3. 基团频率及影响因素

利用红外光谱鉴定有机化合物,就是确定基团和频率的相互关系。通常把红外光谱分为两个区域:特征区(官能团区)和指纹区。波数 1500~4000 cm^{-1} 的区域为官能团区,吸收是由于分子的伸缩振动引起的,常见的官能团在该区域内一般都有特定的吸收峰。波数 $400\sim1500$ cm^{-1} 的区域为指纹区,吸收是由化学键的弯曲振动和部分单键的伸缩振动引起的。在指纹区内,每种化合物都有自己的特征吸收峰,这对结构相似化合物的鉴别极为有利。由官能团的类型,将频率范围分为五个区域。

①$4000\sim2500$ cm^{-1}。X—H 伸缩振动区(X 为 O、N、C、S 原子)。—OH 基的伸缩振动出现在 $3650\sim3200$ cm^{-1} 的范围内,可以判断醇、酚、有机酸。在非极性溶剂中,浓度较小时,峰形尖锐,吸收强;当浓度较大时,由于发生缔合作用,峰形较宽,很容易识别。

C—H 键的伸缩振动可分为饱和 C—H 键的伸缩振动和不饱和 C—H 键的伸缩振动。饱和的 C—H 键的伸缩振动一般出现在 3000 cm^{-1} 以下。

②$2500\sim1900$ cm^{-1}。叁键和叠加双键区,主要包括炔键—C≡C—、腈基—C≡N、丙二烯基—C=C=C—、烯酮基—C=C=O、异腈酸酯—N=C=O 等反对称伸缩振动。

③$1900\sim1500$ cm^{-1}。双键伸缩振动区,主要包括 C=C、C=O、C=N、—NO$_2$ 等的伸缩振动和芳环的骨架振动等。

④$1330\sim900$cm^{-1}。单键和双键的伸缩振动区。单键主要包括 C—O、C—N、C—F、C—P、C—S、P—O、Si—O 等;双键主要包括 C=S、S=O、P=O 等。

⑤$900\sim400$cm^{-1}。单键 C—H 的弯曲振动区。

在复杂有机分子中,基团频率除由质量和力常数两主要因素决定外,还受以下其它因素的影响,这些作用的总和决定吸收谱带的准确位置。

①试样状态:同一化合物的聚集态不同,其对应的光谱有较大差异。

②溶剂效应和氢键:当溶剂和溶质缔合时,可改变溶质分子吸收带的位置及强度,基团的伸缩振动频率随溶剂极性的增加向低波数位移,且峰强度增加;由于氢键的伸缩振动,使 X—H 键的振动频率改变,伸缩振动向低频位移,谱带变宽,强度增大;变形振动向高频位移,谱带变得更为尖锐。

③诱导效应和共轭效应:诱导效应可引起分子中的电子分布发生变化,使化学键的键极改变,力常数变化,导致基团频率移动。共轭效应使分子的电子云密度趋于平均化,导致双键伸长,单键缩短,使双键基团频率向低频移动,而单键频率向高频移动。

④振动耦合:同一分子临近的两个基团具有相近的振动频率和相同对称性,它们之间可能会产生相互作用使谱峰裂分成两个吸收带,称为振动耦合。

有机物各种官能团的特征吸收总结如下:

(1)烷烃

①饱和 C—H 键的伸缩振动发生在 3000～2800 cm^{-1};

②CH$_3$ 的伸缩振动在 2960～2950 cm^{-1} 内有吸收峰;

③CH$_3$、CH$_2$ 的弯曲振动在 1500～1300 cm^{-1};

④当分子中有四个以上的—CH$_2$—组成的长链时,在 720 cm^{-1} 附近出现弱的吸收峰,且峰强随 CH$_2$ 的个数的增多而增强。

(2)烯烃

①C=C 的伸缩振动发生在 1680～1600 cm^{-1};

②不饱和 C—H 键的伸缩振动在 3100～3000 cm^{-1} 内有吸收峰;

③不饱和 C—H 键的面外弯曲振动在 1000～650 cm^{-1} 内。

(3)炔烃

①C≡C 的伸缩振动发生在 2140～2100 cm^{-1};

②不饱和 C—H 键的伸缩振动在 3300 cm^{-1} 附近,中强的尖峰。

(4)芳香烃

①芳环的 C=C 骨架振动发生在 1650～1450 cm^{-1};

②芳环的 C—H 键的伸缩振动在 3100～3000 cm^{-1};

③芳环上的 C—H 的面外弯曲振动在 900～650 cm^{-1},与取代基的数目有关。

(5)醇、酚、醚

①O—H 的伸缩振动在 3600 cm^{-1},尖峰,形成氢键后在 3300 cm^{-1} 附近,宽峰;

②C—O 的伸缩振动在 1250～2100 cm^{-1},很强;

③O—H 的面内弯曲振动在 1500～1300 cm^{-1},面外在 650 cm^{-1};

④C—O—C 的伸缩振动有对称和反对称两种,其吸收频率均位于指纹区,由于氧和碳的质量相近,所以 C—O 的伸缩振动和 C—C 的接近,但 C—O 的偶极矩变化较大,因此吸收强度大,便于与 C—C 键的区别。

(6)胺和铵盐

①伯胺 NH$_2$ 有对称和反对称两种,在 3500～3300 cm^{-1} 出现双峰;

②仲胺在 3400 cm^{-1} 附近出现单峰;

③叔胺无 N—H,因而在官能团区无吸收峰;

④叔胺盐在氢键区 2700～2250 cm^{-1} 出现宽吸收峰。

(7)羰基化合物

①酮的第一个峰是 C=O 的峰,在 1715 cm^{-1} 附近;

②芳香酮或 α-、β-不饱和酮向低频移动 20～40 cm^{-1};

③醛上 C=O 的峰比酮高 10 cm^{-1} 左右;

④醛上 C—H 键伸缩振动和弯曲振动发生费米共振,在 2850 cm⁻¹ 和 2740 cm⁻¹ 出现双峰。

(8)羧酸和羧酸盐

①游离的羧酸 C=O 的峰在 1760 cm⁻¹ 附近;

②液态和固体的羧酸 C=O 移到 1700 cm⁻¹ 附近,且 O—H 移到 3200～2500 cm⁻¹ 出现宽锋;

③羧酸盐的 IR 与羧酸大不相同,C=O 和 O—H 的峰消失,出现 CO₂ 的峰,在 1580 cm⁻¹ 和 1400 cm⁻¹ 附近;因而可以将羧酸中加碱使其转化为羧酸盐后测定 IR 光谱,进一步确证羧酸;

④羰基的吸收在 1735 cm⁻¹ 附近;

⑤C—O—C 的不对称伸缩在 1300～1150 cm⁻¹,对称伸缩在 1140～1030 cm⁻¹;酸酐的 IR 光谱特征性很强,在羰基区域出现两个强吸收峰,彼此相差 50 cm⁻¹;

⑥具有胺的吸收峰,在 3500～3050 cm⁻¹,伯酰胺有两个峰,而仲酰胺也出现多重峰,因为 N 上的孤对电子与 C=O 形成 p-π 共轭;

⑦酰氟约在 1840 cm⁻¹,酰氯约在 1800 cm⁻¹。

4.红外光谱的应用

(1)定性分析

有机化合物的红外光谱具有鲜明的特征性,每一个化合物都有特殊的吸收光谱,其谱带的数目、位置、形状和强度均随化合物及其聚集态的不同而不同。定性分析的基本步骤如下:①试样的分离和精制;②了解试样性质;③图谱分析;用已知化合物作标准进行谱图对照;查阅标准谱图或进行谱库检索;根据谱图提供的吸收特征频率、峰强度和峰形进行定性。

(2)定量分析

红外光谱定量分析是根据物质组分的吸收峰强度来进行的,其理论依据是朗伯-比尔定律。红外光谱定量分析的基础在于吸光度 A 的测量,各种气体、液体和固态物质,均可进行定量分析,但红外光谱法定量灵敏度较低,尚不适用于微量组分的测定。定量分析的具体方法主要有标准法、吸光度比法和补偿法等。

5.实验方法

(1)红外光谱仪

红外光谱仪可分为色散型和干涉型两大类,色散型又有棱镜分光型和光栅分光型;干涉型主要是傅里叶变换红外光谱仪。

色散型红外光谱仪的工作原理如图 3.2.3－1 所示。从光源发出的红外光被反射镜分成两个强度相同的光束,一束为参考光源,一束通过样品称为样品光束。如果样品对频率连续变化的红外光不时地发生强度不一的吸收,那么穿过样品槽而达到红外辐射检测器的光束的强度就会相应地减弱。红外光谱仪就会将吸收光束与参比光束比较,并记录在图纸上,形成红外光谱图。

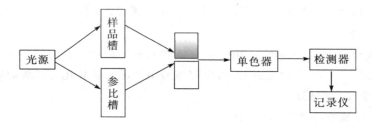

图 3.2.3-1　色散型红外光谱仪的工作原理示意图

由于玻璃和石英几乎能吸收全部的红外光,因此不能用来做样品槽。制作样品槽的材料应该对红外光无吸收,以免产生干扰。常用的材料有卤盐(如氯化钠和溴化钾等)。

(2)样品的制备

红外光谱的试样可以是液体、固体或气体,一般应要求:

①试样应该是单一组分的纯物质,纯度应大于 98% 或符合指定规格,才便于与纯物质的标准光谱进行对照。多组分试样应在测定前尽量预先用分馏、萃取、重结晶或色谱法进行分离提纯,否则各组分光谱相互重叠,难于判断。

②试样中不应含有游离水。由于水在 3710 cm^{-1} 和 1630 cm^{-1} 处有强吸收峰,会严重干扰样品谱,而且会侵蚀样品池的盐窗。

③试样的浓度和测试厚度应选择适当,以使光谱图中的大多数吸收峰的透射比处于 10%~80% 范围内。

根据样品的聚集状态,可按下列方法制备试样。

①气态试样:可直接将它充入抽成真空的试样池内。用玻璃或金属制成的圆筒两端有两个可透过红外光的窗片,在圆筒两端装有两个活塞,作为气体的进出口。对稀薄气体的测试,可通入一定压力的惰性气体或采用多次反射。

②液体试样:制备液体样品时采用液膜法和溶液法。

测定液体样品的红外光谱都采用液膜法。沸点较高的试样,直接滴在两块盐片之间,形成液膜,即液膜法,配上垫片,旋紧螺丝,放在试样槽进行测量,记录红外光谱。

对沸点较低,挥发性较大的试样,可注入封闭液体池中测定,即溶液法,液层厚度一般为 0.01~1 mm。

③固体试样：常用的固体样品的制备方法有压片法、石蜡糊法、薄膜法和溶液法等。

压片法：由于碱金属卤化物（如 KCl、KBr、KI 以及 CsI 等）加压后变成可塑物，并在中红外区完全透明，因而被广泛用于固体样品的制备。取试样 0.5～2 mg，在玛瑙研钵中研细，再加入 100～200 mg 磨细干燥的 KBr 粉末，混合均匀后，加入压膜内，在压力机中边抽气边加压，制成一定直径和厚度的透明片，然后将此薄片放入仪器中进行测定。

石蜡糊法：一般取 5 mg 左右的样品与石蜡油混合成糊状，压在两盐片之间进行测谱。当研究饱和 C—H 键的吸收光谱时不能使用石蜡油作糊剂，可用六氯丁二烯代替石蜡油。

薄膜法：对于熔点低，熔融时不分解、升华或发生其它化学反应的物质，可将其直接加热熔融后涂制成膜，如低熔点的蜡、沥青等。对聚合物可先制成溶液，后蒸干溶剂形成薄膜。

溶液法：将样品溶于低沸点溶剂中，而后取其溶液，滴在成膜介质（如水银、平板玻璃等）上，使溶剂蒸发成膜，然后注入液体样品池中进行测定。

（3）红外光谱的测定

本中心使用的 TENSOR27（Germany）红外光谱仪，其标准操作方法如下：

①打开仪器电源开关，等待约 1 min 后，检查仪器右上角的状态灯是否为绿色。绿色表示仪器正常；红色请检查仪器是否有错误发生（可以重新启动仪器）。

②双击桌面上的 OPUS 图标，打开软件。

③在"测量"菜单中选择"高级测量选项"，调用合适的实验方法文件，输入文件名，选择存储路径，选定合适的分辨率和扫描次数。选择"检查信号"页面，在窗口中出现红色十字形状的干涉图后，观察信号值强度，单击"保存峰位"。

④在"基本设置"页面单击"测量背景单通道光谱"，此时样品腔内不应有任何样品；待测量结束后，单击"测量样品单通道光谱"，测量结束后在谱图窗口中将出现结果谱图。

⑤可以在"谱图处理"和"评价"菜单中用合适的处理方法对测量的结果谱图进行处理和分析。

6. 注意事项

①测定时实验室温度应在 15～30 ℃，所用的电源应配备有稳压装置。

②为防止仪器受潮而影响使用寿命，红外实验室应保持干燥（相对湿度应在65％以下）。

③样品的研磨要在红外灯下进行，防止样品吸水。

④压片用的模具用后应立即把各部分擦干净，必要时用水清洗干净并擦干，置

干燥器中保存，以免锈蚀。

7. 思考题

①如欲定性测定一种只溶于水的药品，可采用什么方法制备样品？

②红外光谱产生的原因是什么？

3.2.4 核磁共振

核磁共振(Nuclear Magnetic Resonance, NMR)是测定有机化合物结构最有效的方法之一，该技术取决于当有机物被置于磁场中时所表现出的特定核的自旋性质，即能产生磁场的核自旋。在有机化合物中所发现的这些核一般是[1]H、[13]C、[19]F、[15]N、[31]P等，所有具有磁矩的原子核(即自旋量子数 $I > 0$)都能产生核磁共振。在有机化合物中最有用的是氢核磁共振谱(^{1}H NMR)与碳核磁共振谱(^{13}C NMR)，氢核和碳核可以提供分子中的氢原子和骨架的重要信息。氢的同位素中，[1]H 质子的天然丰度比较大，核磁信号比较强，比较容易测定。本实验教材仅对 ^{1}H NMR 作一简单介绍。

1. 基本原理

核磁共振是指某些原子核在磁场中选择性地吸收电磁波的现象，核磁共振波谱是原子核在磁场中发生共振吸收而产生的谱带。原子核也有自旋运动，由于质子带电，它的自旋产生一个小磁矩。这种量子化的核自旋运动用自旋量子数 I 来描述，$I = 0, 1/2, 1, 3/2, \cdots$。$I = 0$ 的原子核没有自旋运动，也就不产生磁矩，这种原子核不发生核磁共振现象，如：[12]C、[16]O 和 [32]S 没有核自旋，不能用作 NMR 谱的研究。只有 $I \neq 0$ 的原子才有自旋运动。核自旋有自旋角动量和对应的核磁矩：

$$\mu_N = \gamma M = \gamma \sqrt{I(I+1)} \frac{h}{2\pi}$$

式中，μ_N 是核磁矩；M 是自旋角动量；γ 是磁旋比或旋磁比，与原子核的性质有关，是核磁矩的相对量；h 为 Planck 常数。

在外加磁场(B_0)中核磁矩的方向是量子化的，有($2I+1$)种不同的取向，每一个取向可用一个自旋量子数来表示。[1]H 核的 $I = 1/2$，在外磁场中有两个取向，有两个不同的能级，两能级的能量差 ΔE 与外磁场强度成正比：

$$\Delta E = \gamma B_0 \frac{h}{2\pi}$$

式中，γ 是磁旋比或旋磁比；h 为 Planck 常数。

如果用能量为 $h\nu = \Delta E$ 的射频电磁波照射，原子核有选择地吸收电磁波的能量，从低能态($+1/2$)跃迁到高能态($-1/2$)，即发生所谓"共振"，此时核磁共振仪中产生吸收信号。

发生核磁共振的条件：

$$\Delta E = h\nu = \gamma \frac{h}{2\pi} B_0$$

$$\nu = \frac{\gamma}{2\pi} B_0$$

从式中可以看出 ν 与外加磁场的强度 B_0 成正比,当外加磁场强度固定后,只与质子的性质有关,因此不同的质子 ν 是不同的,并以谱峰的形式记录下来,这种由于氢核吸收能量产生的共振现象,称为氢核磁共振(^{1}H NHR)。

2. 化学位移

当质子的周围有电子时,这些电子在外界磁场的作用下发生环流运动,产生一个对抗外加磁场的感应磁场。感应磁场使作用于质子的磁场产生增大和减小两种效应,这取决于质子在分子中的位置和它的化学环境。假若质子周围的感应磁场与外加磁场反向,这时作用于质子的磁场将减小,产生屏蔽效应。相反,感应磁场与外加磁场同向,作用于质子的磁场就增强,即受到去屏蔽效应。相同质子在分子中的位置不同,将在不同的强度处发生共振吸收,给出信号,这种现象称为化学位移。由于化学位移难以精确测量,1970 年,国际纯粹与应用化学协会(IUPAC)建议化学位移采用 δ 表示,规定标准物质四甲基硅烷(tetramethylsilane,TMS)的化学位移 $\delta = 0.00$,出现在 TMS 左侧的 δ 为正值,右侧的 δ 值为负。分子中的氢所处的化学环境不同,屏蔽效应不一样,其化学位移不同。一般有机化合物中氢的化学位移出现在 TMS 左边,即低磁场强度一边,屏蔽效应越小,离 TMS 的 δ 值越远;屏蔽效应越大,离 TMS 的 δ 值越近。

化学位移 δ 值由下式计算：

$$\delta = \frac{(\nu - \nu_{TMS}) \times 10^6}{\nu_0}$$

式中,ν 为待测样品吸收峰的频率;ν_{TMS} 为四甲基硅烷吸收峰的频率;ν_0 为仪器的工作频率。如果在 60 MHz 核磁仪器上,信号出现在 60 Hz,δ 值计算如下：

$$\delta = \frac{(60Hz - 0) \times 10^6}{60MHz} = 1.00$$

在各种化合物分子中,与同一类基团相连接的质子,它们都有大致相同的化学位移,表 3.2.4-1 列出了一些常见有机化合物官能团中质子的化学位移。

化学位移是一个重要的物理常数,它是分析分子中各类氢原子所处位置的重要依据。化学位移 δ 值越大,表示屏蔽作用越小,吸收峰出现在低场;化学位移 δ 值越小,表示屏蔽作用越大,吸收峰出现在高场。

表 3.2.4-1 常见基团质子的化学位移（δ 值）

质子类型	化学位移	质子类型	化学位移
RCH$_3$	0.9	RCH$_2$Cl	3.7
R$_2$CH$_2$	1.3	RCH$_2$F	4.4
R$_3$CH	1.5	RCH$_2$OH	3.4~4.0
—C=C—CH$_3$	1.7~2.1	R—OCH$_3$	3.5~4.0
—C≡C—CH$_3$	1.8	Ar—OH	4.0~5.0
RHC=CH$_2$	4.5~5.2	RCHO	9~10
R$_2$C=CH$_2$	4.6~5.2	RCOCH$_3$	2.0~2.7
R$_2$C=CHR	5.0~5.7	RCH$_2$COOH	2.0
—C≡C—H	2.0~3.0	RCOOH	10~13
Ar—CH$_3$	2.2~3.0	RCOOCH$_3$	3.7~4.0
Ar—H	6.5~8.5	RNH$_2$,R$_2$NH	0.5~5.0
RCH$_2$I	3.2	RCONH$_2$	6.0~7.5
RCH$_2$Br	3.5	RCH$_2$NO$_2$	4.0~4.5

3. 峰面积

在有机化合物的 ^{1}H NMR 谱图中，每组峰的面积与产生这组信号的质子数目成正比。如果把各组信号的面积进行比较，就能确定各种类型质子的相对数目。近代的核磁共振仪可以将每个吸收峰的面积进行电子积分，并在谱图上记录下积分数据。

4. 自旋耦合和自旋裂分

在 ^{1}H NMR 谱图中，同一类质子的吸收峰个数增多的现象称为裂分。当两个质子相互接近时，每个质子的磁场都会影响到相邻碳上的质子，尤其是在高分辨率的核磁共振谱中，质子峰往往分裂为几个小峰。这种导致信号分裂为多重峰的磁效应称为自旋-自旋裂分（Spin - Spin Splitting）。它源于某个质子与相邻质子自旋之间的相互作用，这种作用称为自旋耦合（Spin - Spin Coupling）。信号分裂的间隔反映了两种质子自旋之间相互作用的大小，相邻两个峰之间的距离称为耦合常数，以 J 表示，其单位为赫兹（Hz），J 的数值不随外加磁场 B_0 的变化而改变。质子间的耦合只发生在邻近质子之间，相邻三个碳链以上的质子间的耦合作用可以忽略不计。表现在谱图中质子的裂分的峰数是有规律的，当与某一质子邻近的质子数为 n 时，该质子核磁共振信号裂分为 $n+1$ 重峰，其强度也随裂分发生有规律的变化。

5. 实验方法

(1)核磁共振仪

核磁共振仪工作原理示意图如图 3.2.4－1 所示。它是由磁铁、射频振荡器、扫描发生器、检测器、记录仪及试样管理体制组成的。

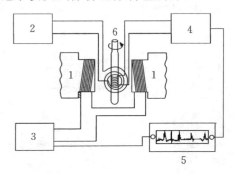

图 3.2.4－1　核磁共振仪工作原理示意图
1—磁铁；2—射频振荡器；3—扫描发生器；4—检测器；5—记录仪；6—样品管

在核磁共振的测试中，样品管插入两块电磁铁之间，样品管的轴向上缠绕着接收线圈，在电磁铁轴向缠着扫描线圈，与这两个线圈相垂直的方向上，绕有振荡线圈。接通电流，射频振荡器通过振荡线圈对样品进行照射。如果样品对射频振荡器发出的射频能产生吸收，并为射频检测器所检测，所形成的信号记录在图纸上，即得到核磁共振谱图。

(2)样品的制备

核磁共振测定时一般使用专门的样品管来装待测样品，其规格为外径 5 mm，内径 4 mm，长 180 mm，并配有塑料或聚四氟乙烯塞子，使用液体样品或在溶液中进行测定。

待测样品量一般为：氢谱在 0.5～1.0 mL 的溶剂中，溶解 2～5 mg 样品，并加入 3～4 cm 高、约 0.5 mL 的氘代试剂及 1～2 滴 TMS(内标)，盖上样品管盖子。放入共振仪探头，在共振仪中扫频测定。

要获得分子结构信息分辨度高的图谱，一般应采用液态样品。固体样品须先配成溶液，溶液浓度尽量大一些，以减少测量时间。液态样品，要求有较好的流动性，常需用惰性溶剂稀释，选择溶剂主要看其对样品的溶解度。制样时一般采用氘代溶剂，不产生干扰信号。$CDCl_3$ 是最常用的溶剂，其价格便宜易得，但不适用于强极性样品。极性大的化合物可采用氘代丙酮、重水等。

对一些特定样品，要采用相应的氘代试剂：氘代苯用于芳香化合物，氘代二甲基亚砜用于某些难溶于一般溶剂的样品，氘代吡啶用于难溶的酸性或芳香化合物。

做低温检测时,应采用凝固点低的溶剂,如氘代甲醇等。另外还要注意样品溶液要有低的粘度,否则会降低谱峰分辨率。

（3）核磁共振谱仪操作步骤

我中心的 ADVANCEⅢ 400MHz 核磁共振谱仪及其超导磁体部分结构示意图如图 3.2.4 - 2 所示。其操作步骤如下:

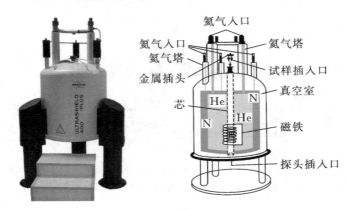

图 3.2.4 - 2　ADVANCEⅢ 核磁共振谱仪及其超导磁体部分结构示意图

①输入命令"ej",弹出上一根核磁管。

②加入新的核磁管后,输入"j",吸入核磁管。

③输入命令"new",设置参数。NAME 为"sqzhang - xxx";EXPNO 默认为 1,重复设置 EXPNO 依次为 2,3,4…;SOLVENT 可选择;EXPERIMENT 选择 Proton(质子);OK。

④输入命令"lock",锁场。

⑤待锁场完成,单击"Acqupars",修改 NS 为 16、DS 为 2,单击试管标志。

⑥ 8.输入命令"zg1d",待正式扫描前切勿进行其他操作。（注:zg1d 中 1 为数字 1）

⑦数据处理,(标峰、积分)每步均保存。

⑧"plot",使用模板,打印,勿保存。

⑨使用后,保持机内有一根核磁管。

（4）注意事项

①使用合格样品管,若粗细不均,装入转子时容易被挤裂;样品管太细在转子中滑动,进入磁体后容易松动脱落而砸坏探头;磨损的核磁管会影响实验结果。

②测试前,检查样品管外壁是否干燥洁净,以防污染物被带入探头检测区。

③装样时,样品管插入转子中,然后用定深量筒控制样品管的高度。这个步骤

不能缺少,如果样品管插入得太长,有可能损坏探头。

④注意不要接触转子上的黑色色块,色块磨损会影响样品旋转。

⑤具有磁性的物品不要靠近磁体。

(5)谱图解析

解析核磁共振谱图可以得到有关分子结构的丰富信息。测定每一组峰的化学位移可以推测与产生吸收峰的氢相连的官能团的类型;自旋裂分的形状提供了邻近的氢原子数目;根据峰面积可计算出分子中存在的每种类型氢原子的相对数目。解析未知化合物核磁共振图谱的一般步骤如下:

①首先确定有几组峰,从而确定未知物中有几种不等性质子。确定峰面积比,从而确定未知物中不等性质子的相对数目。

②确定各组峰的化学位移值,以便推测分子中可能存在的官能团。

③识别各组峰的自旋裂分和耦合常数值,从而确定各质子的周围情况。

④综合以上信息,再参考其他测试数据,如红外光谱、沸点、熔点、折射率等,确定未知物的结构。

6. 思考题

①什么是化学位移?它对结构分析有何意义?

②使用核磁共振谱分析有机化合物有什么优点?

3.2.5　X衍射分析

X射线是一种波长为 $0.01\sim10$ nm 肉眼看不见的电磁波,它穿透力极强,X射线最初被应用于医学领域和金属零件的内部探伤,由此产生了X射线透射学。1912年德国物理学家劳厄(M. V. Laue)等发现了X射线在晶体中的衍射现象,建立了劳埃衍射方程组,从而揭示了X射线的本质是波长与原子间距同一量级的电磁波,由此产生了X射线衍射学。1914年,物理学家莫塞莱(H. G. J. Moseley)发现了特征X射线的波长与原子序数之间的定量关系,创立了莫塞莱方程。利用这一原理可对材料的成分进行快速无损检测,由此产生了X射线光谱学。X射线谱是指X射线的强度与波长的关系曲线;X射线强度是指单位时间内单位面积的X光子的能量总和,它与单个光子的能量和光子的数量有关。X射线衍射分析在物理、化学、材料科学以及各种工程技术中得到广泛应用。

1. 基本原理

(1)X射线的产生

实验室中X射线产生装置主要由阴极、阳极、真空室、窗口和电源等组成。阴极又称灯丝,由钨丝制成,是电子的发射源。阳极又称靶极,一般由纯金属制成,是X射线的发射源。真空室的真空度高达 10^{-3} Pa,其目的是保证阴阳极不受污染;窗口是X射线从阳极靶极射出的地方,通常有两个呈对称分布,窗口材料一般为铍金属,其优点是对X射线的吸收少。电源可使阴阳两极间产生强电场,促使阴极发射电子。当两极电压高达数万伏时,电子从阴极发射,射向阳极靶极,电子的运动受阻,与靶极作用后,电子的动能大部分转化为热能散发,仅有1%左右的动能转化为X射线能,产生的X射线通过铍窗口射出。

(2)X射线衍射

劳厄利用连续X射线做光源,天然晶体硫酸铜作"光栅",成功地验证了X射线照射晶体会产生衍射现象。当X射线与物质作用发生相干散射时,如果散射物质内的原子或分子排列具有周期性,就会发生相互加强的干涉现象,这种干涉即为衍射。这种衍射并不是在所有的方向都发生,只在某些方向上由于位相相同(位相差为零或 2π 的整数倍)才发生相互加强的衍射。这些方向是由晶体点阵参数、点阵相对于入射线的方向以及X射线波长之间的关系决定的。这种关系的具体表现为劳厄方程式、布拉格定律和倒易空间衍射公式。X射线衍射理论在推导衍射方程时,做了以下几点假设:

①入射X射线只经过样品中原子的一次散射,不考虑散射波的再散射。散射线的强度远低于入射线的强度,不考虑散射波与入射波之间的干涉作用。

②入射线和衍射线都是平面波。由于晶体与衍射线源及工程地点的距离远比原子间距大,因此实际上球面波可以近似地看成平面波。

③原子的尺寸忽略不计,各电子发出的相干散射是由原子中心点发出的。

三个衍射方程共同研究了X射线衍射的方向问题,即X射线衍射的几何条件。从晶体本身来看,当X射线照射到晶体上时,衍射线的强度主要与晶体结构中原子的种类、数目及排列方式、晶体的完整性以及参与衍射的晶体的体积等因素有关。除此之外,还与温度、X射线的吸收及多晶体的晶粒数目等因素有关。

(3)X射线衍射分析方法

根据X射线照射晶体发生干涉、产生衍射的条件,可以设计出三种最基本的产生衍射的方法:周转晶体法、粉末衍射法和劳厄法。

①周转晶体法:单色X射线照射转动的单晶试样。相当于厄尔瓦德半径(1/λ)不变,晶体旋转,倒易点阵绕原点 O 旋转,不断有倒易点阵点与厄尔瓦德球相遇,产生衍射。

②粉末衍射法:单色X射线照射粉末或多晶试样。相当于厄尔瓦德半径(1/λ)不变,粉末或多晶试样中有许多随机取向的小晶体,有许多倒易点阵,总会有一些倒易点阵与厄尔瓦德球相遇,产生衍射。

③劳厄法:连续 X 射线照射单晶试样。相当于厄尔瓦德半径(1/λ)连续改变,不断有倒易点阵点与厄尔瓦德半径球相遇,产生衍射。

(4)X 射线衍射分析的应用

X 射线中包含大量的结构等信息,通过对衍射数据的分析,可以研究晶体聚集态的结构,如物相定性分析、定量分析、晶粒尺寸的测定及结构的测定等。

①定性分析:与人的指纹相似,每一种晶体都具有自己一套独特的 X 射线衍射图谱。多晶体的衍射图谱,为其中各个晶体衍射峰的叠加,互不影响。

②定量分析:样品中某一物相的 X 射线衍射强度,与其在样品中的含量成比例,但并不成正比,要进行吸收矫正,因为样品本身要吸收 X 射线。在众多的 XRD 定量分析方法中,最为方便简捷的是基体冲洗法。它只对所测物相进行分析,其他物相的含量根本不用考虑,可适用于任何混合物相的研究。

③相平衡图的测定:X 射线测定相平衡图的原理是建立在每一个物相均有其自己独特的一套图谱,而且该谱线不受任何其他共存物相的影响,从而可以根据每一相衍射图的变化规律建立起相应的相图。

④结晶度的测定:结晶度即结晶的程度。一般以晶态总量占化合物总量的百分率表示,其计算公式为 $X_c = g_c/(g_c + g_a) \times 100\%$,式中,$X_c$ 为结晶度;g_c 为晶态总量;g_a 为非晶态总量。从上式可以看出,测量结晶度即要知道晶相占整个物相的量值。这样,便可以用衍射曲线的积分面积来实现这一目的。

⑤晶体粒度大小的测定:当以 X 射线照相法对粉末样品进行探测时,发现若晶粒大于 10^{-3} cm,底片的谱线由许多分立的斑点所构成。当晶粒小于 10^{-3} cm 时,谱线虽然变得明锐起来,但还不是完全连续。只有当晶粒达 10^{-4} cm 时,才能产生完全连续明锐的衍射图谱。而当晶粒小于 10^{-5} cm 以后,由于晶体结构完整性下降,无序度增加,衍射峰变宽,衍射角也发生 $2\theta \sim (2\theta + \delta)$ 的变化。晶粒越小,变化越明显,直至转变为漫散峰。谢乐(Scherrer)从理论上推导了晶粒大小与衍射峰宽度之间的关系,表达式为:$\beta = k\lambda/d\sin\theta$,式中 d 为垂直于反射晶面的晶粒平均粒度;β 为衍射峰值半高宽的宽度;θ 为布拉格角;λ 为入射 X 射线波长(Å);k 为 Scherrer 常数,与晶粒形状、β、d 的定义有关,约为 1。

2. 实验方法

(1)X 射线衍射仪

X 射线仪(X-Ray Diffractometer,XRD)是在德拜相机的基础上发展而来的,主要由 X 射线发生器、测角仪、辐射探测器、记录单元及附件(高温、低温、结构测定、应力测量、试样旋转)等部分组成。

测角仪是 X 射线衍射仪的核心部件。测角仪在工作时,X 射线从射线管发出,经一系列狭缝后,照射在样品上产生衍射。计数器围绕测角仪在测角仪圆上运动,记录衍射线,其旋转的角度即 2θ,可以从刻盘上读出。在实际工作中,通常 X 射线源是固定不动的,计数器是沿测角仪圆移动逐个地对衍射线进行测量。因此聚焦圆的半径一直随着 2θ 角的变化而变化。

X 射线探测器:衍射仪的 X 射线探测器为计数管。它是根据 X 射线光子的计数来探测衍射线存在与否以及它们的强度,与检测记录装置一起代替了照相法中底片的作用,其主要作用是将 X 射线信号变成电信号。

记录单元:记录单元的作用是把从计数管输送来的脉冲信号进行适当的处理,并对结果加以显示或记录,它由一系列集成电路或晶体管电路组成。由计数管所产生的低压脉冲,首先在前置放大器中经过放大,然后传送到线性放大器和脉冲整形器中放大、整形,转变成其脉高与所吸收 X 射线光子的能量成正比的矩形脉冲。输出的矩形脉冲波再通过甄别器和脉高分析器,把脉高不符合指定要求的脉冲甄别开,只让脉高与所选用的单色 X 射线光子的能量相应的脉冲信号通过。所通过的那些脉高均一的脉冲波可以同时分别输往脉冲平均电路和计数电路。脉冲平均电路具有一个可调的电容来调节时间常数 RC 的大小,使在时间间隔上无规则地输入的脉冲变为稳定的脉冲平均电流。由脉冲平均电路输出平均电流,然后馈送给计数率仪和长图自动记录仪。长图自动记录仪能够以强度分布曲线的形式自动记录下 X 射线衍射强度随衍射角 2θ 的变化,得到衍射图谱。

(2)样品的制备

衍射仪的试样为平板试样。当被测材料为固体时,可直接取其一部分制成片状,将被测表面磨光,并用橡皮泥固定于空心样品架上;纤维状样品将其粘贴在玻璃板上进行测定;粉末样品必须充分细磨,使细度达到 250~300 目,填满带有圆形凹坑的实心样品架,再用玻璃片压平粉末表面。

(3)样品的测定

本实验中心使用的是 XRD 6000(见图 3.2.5-1),其实验标准操作如下:

①打开电源,开启冷却水,开启温度右旁边的开关(run stop),待温度稳定后,再开启 XRD 衍射仪器,开启电脑和打印机。单击桌面"Progr"。

②单击"Display and Set up"并最小化;接着单击"Right Conio Condition"并最小化,再单击"Right Conio Analysis",并最小化。

③双击"Right Conio Condition"窗口中蓝色长形图标,设置参数(扫描角度范围、速度、波长、狭缝宽度),设置完毕后,单击下面"OK",保存目录和名称,再按"NEW"键保存,文件名将在"Right Conio Condition"窗口中显示,并按"close"关闭设置参数窗口。

④放入样品:粉末样品平整地压入样品池,块状样品表面磨平后粘贴在样品池中心,样品的表面与样品池外围齐平。

⑤在"Right Conio Condition"窗口中单击"Append"将进入"Entry For Analysis",单击"stop"后再接着单击"start",然后进入"Right Conio Analysis"窗口,单击欲测试样品名,单击"stop"后单击"start",开始进行测试。

⑥测试完毕后,单击最开始出现的窗口中的"Basic Process",然后单击"file/open/目标文件 raw 文件格式",单击工具栏中"go",出现三个对比图,其它格式的三个数据也随之保存。

⑦单击最开始出现的窗口中"FILE MAINTENCE",找到源文件,将保存的源文件拖入上半部分菜单栏,复制其保存路径至倒数第二栏,命名,单击 ASCII 中的 DUMP,生成 TXT 文件。

⑧仪器关闭时与开启顺序相反,先关闭 XRD 衍射仪,10 min 后再关闭冷却水。

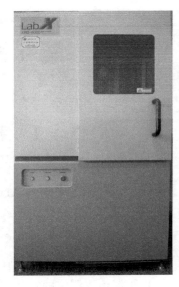

图 3.2.5-1　XRD 6000 分析仪

3. 注意事项

①室内温度应恒定在 23℃ 左右,保持室内恒温。

②开关门时必须轻开轻关,避免振动。

③测试过程中切忌打开机门;一定要在 X 射线管自动关闭后,即"X-rays on"指示灯灭后,才可开启机门。

④切记"X-rays on"指示灯灭 20 min 后方可关闭循环水电源。

⑤注意室内通风。

第4章 基础性实验

实验4.1 熔点、沸点、折光率的测定

(一)熔点的测定部分

实验目的

1.了解熔点测定的意义、应用。
2.掌握毛细管和熔点仪测定熔点的方法。

实验原理

见3.1.1熔点测定部分。

试剂

苯甲酸、尿素、尿素与苯甲酸的混合物、萘、乙酰苯胺、未知样、液体石蜡。

一些有机化合物的熔点

化合物	熔点/℃	化合物	熔点/℃	化合物	熔点/℃
α-萘胺	50	乙酰苯胺	114	D-甘露醇	168
二苯胺	53~54	苯甲酸	122.4	马尿酸	188~189
萘	80.5	尿素	132.7	3,5-二硝基苯甲酸	205
间二硝基苯	90	水杨酸	159	蒽	216.2~216.4

实验步骤

(1)用毛细管法测定下列样品的熔点。

苯甲酸、苯甲酸与尿酸混合物、萘、尿素、肉桂酸、水杨酸、二苯胺。

①按照图 3.1.1-2(b)安装装置,b 形管中装入液体石蜡。

②按 3.1.1 部分的"2. 毛细管法测熔点操作"b 形管方法测定熔点。

(2)熔点仪测定法:测定精制乙酰苯胺的熔程

按照 3.1.1 部分的"3. 显微熔点仪测定法"测定乙酰苯胺的熔程。

思考题

①为什么测定熔点时要求做出两次以上的重复数据? 操作时应注意什么事项才有可能准确测定出化合物的熔点?

②有两个样品,分别测定它们的熔点以及按照不同比例混合后再测定熔点,所得到的熔点数据都是一样的,这说明什么?

③加热快慢为何影响熔点的测定? 在什么情况下加热可以快一些,在什么情况下加热则要慢一些?

(二)工业乙醇沸点的测定

实验目的

①了解蒸馏(常量法)和微量法测定沸点的原理和意义。

②掌握蒸馏和微量法测定沸点的方法。

实验原理

常量法测沸点的原理见 2.3.1 常压蒸馏部分内容。微量法所使用的装置与熔点测定装置相似。

试剂

工业乙醇 20 mL,无水乙醇(少量,用于微量法测沸点),甘油。

物理常数

化合物	相对分子质量	熔点/℃	沸点/℃	相对密度 d_4^{20}	折光率 n_D^{20}	水溶解性/[g/(100 g)]^{20}
乙醇	46	−117.3	78	0.7813	1.3610	无限溶
甘油	92	17.8	290	1.2636	1.4746	无限溶

实验内容

①工业乙醇的常压蒸馏及沸点的测定。
②微量法测无水乙醇的沸点。

思考题

①蒸馏时温度计的水银球应该放在什么位置？为什么？
②为什么蒸馏时最好控制馏出液的速度为 1～2 滴/秒？
③如果加热过猛,测定出来的沸点是否正确？为什么？

(三)折光率的测定

实验目的

①了解测定折光率的原理和意义。
②了解阿贝折光仪的基本构造,掌握折光仪的使用方法。

实验原理

见 3.1.3 折光率测定部分。

实验内容

按前述实验方法在室温下测定无水乙醇、乙酸乙酯、丙酮的折光率,记录数据,与文献值对照。无水乙醇的折光率 n_D^{20} 为 1.3610;纯乙酸乙酯的折光率 n_D^{20} 为 1.3723;纯丙酮的折光率 n_D^{20} 为 1.3588。

实验 4.2 环己烯

实验目的

①掌握酸催化下环己醇脱水制备烯烃的原理及产品的分离提纯方法。
②掌握分馏原理及操作技术。
③学习分液漏斗的使用。

实验原理

烯烃是重要的有机化工原料,其主要来源是石油产品的裂解和催化脱氢。实验室中烯烃的制备,可通过卤代烃脱卤化氢的消除反应或醇在脱水剂(H_2SO_4、H_3PO_4、Al_2O_3 等)作用下发生脱水反应来制备。环己烯是一种用途十分广泛的精细化工产品,实验室通常是采用环己醇为原料,在硫酸作用下通过脱水制得。此法虽然经典,但收率不高,同时由于硫酸的腐蚀性强,炭化严重,操作不方便。通常选择磷酸代替硫酸作用。

方法一:采用环己醇为原料,以 H_3PO_4 为催化剂,在加热条件下,分子内脱水生成环己烯,经简单分馏从反应体系中蒸出,反应原理如下:

主反应:

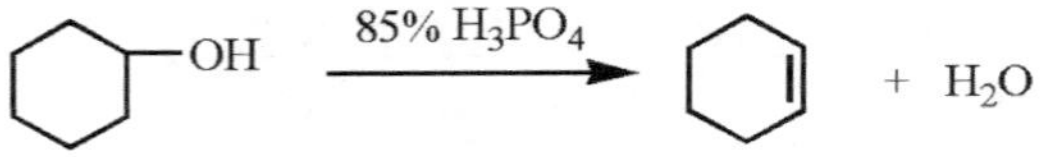

由于高浓度的酸会导致烯烃的聚合、醇分子间失水及正碳离子重排的发生,因此,醇在酸催化下脱水生成烯烃的反应常伴有烯烃的聚合、醚或重排产物等副产物的生成。在平衡混合物中,环己烯的沸点最低,可以边生成边蒸出,以提高产率。

副反应：

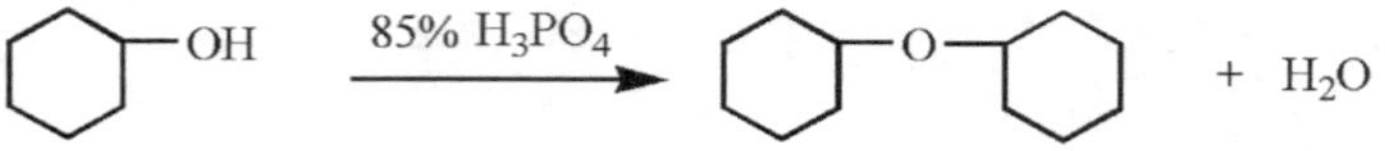

$$\text{环己醇} \xrightarrow{85\% \ H_3PO_4} \text{二环己醚} + H_2O$$

方法二：磷酸虽较硫酸好，但成本较高，因此，采用 $FeCl_3 \cdot 6H_2O$ 代替 H_3PO_4 为催化剂，使环己烯的产率及产品纯度都有一定程度的提高，同时后处理简单、不污染环境，符合绿色化学的要求，并取得了良好的实验结果。

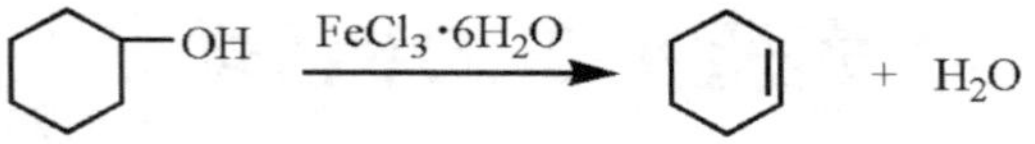

$$\text{环己醇} \xrightarrow{FeCl_3 \cdot 6H_2O} \text{环己烯} + H_2O$$

试剂

方法一：10.0 g(10.4 mL，0.10 mol)环己醇，2 mL 浓 H_3PO_4，食盐，5％碳酸钠水溶液，无水氯化钙。

方法二：7.0 g(7.3 mL，0.07 mol)环己醇，1 g $FeCl_3 \cdot 6H_2O$(0.004 mol)，食盐，无水氯化钙。

物理常数

化合物	相对分子质量	熔点/℃	沸点/℃	折光率 n_D^{20}	相对密度 d_4^{20}	溶解性/[g/(100 g)]^{20} 水	有机溶剂
环己醇	100	25.2	161	1.4650	0.9624	3.5	乙醇、乙醚、丙酮
环己烯	82	−104	83	1.4465	0.8110	不溶	醇、醚、苯、乙酸乙酯
环己醚	182	−242	243	1.4744	0.920	微溶	—

实验步骤

方法一：以 H_3PO_4 为催化剂

在 50 mL 干燥的圆底烧瓶中加入 10.0 g(10.4 mL，0.10 mol)环己醇[1]、2 mL 85％磷酸[2]和几粒沸石，充分振摇使之混合均匀。按图 4.2−1 安装好仪器，烧瓶上装一短的分馏柱作分馏装置，接上冷凝管，用 50 mL 锥形瓶作接收器，浸在冰水

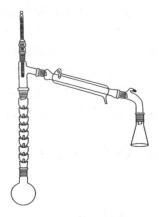

图 4.2-1 环己烯的制备

中冷却。将烧瓶用电热套在低功率下慢慢加热至沸,控制分馏柱顶部的馏出温度不超过 90 ℃[3],馏出液为带水的浑浊液,至无液体蒸出时,可将电热套调至大功率加热,当烧瓶中只剩下很少量残液并出现阵阵白雾时,即可停止蒸馏。全部蒸馏时间约需 1 h。

将蒸馏液用食盐饱和,然后加入 2~3 mL 5％碳酸钠溶液中和微量的酸。将此液体倒入分液漏斗中,振摇后静置分层,分出有机层(哪一层? 如何取出?)。用 1~2 g 无水氯化钙干燥[4],用木塞塞好,放置半小时(时时振摇)。待溶液清亮透明后,直接滤入干燥[5]的 50 mL 蒸馏瓶中,加入沸石后用水浴蒸馏(按图 2.3.1-2装置),收集 80~85 ℃的馏分于一已称重的干燥小锥形瓶中。若在 80 ℃以下已有大量液体馏出,可能是由于干燥不够完全所致(无水氯化钙用量过少或放置时间不够),应将这部分产物重新干燥并蒸馏,产量约 5 g。本实验约需 4 h。

纯粹环己烯的沸点为 83 ℃,折光率 n_D^{20} 为 1.4465。因此,产品环己烯的纯度可通过测定其折光率来检验。

实验步骤流程图如下:

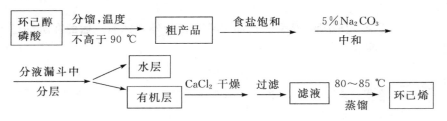

方法二:以 $FeCl_3 \cdot 6H_2O$ 代替 H_3PO_4 为催化剂

在 50 mL 干燥的圆底烧瓶中加入 7 g 环己醇、1 g$FeCl_3 \cdot 6H_2O$ 和几粒沸石,充分振摇使之混合均匀。按图 4.2-1 安装好仪器,用锥形瓶作接受器,浸在冰水中冷却。用电热套在低功率下慢慢加热至沸,控制分馏柱顶部的馏出温度不超过 90 ℃[3],馏出液为带水的浑浊液,至无液体蒸出时,可将电热套调至大功率加热,当烧瓶中只剩下很少量残液并出现阵阵白雾时,即可停止蒸馏。全部蒸馏时间约需 1 h。

将蒸馏液用食盐饱和,将此液体倒入分液漏斗中,振摇后静置分层,上层的粗产品转入干燥的锥形瓶中,加入无水氯化钙干燥,放置 10 min(时时振摇)。待溶液清亮透明后,直接滤入干燥的 25 mL 蒸馏瓶中,加入沸石后用水浴蒸馏(按图 2.3.1-2装置),收集 80~85 ℃的馏分,称重,计算产率,测沸点、折光率。

注释

[1]环己醇在常温下是黏稠液体(熔点 24 ℃),若用量筒量取时,应注意转移中的损失。所以,取样时,最好先取环己醇,后取磷酸。

[2]脱水剂也可以用浓硫酸。浓磷酸的用量必须是浓硫酸的 1 倍以上,但是它比浓硫酸有两个明显的优点:一是不生成炭渣;二是不产生 SO_2 气体。环己醇与浓硫酸应充分混合,否则在加热过程中会局部炭化。

[3]最好用简易空气浴,即将烧瓶底部向上移动,稍微离开加热包进行加热,使蒸馏瓶受热均匀。由于反应中环己烯与水形成共沸物(沸点 70.8 ℃,含水 10%),环己醇与环己烯形成共沸物(沸点 64.9 ℃,含环己醇 30.5%),环己醇与水形成共沸物(沸点 97.8 ℃,含水 80%),所以,在加热时温度不可过高,蒸馏速度不宜太快,以减少未反应的环己醇蒸出。

[4]水层应尽可能分离完全,否则将增加无水氯化钙的用量,使产物更多地被干燥剂吸附而致损失。这里用无水氯化钙干燥较适合,因为它还可除去少量环己醇。

[5]产品是否清亮透明,是衡量产品是否合格的外观标准。因此在蒸馏已干燥产物时,所用蒸馏仪器都应充分干燥。

思考题

①在粗制环己烯时,加入食盐饱和的目的何在?
②本实验提高产率的措施是什么?

③实验中,为什么要控制柱顶温度不超过 90 ℃?

④对比本实验各种催化剂,哪种催化剂最好,为什么?

⑤使用分液漏斗有哪些注意事项?

⑥用无水氯化钙干燥有哪些注意事项?

红外及核磁图谱

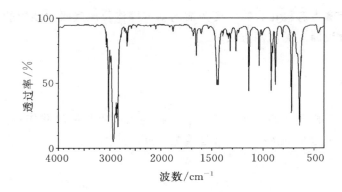

图 4.2-2　环己烯的红外光谱图

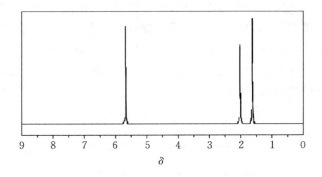

图 4.2-3　环己烯的[1]H NMR 谱图

实验 4.3　溴乙烷

实验目的

①学习用醇为原料制备卤代烃的原理与方法。

②掌握低沸点有机化合物常压蒸馏的基本操作及尾气吸收装置的操作。

③掌握分液漏斗的使用方法。

实验原理

溴乙烷是有机合成的重要原料。本实验利用乙醇与氢溴酸作用制备溴乙烷，也可用溴化钠及过量的浓硫酸代替氢溴酸。反应式如下：

主反应：

$$NaBr + H_2SO_4 \longrightarrow HBr + NaHSO_4$$

$$CH_3CH_2OH + HBr \longrightarrow CH_3CH_2Br + H_2O$$

醇与氢溴酸的反应是一个可逆反应，为了促使平衡向右移动（即向生成溴乙烷的方向移动），可采取：①增加其中一种反应物浓度的方法；②设法使反应产物离开反应体系的方法；③增加反应物浓度和减少产物两种方法并用。在本实验中，我们使用使产物离开反应体系的方法来促使平衡向生成溴乙烷的方向移动。因反应中用到浓硫酸，故可能的副反应有：

副反应：

$$2CH_3CH_2OH \xrightarrow{H_2SO_4} CH_3CH_2OCH_2CH_3 + H_2O$$

$$CH_3CH_2OH \xrightarrow{H_2SO_4} CH_2{=\!=}CH_2 + H_2O$$

$$2HBr \xrightarrow{H_2SO_4} Br_2 + SO_2 \downarrow + 2H_2O$$

试剂

4.0 g(5 mL,0.083 mol)95％乙醇,7.7 g(0.075 mol)无水溴化钠,浓硫酸。

物理常数

化合物	相对分子质量	熔点/℃	沸点/℃	折光率 n_D^{20}	相对密度 d_4^{20}	溶解性/[g/100 g)]^{20}	
						水	有机溶剂
乙醇	46	−117.3	78.3	1.3611	0.7893	无限溶	甲醇、乙醚、氯仿等
溴乙烷	109	−119	38.4	1.4242	1.4612	微溶	乙醇、乙醚、氯仿等
乙醚	74	−116.2	34.5	1.3526	0.7134	不溶	乙醇、苯、氯仿等
乙烯	28	−169.4	−104	1.3630	0.00147	不溶	乙醇、乙醚
浓硫酸	98	10	338	—	1.84	互溶	—
溴化钠	103	747	1390	1.3614	3.203^{25}	90.3^{20}	不溶

实验步骤

用 50 mL 圆底烧瓶作为反应器,按图 4.3-1 安装仪器。在反应器中加入 5 mL 95％乙醇及 4 mL 水[1]。在不断旋摇和冷水冷却下,慢慢加入 10 mL 浓硫酸。冷却至室温后,加入 7.7 g 研细的溴化钠[2]及几粒沸石,装上蒸馏头、冷凝管和温度计作蒸馏装置[3]。接受器内放入少量冷水并将其浸入冷水浴中,尾接管末端则浸没在接受器的冷水中[4]。

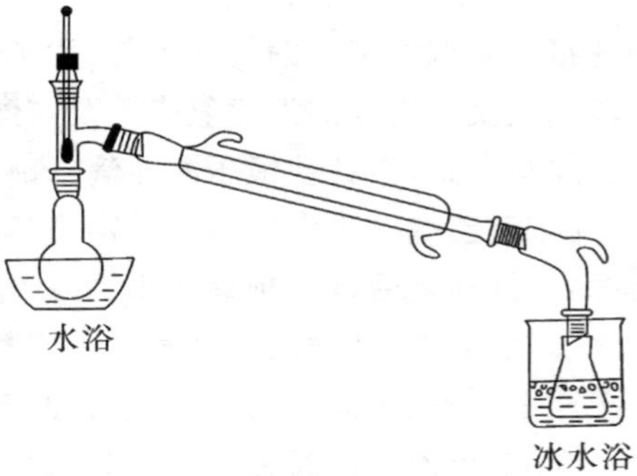

图 4.3-1 溴乙烷制备蒸馏装置

用空气浴小火[5]加热烧瓶,约 30 min 后慢慢加大火,直至无油状物馏出为止[6]。

将馏出物倒入分液漏斗中,分出有机层[7](哪一层?),置于 25 mL 干燥的锥形瓶里。将锥形瓶浸入冰水浴,在旋摇下用滴管慢慢滴加约 3 mL 浓硫酸[8]。用干燥的分液漏斗分去硫酸液,溴乙烷倒入(如何倒法?)25 mL 蒸馏瓶中,加入几粒沸石,用水浴加热进行蒸馏。将已称量的干燥锥形瓶作接收器,并浸入冰水中冷却。

收集 34～40 ℃的馏分[9]，成品约 5 g。

纯粹溴乙烷的沸点为 38.4 ℃，折光率 n_D^{20} 1.4239。因此，产品环己烯的纯度可通过测定其沸点、折光率来检验。

本实验约需 4 h。

实验步骤流程图：

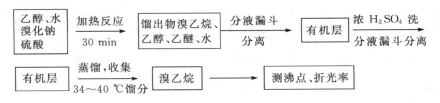

注释

[1]加少量水可防止反应进行时产生大量泡沫，减少副产物乙醚的生成和避免氢溴酸的挥发。

[2]用相当量的 NaBr·2H₂O 或 KBr 代替均可，但后者价格较贵。

[3]由于溴乙烷的沸点较低，为使冷凝充分，必须选用效果较好的冷凝管，装置的各接头要求严密不漏气。另外，为了避免传统合成方法中加料时加入的浓硫酸和溴化钠反应生成的溴化氢来不及与醇反应而逃逸到空气中而污染环境，可采用改进加料方式，设计从恒压漏斗滴加硫酸的方式，使反应平缓进行。

[4]溴乙烷在水中的溶解度甚小(1∶100)，在低温时又不与水作用。为了减少其挥发，常在接受器内预盛冷水，并使尾接管的末端浸入水中。

[5]蒸馏速度宜慢，否则蒸气来不及冷却而逸失；而且在开始加热时，常有很多泡沫产生，若加热太烈，会使反应物冲出。

[6]馏出液由浑浊变成澄清时，表示已经蒸完。拆除热源前，应先将接受器与尾接管分离开，以防倒吸。

[7]尽可能将水除净，否则当用浓硫酸洗涤时会产生热量而使产物挥发损失。

[8]加浓硫酸可除去乙醚、乙醇及水等。为防止产物挥发，应在冷却下操作。

[9]洗涤不充分时，馏分中仍可能含有极少量水及乙醇，它们与溴乙烷分别形成共沸物(溴乙烷–水，沸点 37 ℃，含水约 1%；溴乙烷–乙醇，沸点 37 ℃，含醇 3%)。

思考题

①在本实验中,哪一种原料是过量的?为什么反应物间的配比不是 1∶1?

②在计算产率时,选用何种原料作为根据?

③浓硫酸洗涤的目的何在?

④为了减少溴乙烷的挥发损失,本实验采取了哪些措施?

红外及核磁图谱

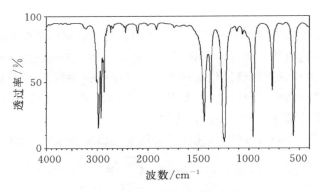

图 4.3-2 溴乙烷的红外谱图

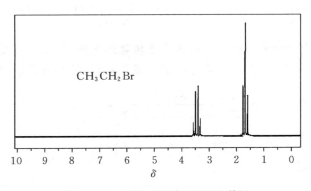

图 4.3-3 溴乙烷的 ^{1}H NMR 谱图

实验 4.4 环己酮

实验目的

①掌握氧化环己醇制备环己酮的原理和方法。
②掌握高、低沸点蒸馏操作分液装置的安装操作方法。

实验原理

醛酮是重要的化工原料及有机合成的试剂。简单的脂肪族醛酮在工业上主要是用醇的催化氧化脱氢及烯烃的催化氧化法合成。环己酮是应用十分广泛的石油化工原料,目前主要采用铬酸氧化法制备。铬酸是重铬酸盐与 $40\% \sim 50\%$ 硫酸的混合物。此法优点是收率较高,缺点是对设备腐蚀严重,并且铬酸盐较贵、生产过程中会产生严重污染环境的铬酸盐化合物。

方法一:是传统的重铬酸钠氧化环己醇制备环己酮的反应,反应式如下:

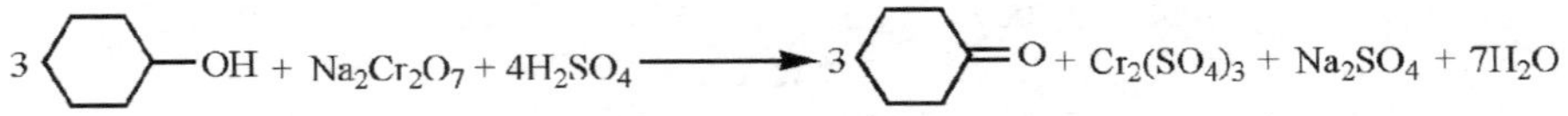

$$3 \ \text{环己醇}-OH + Na_2Cr_2O_7 + 4H_2SO_4 \longrightarrow 3 \ \text{环己酮}=O + Cr_2(SO_4)_3 + Na_2SO_4 + 7H_2O$$

方法二:使用次氯酸钠或漂白粉氧化可避免这些缺点,产率也较高。

$$\text{环己醇}-OH + NaOCl \longrightarrow \text{环己酮}=O + H_2O + NaCl$$

方法三:以十六烷基三甲基溴化铵为相转移催化剂,用偏钒酸铵催化过氧化氢氧化环己醇制备环己酮的反应,该方法反应条件温和、后处理简单、对环境友好。

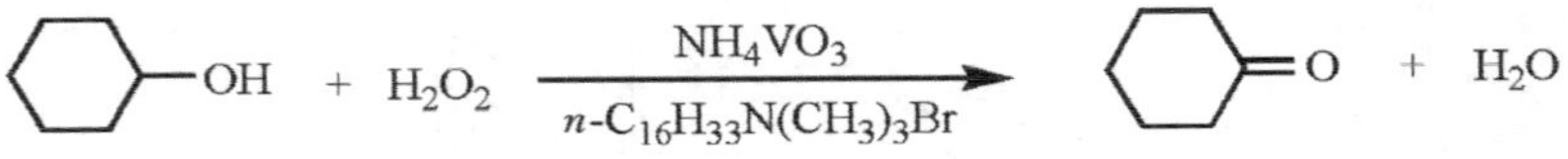

$$\text{环己醇}-OH + H_2O_2 \xrightarrow[n\text{-}C_{16}H_{33}N(CH_3)_3Br]{NH_4VO_3} \text{环己酮}=O + H_2O$$

试剂

方法一:重铬酸钠氧化

$7.7 \ \text{g}(8 \ \text{mL}, 0.077 \ \text{mol})$ 环己醇,浓硫酸,食盐,$7.9 \ \text{g}(0.026 \ \text{mol})$ 重铬酸钠 $(Na_2Cr_2O_7 \cdot 2H_2O)$,无水硫酸镁。

方法二：次氯酸钠氧化

7.7 g(8 mL,0.077 mol)环己醇,100 mL9％次氯酸钠,冰醋酸,饱和亚硫酸氢钠,6 mol/L 氢氧化钠溶液,淀粉-碘化钾试纸,百里酚兰指示剂,氯化钠。

方法三：过氧化氢氧化

1.0 mol 30％过氧化氢,1.405 g(0.012 mol)偏钒酸铵,2.735 g(0.0075 mol)十六烷基三甲基溴化铵,0.2 mol 环己醇,乙醚、无水硫酸镁。

物理常数

化合物	相对分子质量	熔点/℃	沸点/℃	折光率 n_D^{20}	相对密度 d_4^{20}	溶解性/[g/(100 g)]^{20}	
						水	有机溶剂
环己醇	100	25.2	161	1.4641	0.9624	微溶	醇、醚、苯、乙酸乙酯
环己酮	98	−45	155.6	1.4507	0.9478	10.5^{10}	醇、醚、苯、丙酮

实验步骤

方法一：重铬酸钠氧化

在 250 mL 烧杯中,加入 45 mL 水和 7.9 g 重铬酸钠[1],搅拌溶解后,在搅拌下慢慢加入 7 mL 浓硫酸,得一橙红色溶液,冷却至室温备用。

在 250 mL 圆底烧瓶中,加入 8 mL 环己醇,将上述铬酸溶液分三批加入圆底烧瓶中(见图 4.4-1),每加一次应振摇混匀。放入一温度计,测量初始温度,并观察反应变化情况。当温度上升至 55 ℃时,立即用水浴冷却,控制反应液温度在 55～60 ℃[2]之间。约 0.5 h 后,温度开始下降,移去水浴,放置 0.5 h,其间要不时振摇几次,直到使反应液呈墨绿色为止。

图 4.4-1 环己酮制备反应加料装置

在反应瓶中加入 45 mL 水,放入几粒沸石改为蒸馏装置,进行简易水蒸气蒸馏(如图 4.4 - 2),收集约 38 mL 蒸出液[3]。用食盐饱和后[4](约需 9 g)转入分液漏斗中,分出有机相,用无水硫酸镁干燥,蒸馏,收集 150~156 ℃馏分,称重、计算产率(产量 4~4.5 g),测折光率。本实验约需 4 h。

纯环己酮为无色透明液体,沸点 155.6 ℃,折光率 n_D^{20} 1.4507。

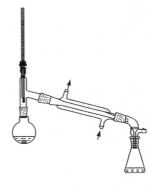

图 4.4 - 2 环己酮蒸馏装置

实验步骤流程图:

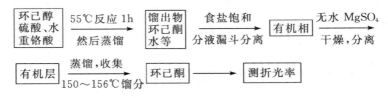

方法二:次氯酸钠氧化

向装有搅拌器、滴液漏斗和温度计的 250 mL 三颈烧瓶中依次加入 8 mL 环己醇和 4 mL 冰醋酸(图 4.4 - 3)。开动搅拌器,在冰水浴冷却下,将 100 mL 9‰次氯酸钠溶液通过液滴漏斗逐渐加入反应瓶中,并使瓶内温度维持在 40~45 ℃,加完后搅拌 5 min,用碘化钾淀粉试纸检验应呈蓝色,否则应再补加 5 mL 次氯酸钠溶液,以确保有过量次氯酸钠存在,使氧化反应完全。在室温下继续搅拌 30 min,加入饱和亚硫酸氢钠溶液至反应液对碘化钾淀粉试纸不显蓝色,即过量的氧化剂被除去为止。

向反应混合物中加入 1 mL 百里酚兰指示剂。接着在 3 min 内加入 6 mol/L 氢氧化钠溶液,并充分摇动,至指示剂变蓝(需 10~15 mL)以除去过量的醋酸。

将中和后的反应进行简易水蒸气蒸馏,收集 30~40 mL 馏出液。在馏出液中加入 5 g 氯化钠,振摇使大部分氯化钠溶解。转入分液漏斗,分出有机层,用无水硫酸镁干燥后蒸馏,收集 150~156 ℃馏分,产量 3~4 g。本实验需 4~5 h。

方法三:过氧化氢氧化

在带回流冷凝管和滴液漏斗的三颈烧瓶中加入 1.0 mol 30‰的过氧化氢和一定量的偏钒酸铵、十六烷基三甲基溴化铵。室温和电磁搅拌下滴加 0.2 mol 的环己醇,约 10 min 滴加完毕。加热,升温至 60~65 ℃后保温反应。反应完成后,反应液冷却至室温后用 45 mL 乙醚分三次进行萃取,合并有机层,用无水硫酸镁干

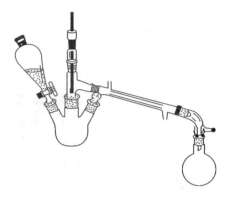

图 4.4 - 3　环己酮制备反应装置

燥后,先水浴蒸馏出乙醚,再改空气浴蒸馏收集 154～156 ℃馏分,得产品环己酮。

注释

[1]重铬酸钠是强氧化剂且有毒,应避免与皮肤接触,反应残留物不得随意乱放,应放入指定容器处理,以免污染环境。

[2]温度低于 55 ℃,反应进行太慢;温度过高,可能导致酮的断链氧化。

[3]这步蒸馏操作,实质上是一步简化了的水蒸气蒸馏。环己酮和水形成恒沸混合物,沸点 95 ℃,含环己酮 38.4%。水的馏出量不宜过多,否则,即使盐析,仍不可避免有少量环己酮溶于水中而损失。环己酮在水中的溶解度:31 ℃时,2.4 g/100 mL水。

[4]馏出液中加入精盐是为了降低环己酮的溶解度,有利于环己酮的分层。

思考题

(1)在加重铬酸钠溶液过程中,为什么要待反应物的橙红色消失后,方能加下一批重铬酸钠?

(2)在整个氧化反应过程中,为什么要将温度控制在一定的范围?

(3)环己醇用重铬酸盐和次氯酸钠氧化得到环己酮,用高锰酸钾氧化得到己二酸,为什么?

(4)从反应混合物中分离出环己酮,除了现在采用的水蒸气蒸馏法外,还可采用何种方法?

(5)蒸馏产物时为何使用空气冷凝管?

红外及核磁图谱

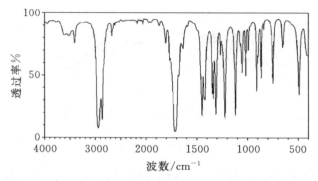

图 4.4-3 环己酮的红外谱图

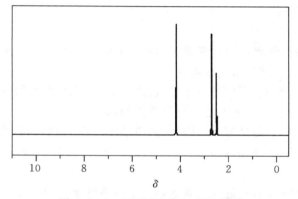

图 4.4-4 环己酮的 ^{1}H NMR 谱图

实验4.5 乙酰水杨酸(阿司匹林)

实验目的

①学习以酚类化合物为原料通过酰化反应制备酯的原理和方法。
②巩固重结晶、抽滤、熔点测定等基本操作。

实验原理

乙酰水杨酸的俗名是阿司匹林,化学学名邻-乙酰水杨酸,有机化学系统命名法称为 2 -乙酰氧基苯甲酸。阿司匹林具有解热、镇痛、抗风湿等功效,早在 18 世纪,人们就从柳树皮中提取到这种化合物。1897 年德国拜耳公司化学家菲力克斯·霍夫曼成功地合成出阿司匹林。制备乙酰水杨酸最常用的方法是将水杨酸与乙酸酐作用,通过乙酰化反应,使水杨酸分子中酚羟基上的氢原子被乙酰基取代,生成乙酰水杨酸。为了加速反应的进行,通常加入少量浓硫酸作催化剂,浓硫酸的作用是破坏水杨酸分子中羧基与酚羟基间形成的氢键,从而使酰化作用较易完成。其反应式如下:

主反应:

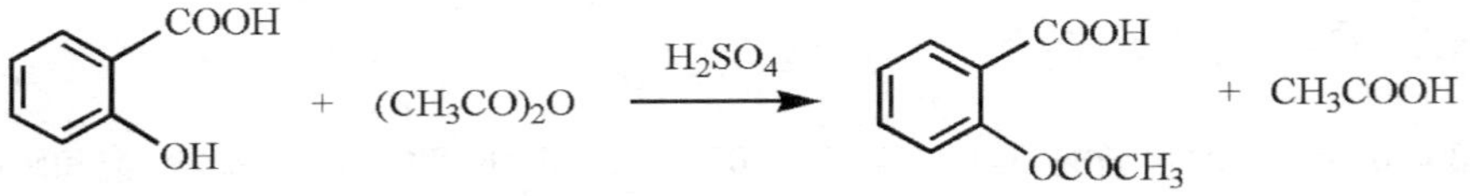

在生成乙酰水杨酸的同时,水杨酸分子之间也可以发生缩合反应,生成少量的聚合物。

副反应:

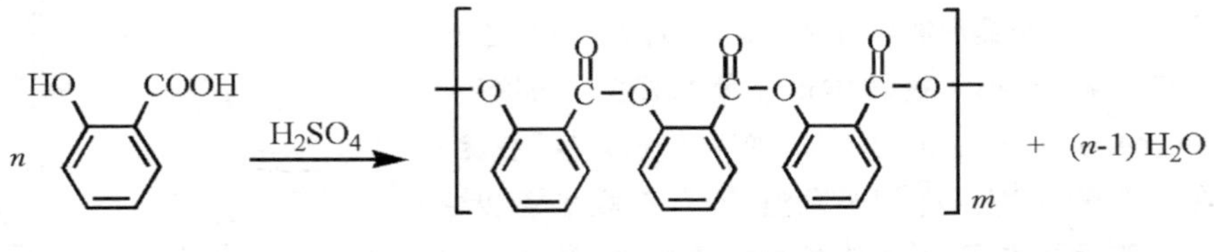

这样得到的是粗制乙酰水杨酸,混有反应副产物、尚未作用的原料和催化剂等,必须经过纯化处理才能得到纯品。乙酰水杨酸能与碳酸钠反应生成水溶性钠盐,而副产物聚合物不溶于碳酸钠溶液,利用这种性质上的差异,可把聚合物从乙酰水杨酸中除去。

粗产品中还有杂质水杨酸,这是由于乙酰化反应不完全或由于在分离步骤中发生水解造成的。它可以在各步纯化过程和产物的重结晶过程中被除去。与大多数酚类化合物一样,水杨酸可与三氯化铁形成深色络合物,而乙酰水杨酸因酚羟基已被酰化,不与三氯化铁显色,因此,产品中残余的水杨酸很容易被检验出来。

物理常数

化合物	相对分子质量	熔点/℃	沸点/℃	折光率 n_D^{20}	相对密度 d_4^{20}	溶解性/[g/(100 g)]^{20}	
						水	有机溶剂
水杨酸	138	157~159	211	1.5650	1.443	0.2	醇、醚、苯、丙酮、氯仿
乙酸酐	102	−73	139	1.3904	1.0820	分解	醇、醚、苯、氯仿
乙酰水杨酸	180	135	—	—	1.350	微溶	醇、醚、氯仿

试剂

2 g(0.014 mol)水杨酸、5.4 g(5 mL,0.05 mol)乙酸酐、浓硫酸、浓盐酸、饱和碳酸钠溶液、1%三氯化铁溶液。

实验步骤

在 125 mL 的锥形瓶中加入 2 g 水杨酸、5 mL 乙酸酐[1]、5 滴浓硫酸,小心旋转锥形瓶使水杨酸全部溶解后,在水浴中加热回流 5~10 min(图 4.5-1),控制水浴温度在 85~90 ℃[2]。冷却至室温,即有乙酰水杨酸结晶析出。若无晶体,可用玻璃棒摩擦内壁(注意必须在冰水浴中进行),然后快速加入 50 mL 冷水,立即放入冰水浴冷却。待晶体完全析出后用布氏漏斗抽滤,用少量冰水分两次洗涤锥形瓶后,再洗涤晶体,抽干后将粗产物转移至表面皿上,在空气中自然晾干[3],称重,粗产物约 1.8 g。

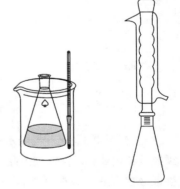

图 4.5-1　阿司匹林制备反应装置

将粗产品转移到 150 mL 烧杯中,在搅拌下慢慢加入 25 mL 饱和碳酸钠溶液,加完后继续搅拌几分钟,直到无二氧化碳气体产生为止。抽滤,副产物聚合物应被滤出,用 5~10 mL 水冲洗漏斗,合并滤液,倒入预先盛有 3~4 mL 浓盐酸和 10 mL 水配成溶液的烧杯中,搅拌均匀,即有乙酰水杨酸沉淀析出。将烧杯置于冰水浴中冷却,使结晶完全。减压过滤,用冷水洗涤 2~3 次[4],抽干水分。将晶体置于表面皿上,干燥后得乙酰水杨酸产品。称重,约 1.5 g,测熔点[5]。

纯乙酰水杨酸为白色针状晶体,熔点 135～136 ℃。

取几粒结晶加入盛有 5 mL 水的试管中,加入 1～2 滴 1% 的三氯化铁溶液,观察有无颜色反应。

本实验约需 4 h。

实验步骤流程图:

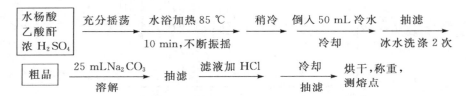

注释

[1]乙酸酐应该是新蒸的,收集 139～140 ℃馏分,否则产率很低。

[2]要严格控制反应温度,水浴加热温度不宜过高,时间不宜过长,否则将增加副产物的生成,如生成水杨酰水杨酸酯,乙酰水杨酰水杨酸酯。

[3]第一次的粗产品不用干燥,即可进行下步纯化。

[4]由于产品微溶于水,所以水洗时,要用少量冷水洗涤,用水不能太多。

[5]乙酰水杨酸易受热分解,因此熔点不明显,它的分解温度为 128～135 ℃。测定熔点时,应先将载体加热至 120 ℃左右,然后放入样品测定。

思考题

①本实验为什么不能长时间反应?

②反应时加入浓硫酸的作用是什么?

③第一步结晶的粗产品中可能含有哪些杂质?

④当结晶困难时,可用玻璃棒在器皿壁上磨擦,即可析出晶体。试述其原理?除此之外,还有什么方法可以让其快速结晶?

⑤如果有一瓶阿司匹林已变质,你能否通过闻味的办法来鉴别?

红外及核磁图谱

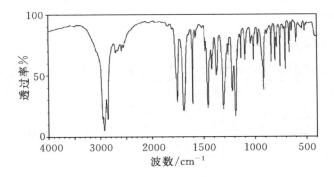

图 4.5 - 2 阿司匹林的红外谱图

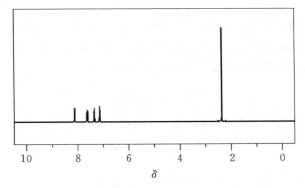

图 4.5 - 3 阿司匹林的¹H NMR 谱图

实验 4.6 乙酰苯胺

实验目的

1. 掌握苯胺乙酰化反应的原理和操作方法。
2. 巩固重结晶操作提纯物质的方法。

实验原理

乙酰苯胺为无色晶体,具有退热镇痛作用,是较早使用的解热镇痛药,有"退热冰"之称。乙酰苯胺可用苯胺与乙酰化试剂直接作用来制备。常用的乙酰化试剂有:乙酰氯、乙酸酐和乙酸等,反应活性是乙酰氯＞乙酐＞乙酸。苯胺与乙酰氯反应最激烈,反应中放出大量热,产生的氯化氢与苯胺反应生成苯胺盐酸盐。只有向反应体系中加入比苯胺强的碱,如:吡啶、三乙胺等试剂才能让苯胺游离出来,继续进行乙酰化反应。

乙酸酐作酰化剂与苯胺反应也很快,生成乙酰苯胺和乙酸。反应常伴随有副产物二乙酰苯胺$[ArN(COCH_3)_2]$的生成。但是如果在乙酸-乙酸钠缓冲溶液中进行酰化,由于乙酸酐的水解速度比酰化速度慢得多,可以得到高纯度的产物。乙酸作酰化剂时,反应速度最慢,且反应是可逆的,但是用乙酸作酰化剂价格便宜,操作方便。为了提高乙酰苯胺的产率,一般采用冰醋酸过量的方法,同时利用分馏柱将反应中生成的水从平衡体系中移去。

本实验用乙酸作酰化剂与苯胺的反应式如下:

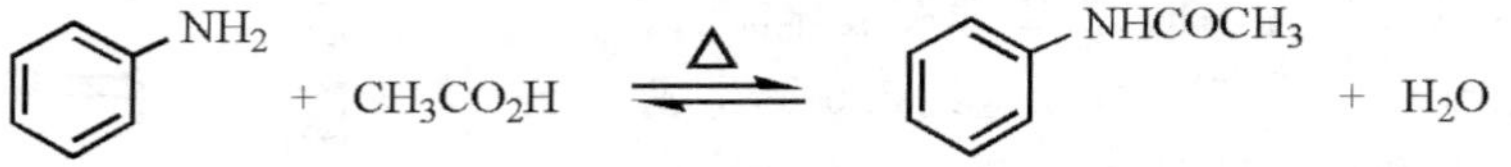

粗产品使用重结晶方法提纯。

物理常数

化合物	相对分子质量	熔点/℃	沸点/℃	折光率 n_D^{20}	相对密度 d_4^{20}	溶解性/$[g/(100\ g)]^{20}$ 水	溶解性/$[g/(100\ g)]^{20}$ 有机溶剂
苯胺	93	−6.3	184	1.5863	1.0217	微溶	乙醇、乙醚、苯
乙酸	60	16.5	118	1.3716	1.0492	溶	乙醇、乙醚、苯、丙酮
乙酰苯胺	135	114	305	1.5860	1.2190	0.56^{25} 5.5^{100}	乙醇、甲醇、乙醚、丙酮、氯仿

试剂

5.1 g(5 mL,0.055 mol)苯胺,7.8 g(7.5 mL,0.13 mol)冰醋酸,锌粉0.1 g,活性炭。

实验步骤

在 100 mL 的圆底烧瓶中加入 5 mL 新蒸过的苯胺[1]、7.5 mL 冰醋酸及少许锌粉(约 0.05 g)[2],装上一短的刺形分馏柱[3],柱顶插一支 150 ℃的温度计,支管通过尾接管与一个小锥形瓶相连,收集稀醋酸溶液,在接收瓶外部用冷水浴冷却,如图 4.6-1。

将反应瓶在空气浴上用小火加热,使反应物保持微沸约 15 min。然后逐渐升高温度,当温度计读数达到 100 ℃左右时,支管即有液体流出。维持温度在 100~110 ℃之间反应约 1.5 h,生成的水及大部分醋酸已被蒸出[4],此时温度计读数下降,表示反应已经完成,停止加热。

在不断搅拌下趁热将反应混合物倒入 100 mL 冰水中[5],继续剧烈搅拌,并冷却烧杯,粗乙酰苯胺呈细粒状完全析出,用布氏漏斗抽滤析出的固体,并用5~10 mL冷水洗涤以除去残留的酸液。粗产物用水进行重结晶提纯,方法如下:

图 4.6-1　乙酰苯胺制备装置

把粗乙酰苯胺放入 150 mL 热水中,加热至沸腾,稍冷后加入约 0.5 g 活性炭[6],用玻璃棒搅动并煮沸 1~2 min,趁热用预热好的布氏漏斗减压过滤。冷却滤液,乙酰苯胺呈无色片状晶体析出。减压过滤,尽量挤压以除去晶体中的水分[7],产物放在表面皿上晾干,或放入烘箱中烘干后,称重并计算产率、测定其熔点。产量约 5 g,纯乙酰苯胺是无色片状晶体,熔点为 113~114 ℃。

本实验约需 4 h。

实验步骤流程图：

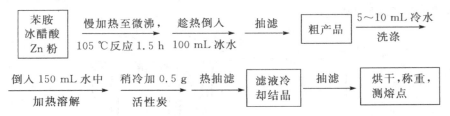

注释

[1]久置的苯胺色深有杂质，会影响乙酰苯胺的质量，故最好用新蒸的苯胺。

[2]锌粉的作用是防止苯胺在反应过程中氧化。但必须注意，不能加得过多，否则在后处理中会出现不溶于水的氢氧化锌。新蒸馏过的苯胺也可以不加锌粉。

[3]因属小量制备，最好用微量分馏管代替刺形分馏柱。分馏管支管用一段橡皮管与一玻璃弯管相连，弯管的下端伸入试管中，试管外部用冷水浴冷却。

[4]收集醋酸及水的总体积约为 2.2 mL。

[5]反应物冷却后，固体产物立即析出，沾在瓶壁不易处理，故须在搅动下趁热倒入冷水中，以除去过量醋酸及未作用的苯胺（它可成为苯胺醋酸盐而溶于水）。

[6]在沸腾的溶液中加入活性炭，会引起突然暴沸，致使溶液冲出容器。

[7]乙酰苯胺在水中的溶解度如下：

$t/℃$	20	25	50	80	100
溶解度/(g/100mL)	0.46	0.56	0.84	3.45	5.5

思考题

（1）反应时为什么要控制分馏柱上端温度在 100～110 ℃之间？温度过高有什么不好？

（2）反应完成时，理论上应产生几毫升水？为什么实际收集的液体远多于理论量？

（3）用醋酸和醋酸酐进行酰化反应各有什么优缺点？还有哪些乙酰化试剂？

红外及核磁图谱

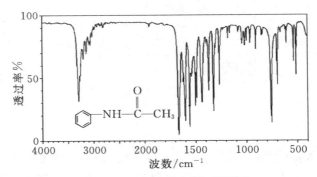

图 4.6-2　乙酰苯胺的红外谱图

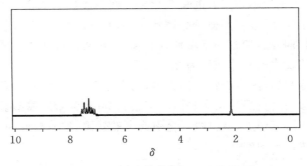

图 4.6-3　乙酰苯胺的¹H NMR 谱图

实验 4.7　硝基苯[1]

实验目的

1. 掌握硝基苯的制备原理和方法。
2. 了解硝化反应中混酸的浓度、反应温度和反应时间与硝化产物的关系。

实验原理

硝基苯属于芳香族硝基化合物,芳香族硝基化合物一般由芳香族化合物发生硝化反应制得,最常用的硝化剂是浓硝酸与浓硫酸混合液,常称为混酸。在硝化反应中,由于芳香族化合物的结构不同,反应时所需的混酸浓度、反应温度等条件也各不相同。硝化反应是不可逆反应,混酸中浓硫酸既起到脱水作用,又有利于亲电试剂 NO_2^+ 生成,提高硝化反应速率。硝化反应是强放热反应,因此进行硝化反应时,必须严格控制升温和加料速度,由于混酸与苯不能很好地互溶,故反应中必须进行充分的搅拌。

硝基化合物都是有毒的,使用时必须小心。若不慎将硝基化合物溅到皮肤上,应立即用肥皂水及温水擦洗。多硝基化合物是强力炸药,所以在蒸馏时,切记不要蒸干。

本实验以苯为原料,用混酸做硝化剂制备硝基苯的反应式如下:

主反应:

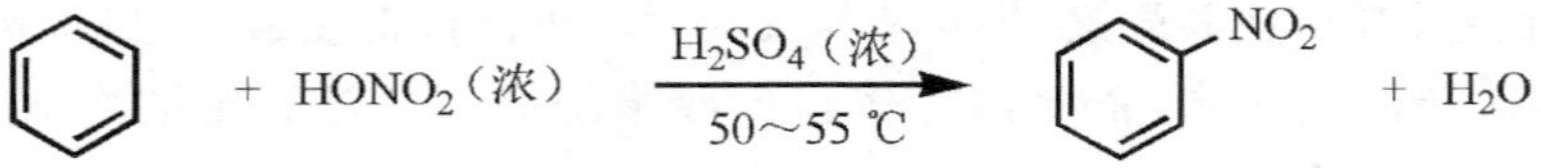

副反应:

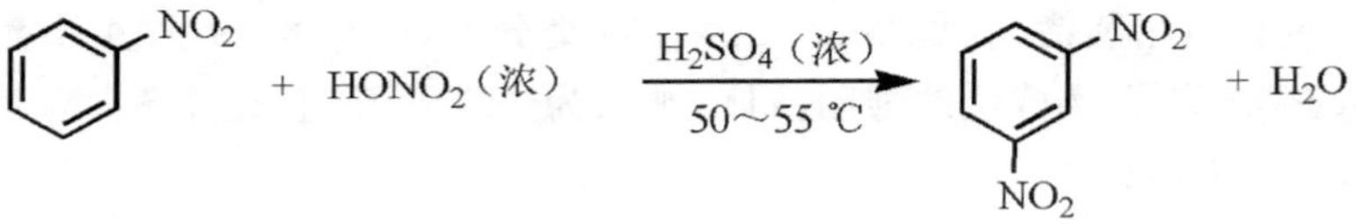

物理常数

化合物	相对分子质量	熔点/℃	沸点/℃	折光率 n_D^{20}	相对密度 d_4^{20}	溶解性/$[g/(100\ g)]^{20}$ 水	有机溶剂
苯	78	5.5	80.1	1.5011	0.8787	微溶	乙醇、乙醚、丙酮等
硝基苯	123	5.7	210.8	1.5562	1.2037	微溶	乙醇、乙醚、丙酮、苯

试剂

8 g(9 mL,0.1 mol)苯,12.8 g(9 mL,0.2 mol)浓硝酸($d=1.42$),18.5 g(10 mL,0.19 mol)浓硫酸($d=1.84$),5%氢氧化钠溶液,无水氯化钙。

实验步骤

在 100 mL 锥形瓶中，加入 9 mL 浓硝酸，在冷却和振摇下慢慢加入 10 mL 浓硫酸制成混酸备用。

在装有搅拌器或置有搅拌磁子的 100 mL 三口烧瓶上，分别装置温度计（水银球伸入液面下）和滴液漏斗，另一孔连一玻璃弯管并用橡胶管连接通入水槽。在瓶内放置 9 mL 苯，开动搅拌器。自滴液漏斗逐渐滴入上述制好的混合酸，控制滴加速度使反应温度维持在 50～55 ℃之间，勿超过 60 ℃，必要时可用冷水浴冷却。加料完毕后，将三口瓶放在 60 ℃的热水浴[2]继续搅拌 30 min。

反应结束后，将烧瓶移出水浴，待反应液冷却至室温后，倒入盛有 50 mL 水的烧杯中，充分搅拌后使其静置，待硝基苯沉降后尽可能倾泄出酸液（倒入废液桶）。粗产品转入分液漏斗中，依次用等体积的冷水洗涤、5% 氢氧化钠溶液、水洗涤后[3]，用无水氯化钙干燥。

将干燥好的硝基苯滤入 50 mL 蒸馏烧瓶中，装上 250 ℃水银温度计和空气冷凝管，用电热套加热蒸馏，收集 205～210 ℃的馏分[4]，产量 8～9 g，并计算产率。

纯粹的硝基苯为淡黄色的透明液体，沸点为 210.8 ℃，折光率 n_D^{20} 为 1.5562。

本实验约需 4 h。

注释

[1] 硝基苯有毒，处理时需多加小心，如果溅到皮肤上，可立即用肥皂水及温水擦洗。

[2] 苯的硝化是一个放热反应，温度若超过 60 ℃时，有较多的二硝基苯生成，且有部分硝酸和苯挥发逸出。

[3] 洗涤硝基苯时，特别是用氢氧化钠溶液洗涤时，不可过分用力振摇，否则会使产品乳化而难以分层。若遇此情况，可加入固体氯化钙或氯化钠饱和，或加数滴酒精，静置片刻，即可分层。

[4] 因残留在烧瓶中的二硝基苯在高温时易发生剧烈分解而引起爆炸，故蒸馏产品时不可蒸干或使蒸馏温度超过 214 ℃。

思考题

(1)混酸若一次加完,将产生什么结果?

(2)若用相对密度为 1.52 的硝酸来配制混酸进行苯的硝化,将得到什么产物?

(3)硝化反应温度过高将会怎么样?

(4)如何判断硝化反应已经结束?

红外光谱图及核磁图谱

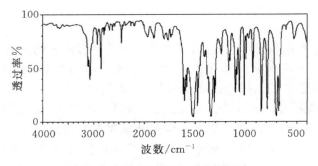

图 4.7-2 硝基苯的红外谱图

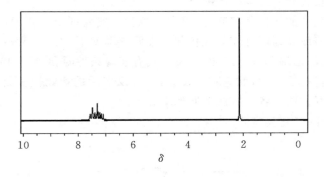

图 4.7-3 硝基苯的 ^{1}H NMR 谱图

实验4.8　己二酸

实验目的

1. 了解用环己醇氧化制备己二酸的原理和方法。
2. 掌握电动搅拌器的使用方法及浓缩、过滤、重结晶等基本操作。
3. 掌握过氧化氢氧化环己烯制备己二酸的原理和方法。

实验原理

　　己二酸是重要的脂肪族二元酸,可同己二胺等多官能团的化合物进行缩合反应。己二酸为白色晶体粉末,微带酸味,微溶于水,易溶于甲醇、乙醇、异丙醇和醚。工业上己二酸同己二胺的缩合反应生成尼龙66盐,再进一步缩聚即可得到尼龙66树脂。己二酸还可以同醇类反应生成己二酸酯,用作增塑剂,是PVC及氯乙烯共聚物、聚苯乙烯(PS),乙基纤维素和硝化纤维素等的重要增塑剂,也是聚氨酯、热熔胶等产品的中间体。目前国内外有机化学实验教材中也是采用50%硝酸或高锰酸钾氧化法制备己二酸,这些方法均释放出有毒有害的废弃物,在不同程度上存在反应时间长或后处理复杂的缺点。为了克服以上己二酸合成方法的缺点,从根本上解决实验中的污染危害问题,提高有机化学实验的绿色化程度,采用 H_2O_2 (30%)替代硝酸或高锰酸钾作为氧化剂。在回流温度下,以 Na_2WO_4/H_3PO_4 为催化剂,催化氧化环己烯制备己二酸,该反应具有实验条件温和,易于控制等优点,反应过程中无毒害物质产生,反应时间较短,而且反应后的产物也极易分离,是绿色合成己二酸的好方法。各种方法对照如下。

　　方法一:硝酸氧化反应式

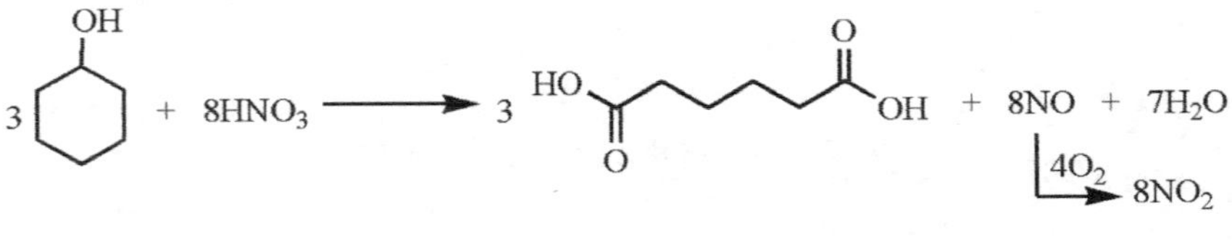

$$3\ \text{环己醇} + 8HNO_3 \longrightarrow 3\ HOOC(CH_2)_4COOH + 8NO + 7H_2O$$
$$\big\downarrow 4O_2$$
$$8NO_2$$

试剂

　　2.5 g(2.7 mL,0.025 mol)环己醇,10.5 g(8 mL,0.085 mol)50%硝酸,钒

酸铵。

物理常数

化合物	相对分子质量	熔点/℃	沸点/℃	折光率 n_D^{20}	相对密度 d_4^{20}	溶解性/[g/(100 g)][20]	
						水	有机溶剂
环己醇	100	25.2	161	1.4650	0.9624	3.5[20]	乙醇、乙醚、丙酮
己二酸	146	153	337.5	1.360	1.360	1.4	乙醇、乙醚、氯仿等
环己烯	82	−104	83	1.4465	0.8110	不溶	醇、醚、丙酮、苯、氯仿

实验步骤

在 100 mL 三口瓶中加入 8 mL 50％硝酸[1]和 1 小粒钒酸铵。瓶口分别安装搅拌器、回流冷凝管和滴液漏斗（图 4.8-1）。冷凝管上端接一气体吸收装置，用碱液吸收反应中产生的氧化氮气体[2]，滴液漏斗中加入 2.7 mL 环己醇[3]。将三口瓶在水浴中预热到 50 ℃左右，移去水浴，搅拌下先滴入 5～6 滴环己醇。反应开始后，瓶内反应物的温度升高并有红棕色气体放出。慢慢滴入其余的环己醇，调节滴加速度[4]，使瓶内保持微沸状态。温度过高或过低时，可借助冷水或热水浴加以调节。滴加完毕（约需 15 min），再用沸水浴加热 10 min，至几乎无红棕色气

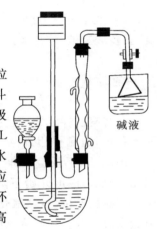

图 4.8-1 己二酸制备装置

体逸出为止。将反应物小心倾入一外部用冷水冷却的烧杯中，抽滤收集析出的晶体，用少量冰水洗涤[5]，粗产物干燥后质量为 2～2.5 g，熔点 149～155℃。用水重结晶后熔点 151～152 ℃，产量约 2 g。纯己二酸为白色棱状晶体，熔点 153 ℃。

本实验需 3～4 h。

方法二：高锰酸钾氧化反应式

$$3 \text{（环己醇）} + 8KMnO_4 + H_2O \longrightarrow 3 \text{（己二酸）} + 8MnO_2 + 8KOH$$

反应机理为：

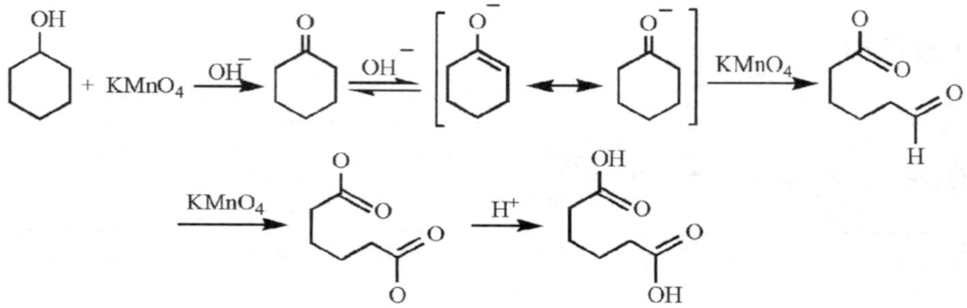

试剂

2 g(2.1 mL,0.02 mol)环己醇,6 g(0.038 mol)高锰酸钾,10％氢氧化钠溶液,亚硫酸氢钠,浓盐酸。

实验步骤

在装有搅拌装置、温度计的 250 mL 三口瓶中加入 5 mL 10％氢氧化钠溶液和 50 mL 水,边搅拌边加入 6 g 高锰酸钾。待高锰酸钾溶解后,用滴管缓慢滴加 2.1 mL 环己醇,反应随即开始。控制滴加速度,使反应温度维持在 45 ℃ 左右。滴加完毕,反应温度开始下降时,在沸水浴中将混合物加热 3～5 min,促使反应完全,可观察到有大量二氧化锰的沉淀凝结。用玻璃棒蘸一滴反应混合物点到滤纸上做点滴实验。如有高锰酸盐存在,则在棕色二氧化锰点的周围出现紫色的环,可在反应混合物中加入少量固体亚硫酸氢钠直到点滴试验呈阴性为止。

趁热抽滤混合物,用少量热水洗涤滤渣 3 次,将洗涤液与滤液合并,用约 4 mL 浓盐酸酸化,使溶液呈强酸性。将滤液转移至干净烧杯中,并在加热包上加热浓缩至 8 mL 左右,加少量活性炭脱色,趁热抽滤,放置,冷却,结晶,抽滤,干燥,得己二酸白色晶体 1.5～2.0 g,熔点 151～152 ℃。

本实验需 3～4 h。

方法三：H_2O_2 氧化反应式

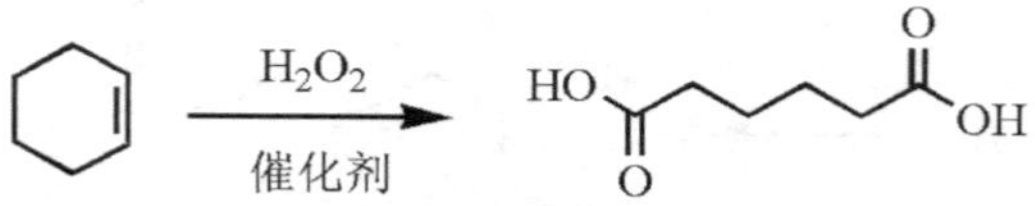

8.2 g（10 mL，0.1 mol）环己烯，44.5 mL 30％ 过氧化氢（$d=1.13$，0.044 mol），0.825 g（0.0025 mol）$Na_2WO_4 \cdot 2H_2O$，磷酸。

实验步骤

在 100 mL 锥形瓶中依次加入 1.65 g $Na_2WO_4 \cdot 2H_2O$，0.5 mL 磷酸，44.5 mL 过氧化氢（30％），在磁力搅拌器上搅拌 15 min 左右，然后加入 10 mL 环己烯。再用磁力搅拌器高速搅拌，加热回流 2～3 h。反应结束后，用冰水浴将反应液冷却，己二酸从水相中结晶出来，抽滤并用 20 mL 冰水洗涤 2～3 次，得到己二酸晶体。在室温下干燥后，称重并计算产率。

纯的己二酸是白色晶体，熔点 151～152 ℃。

注释

[1]环己醇与浓硝酸切勿用同一量筒量取，二者相遇发生剧烈反应，甚至发生意外。

[2]本实验最好在通风橱中进行，因为产生的氧化氮是有毒气体，不可逸散在实验室内。仪器装置要求严密不漏，如发生漏气现象，应立刻停止实验，改正后再继续进行。

[3]环己醇熔点为 25 ℃，熔融时为黏稠液体。为减少转移时的损失，可采用称量法计量并用少量水冲洗量器，并入滴液漏斗，在室温较低时，这样做还可降低其熔点，以免堵塞漏斗。

[4]此反应为强烈放热反应，且不可大量加入，以避免反应过剧引起意外。

[5]不同温度下己二酸在水中的溶解度如下表。粗产物需用冰水洗涤，如浓缩母液可回收少量产物。

温度/℃	15	34	50	70	87	100
溶解度/[g/(100 g 水)]	1.44	3.08	8.46	34.1	94.8	100

思考题

(1)可否使用量取过环己醇而没有洗涤的量筒来量取浓硝酸,为什么?

(2)环己醇在反应过程中要缓慢加入,为什么?

(3)反应过程中发现有气体放出,该气体是什么气体?

(4)采用 $KMnO_4$ 法氧化来制备己二酸,为什么反应温度要控制在 45 ℃以下?

(5)举例说明化学实验绿色化的意义。

红外光图谱

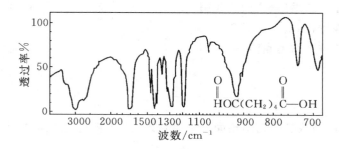

图 4.8-2　己二酸的红外光谱图

实验 4.9　柱层析

实验目的

1.学习柱色谱技术的原理和应用。

2.掌握溶剂极性的选择和洗脱液的配制。

3.掌握柱色谱分离技术和操作。

实验原理

见 2.7.1 柱色谱部分。

试剂

中性氧化铝（100～200 目），1 mL 溶有 1 mg 荧光黄和 1 mg 碱性湖蓝 BB 的 95％乙醇溶液。

实验步骤

（1）装柱：选一只洗净、干燥的色谱柱，洗干净并且干燥好，垂直固定在铁架上，柱子下端放置一 50 mL 锥形瓶作为接收瓶接收洗脱剂，如果层析柱下端没有砂芯横隔，就应取一小团脱脂棉或玻璃棉，用玻璃棒将其推至柱底，再铺上一层 0.5～1 cm 厚的砂。

称取 10 g100～200 目的中性氧化铝，放入烧杯中，加入适量乙醇溶剂调成糊状，用湿法装柱。在添加吸附剂的过程中，可用木质试管夹或套有橡皮管的玻璃棒绕柱四周轻轻敲打，同时打开下旋活塞，当装入的吸附剂有一定高度时，洗脱剂流速变慢。在此过程中，应不断敲打色谱柱，以使吸附剂填充均匀并排出气泡，一般洗脱剂流出速度为每分钟 5～10 滴。吸附剂添加完毕，在吸附剂上面覆盖约 0.5 cm厚的石英砂。整个添加过程中一直保持上述流速，但要注意不能使砂子顶层露出液面，不能使柱顶变干，否则柱内会出现裂痕和气泡。如图 2.7.1-1 所示。

（2）上样：当柱内洗脱剂排至上层石英砂底部时，关闭活塞，用滴管将 1 mL 溶有 1 mg 荧光黄和 1 mg 碱性湖蓝 BB 的 95％乙醇溶液加入到石英砂柱子中，样品尽量一次加完。打开活塞，使样品进入石英砂层后再加入少量乙醇将壁上的样品洗下来。当液面下降到石英砂顶层时，立刻用滴管取少量 95％乙醇洗涤色谱柱内壁上沾有的样品溶液，如此连续 2～3 次，直至洗净为止。

荧光黄为橙红色，商品名一般是二钠盐，稀的水溶液带有荧光黄色。碱性湖蓝 BB 又称为亚甲基蓝，是一种活体染色剂，深绿色有铜光的结晶，能溶于水（溶解度 9.5％）和乙醇（溶解度为 6％），稀的水溶液为蓝色。两种物质的结构式如下：

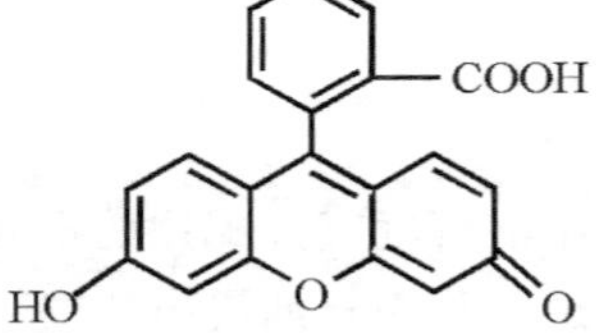

荧光黄 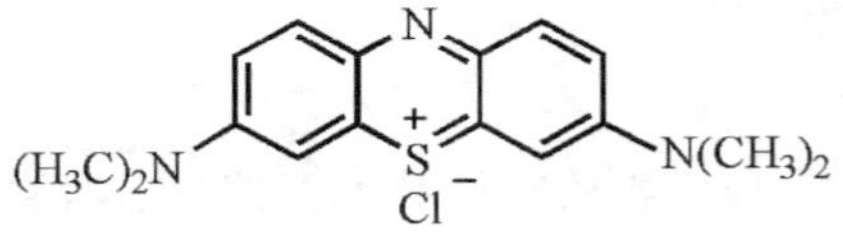　　　　　　　　　　　碱性湖蓝 BB

(3)洗脱与分离:样品加完并混溶后,开启活塞,当液面下降至石英砂顶层相平时,在色谱柱上装置滴液漏斗,用 95% 乙醇作洗脱剂进行洗脱,流速控制在 1 滴/秒,这时碱性湖蓝 BB 谱带和荧光黄谱带分离。蓝色的碱性湖蓝 BB 因极性较小,首先向柱下部移动,极性较大的荧光黄则留在柱的上端。通过柱顶的滴液漏斗,继续加入足够量的 95% 的乙醇,使碱性湖蓝 BB 的色带全部从柱子里洗下来。待洗出液呈无色时,更换另一只接收器,改用水为洗脱剂,黄绿色的荧光黄开始向柱子下部移动,用另一接收器收集至绿色全部洗出为止,分别得到两种染料的溶液。

本实验约需 3 h。

思考题

(1)吸附色谱法的基本原理是什么?

(2)样品在柱内的下移速度为什么不能太快? 如果太快会有什么后果?

(3)柱子中若有气泡或装填不均匀,将给分离造成什么样的结果? 如何避免?

(4)为什么荧光黄比碱性湖蓝 BB 在色谱柱上吸附得更加牢固?

(5)在洗脱过程中应该如何改变洗脱剂的极性?

实验 4.10　从茶叶中提取咖啡因

实验目的

1. 了解从茶叶中提取咖啡因的原理和方法。

2. 掌握脂肪提取器的原理及使用。

3. 了解升华的原理及掌握实验操作技能。

4. 了解核磁共振测试方法在研究有机化合物中的应用。

实验原理

萃取是利用物质在两种不互溶(或微溶)溶剂中溶解度或分配比的不同来进行分离、提取或纯化的一种方法。固体物质的萃取,通常是用长期浸出法或采用脂肪提取器。前者是靠溶剂长期的浸润溶解而将固体物质中的需要物质浸出来。这种方法不需要特殊器皿,但效率不高,而且溶剂的需要量较大。

茶叶中含有多种生物碱,其中以咖啡碱(又名咖啡因)为主,占 $1\%\sim5\%$。另外还含有少量($11\%\sim12\%$)的丹宁酸(又称鞣酸),0.6% 的色素、纤维素、蛋白质等。咖啡碱是弱碱性化合物,易溶于氯仿(12.5%)、水(2%)及乙醇(2%)等,在苯中的溶解度为 1%(热苯为 5%)。单宁酸易溶于水和乙醇,但不溶于苯。为了提取茶叶中的咖啡因,传统方法有乙醇回流和碳酸钠溶液煮沸法。乙醇回流法是利用适当的溶剂(氯仿、乙醇、苯等)在脂肪提取器中提取,蒸去溶剂,即得粗咖啡因。

咖啡因是杂环化合物嘌呤的衍生物,是一种生物碱,它的化学名称为 1,3,7 -三甲基 - 2,6 -二氧嘌呤,其结构式为:

嘌呤　　　　　　　　咖啡因

含结晶水的咖啡因为白色针状结晶体,无臭,味苦,能溶于水、乙醇、丙酮、氯仿等,微溶于石油醚,置于空气中易风化。在 100 ℃时失去结晶水,开始升华,120 ℃时升华相当显著,178 ℃时迅速升华,利用这一性质可纯化咖啡因。无水咖啡因熔点为 235 ℃。

从茶叶中提取咖啡因的传统方法的缺点是在索氏提取器中回流约 2.5 h 以上,提取周期长,醇耗、能耗较大,不利于工业化生产。微波萃取技术的使用可有效地克服上述不足,与传统方法比较,微波辐射法从茶叶中提取咖啡因具有省时、节能、溶剂消耗少和提取效率高、产品纯度高等优点。

工业上,咖啡因主要通过人工合成。它是一种温和的兴奋剂,具有刺激心脏、兴奋中枢神经和利尿等作用。故可以作为中枢神经兴奋药,它也是复方阿司匹林(A. P. C)等药物的组分之一。

升华是纯化固体有机物的方法之一。某些物质在固态时有相当高的蒸气压,当加热时不经过液态而直接气化,蒸气遇冷则凝结成固体,这个过程叫做升华。升华得到的产品有较高的纯度,这种方法特别适用于纯化易潮解或遇溶剂易分解的物质。本实验采用升华法从茶叶的乙醇提取液中提取咖啡因。

咖啡因可以通过测熔点及光谱法等加以鉴别。此外,还可以通过进一步制备咖啡因水杨酸盐衍生物得到确证。咖啡因作为碱,可与水杨酸作用生成咖啡因水杨酸盐,此盐的熔点为 137 ℃。

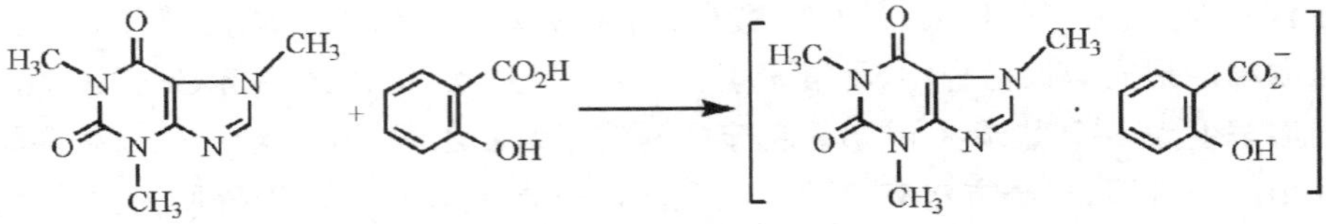

咖啡因　　　　　　水杨酸　　　　　　　　　　　　咖啡因水杨酸盐

物理常数

化合物	相对分子质量	熔点/℃	沸点/℃	折光率 n_D^{20}	相对密度 d_4^{20}	溶解性/[g/(100 g)]^{20}	
						水	有机溶剂
咖啡因	194	235	升华 178	—	1.23	2.2	乙醇、氯仿
乙醇	46	−117	78.3	1.3614	0.7894	无限溶	大多数有机溶剂

试剂

10 g 茶叶、95％乙醇、生石灰。

实验步骤

方法一:索氏提取法

1.咖啡因的提取

按图 2.2.2−1 装好提取装置[1]。用滤纸制作圆柱状滤纸筒,称取 10 g 茶叶,用研钵捣成茶叶末,装入滤纸筒中,将开口端折叠封住,放入脂肪提取器的滤纸套筒中[2],在圆底烧瓶中加入 120～130 mL 95％乙醇,放入 2 粒沸石,用水浴加热,连续提取 3～4 次,约 1.5 h[3]。待冷凝液刚虹吸下去时,立即停止加热。稍冷后,将仪器改装成蒸馏装置,将提取液中大部分的乙醇[4]蒸出回收。至剩余 10 mL 左右时,趁热将瓶中的残液倾入蒸发皿中,拌入 3～4 g[5]生石灰粉使呈糊状,在加热套上倒放一泥三角,将蒸发皿放在泥三角上,期间用玻璃棒不断搅拌,并压碎块状物,当蒸发皿中全成墨绿色的粉末时,改用小火焙炒片刻,务必将水分全部除去[6]。冷却后,擦去沾在边上的粉末,以免在升华时污染产物。取一只口径合适的玻璃漏斗,罩在隔以刺有许多小孔的滤纸的蒸发皿上(刺孔向上),玻璃漏斗颈上要塞一小块脱脂棉(按图 2.6-1 所示),用小火加热升华[7],控制温度在 220 ℃左右。当滤纸上出现许多白色毛状晶体时,暂停加热,使其自然冷却至 100 ℃左右。小心取下漏斗,揭开滤纸,仔细用小刀把附着于滤纸及漏斗壁上的咖啡因刮入表面皿中。将蒸发皿内的残渣加以搅拌,重新放好滤纸和漏斗,用较高的温度再加热升华一次。合并两次收集的咖啡因,称重,待测。咖啡因为无色针状晶体,熔点 235 ℃。

本实验约需 4~5 h。

2. 咖啡因的核磁共振测定

称取试样 5 mg 左右,放入直径 5 mm 的核磁管中(使用干净干燥的核磁管以免污染样品),加入氘代氯仿,使溶液体积为 0.50 mL 左右,盖上样品管帽,擦净样品管,放入核磁共振探头中,测定其氢核磁共振谱。

方法二:微波辐射法

称取研细的红茶 15 g,置于 250 mL 的碘量瓶中,加入 120 mL95％的乙醇,放入 2~3 粒沸石。将碘量瓶置于微波反应器中[8],调节功率约为 320 W,辐射时间 50~60 s,取出冷却。重复上述步骤连续提取 3~4 次[9],过滤,除去红茶末。

冷却后改用水浴蒸馏装置,蒸出提取液中的大部分乙醇(可回收利用),提取液的残液为 5~8 mL 左右时,趁热将瓶中的残液倾入蒸发皿中,拌入 2.5 g 生石灰粉使成糊状,不断搅拌,在加热套上倒放一泥三角,将蒸发皿放在泥三角上,期间用玻璃棒不断搅拌,并压碎块状物,当蒸发皿中全成墨绿色的粉末时,改用小火不断焙炒至干。按上述步骤进行升华,擦去沾在边上的粉末,以免在升华时污染产物。升华后收集咖啡因产品,称重,待测。

注释

[1]脂肪提取器的虹吸管极易折断,装置仪器和取拿时须特别小心。

[2]滤纸套大小既要紧贴器壁,又能方便取放,其高度不得超过虹吸管,滤纸包茶叶时要仔细严密,防止漏出堵塞虹吸管,滤纸套上面折成凹形,以保证回流液均匀浸润被萃取物。

[3]若提取液颜色很淡时,即可停止提取。

[4]瓶中乙醇不可蒸得太干,否则残液很黏,转移时损失较大。

[5]生石灰起吸水和中和作用,以除去部分酸性杂质,如单宁酸等。

[6]升华前,一定要将水分完全除去,否则在升华时漏斗内会出现水珠。遇此

情况,则用滤纸迅速擦干水珠并继续焙烧片刻而后再升华。

[7]在萃取回流充分的情况下,升华操作是实验成败的关键。升华过程中,始终都需用小火间接加热。如温度过高,会使产物发黄。注意温度计应放在合适的位置,才能正确反映出升华的温度。

[8]微波萃取可比其它方法所需的实验时间缩短 2 h 左右。

[9]重复微波辐射要先冷却。

思考题

(1)索氏提取器的原理是什么? 与直接用溶剂回流提取比较有何优点?

(2)升华操作的原理是什么? 为什么在升华操作中,加热温度一定要控制在被升华物熔点以下?

(3)升华前加入生石灰起什么作用? 为什么升华前要将水分除尽?

(4)升华时为什么要在蒸发皿上覆盖刺有小孔的滤纸? 漏斗颈为什么塞棉花?

(5)微波辐射法提取咖啡因与索氏提取器法相比较的优点有哪些?

红外及核磁图谱

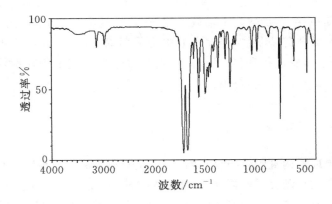

图 4.10－3　咖啡因的红外谱图

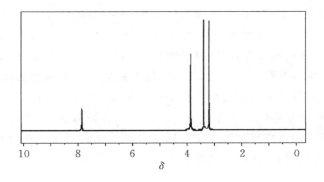

图 4.10－4　咖啡因的^{1}H NMR 谱图

实验 4.11　槐米中提取芦丁

实验目的

1.学习黄酮苷类化合物的提取原理和方法。
2.掌握黄酮类成分的主要理化性质及鉴别方法。
3.巩固热过滤及重结晶等基本操作。

实验原理

芦丁广泛存在于植物中,现已发现含芦丁的植物在 70 种以上,如烟叶、槐花、荞麦和蒲公英中均含有。尤其在槐米中芦丁的含量高达 23.5%,但槐米开花后芦丁含量降至 12%～16%;荞麦叶中芦丁含 8%。芦丁属于黄酮类物质,黄酮类物质的基本结构为:

黄酮类

芦丁是由槲皮素(Quercetin)3 位上的羟基与芸香糖(Rutinose)(由葡萄糖与鼠李糖组成的二糖)脱水形成的苷。芦丁为浅黄色粉末或极细的针状结晶,含 3 分子结晶水,熔点为174～178 ℃(无水物熔点为188～190 ℃)。溶于热水(1∶200),难溶于冷水(1∶8000);可溶于乙醇,微溶于丙酮、乙酸乙酯,不溶于苯、氯仿、石油醚。芦丁分子中具有较多酚羟基,显弱酸性,易溶于碱液中呈黄色,酸化后又可析出。因此,本实验主要利用芦丁显弱酸性,能与碱成盐而增大溶解度,以碱水为溶剂煮沸提取,其提取液加酸酸化后令芦丁游离析出(碱溶酸沉法),并用芦丁对冷、热水的溶解度相差悬殊的特性进行精制。芦丁可被稀酸水解,生成槲皮素及葡萄糖与鼠李糖,芦丁及槲皮素可通过化学反应及紫外光谱鉴定。在分析中药制剂中黄酮类化合物含量时,常用芦丁做标准品。

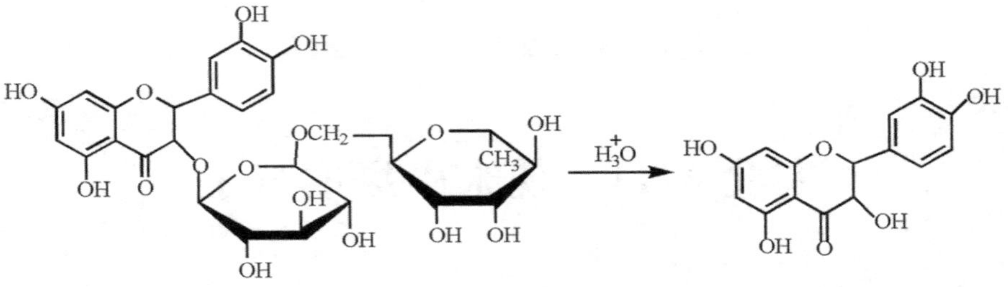

芦丁　　　　　　　　　槲皮素

试剂

20 g槐米,0.1～0.2 g氢氧化钠,稀盐酸溶液,乙醇,10% α-萘酚乙醇溶液,浓硫酸,5%硫酸溶液,1%的氢氧化钠溶液,1%芦丁乙醇溶液,1%槲皮素乙醇溶液,1%$FeCl_3$,1%$K_3[Fe(CN)_6]$。

实验步骤

方法一:碱溶酸沉法

1. 芦丁的提取

称取20 g槐米于研钵中研成粗粉,置于500 mL圆底烧瓶中,加水300 mL,搅拌下加入氢氧化钠固体0.1～0.2 g,加热至沸,并保持20分钟后,趁热抽滤。注意:加热套初始调压100～150 V,待溶液微沸时调整至50～60 V。

滤液转移至锥形瓶中,用稀HCl调pH值为3～4。放置约30 min,使析出沉淀,抽滤,沉淀用水洗涤2～3次,得到芦丁的粗产物。注意:静置析出沉淀时避免振摇溶液,可沿内壁加适量水。

提取工艺流程：

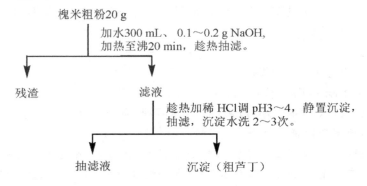

2. 芦丁粗品的重结晶精制

将芦丁粗品按在热水中1：200的溶解度加蒸馏水进行重结晶。将芦丁粗品悬浮于蒸馏水中，煮沸至芦丁全部溶解，加少量活性炭，煮沸 5～10 min，趁热抽滤，冷却后即可析出结晶，抽滤至干，置空气中晾干，或 60～70 ℃干燥，得精制芦丁，称重，计算得率，测定熔点。

3. 芦丁的水解

取粗芦丁约 2 g，加 5％H$_2$SO$_4$溶液 200 mL，小火加热，微沸回流 30 min。在加热过程中，开始时溶液呈浑浊状态，约 10 min 后，溶液由浑浊转为澄清，逐渐析出黄色小针状结晶，即水解产物槲皮素，继续加热至结晶物不再增加时为止。待回流结束后，趁热抽滤，滤液转移至三角烧瓶中，放置 30 min 使析出结晶，保留滤液 20 mL，以检查滤液中的单糖。所滤得的槲皮素粗晶水洗至中性，加 70％乙醇 80mL 加热回流使之溶解，趁热抽滤，放置析晶。抽滤，得精制槲皮素。减压下 110 ℃干燥，可得无水槲皮素。

干燥后的粗芦丁及其水解产物分别贴上标签，密封保存，留待下次实验使用。

4. 芦丁、槲皮素及糖的鉴别

(1)Molish 反应：取芦丁 3～4 mg 于试管，加乙醇 5～6 mL 使其尽量溶解，必要时水浴加热处理。吸取上清液约 2 mL 转移至另一试管，加入等体积的10％α-萘酚乙醇溶液，摇匀，倾斜试管，沿管壁滴加 0.5 mL 浓硫酸，静置，观察两层溶液界面变化，出现紫红色环者为阳性反应，表示试样的分子中含有糖的结构，糖和苷类均呈阳性反应，比较芦丁和槲皮素的不同。

(2)三氯化铁试验：取样品水或乙醇液，加入三氯化铁试剂数滴，观察颜色变化。

(3)三氯化铝试验：取芦丁少许置于试管中，加入甲醇 1～2 mL，在水浴中加热溶解,加 1% 三氯化铝甲醇试剂 2～3 滴,呈鲜黄色。以同样方法试验槲皮素。

(4)槲皮素和芦丁的薄层鉴定:硅胶薄层色谱,吸附剂:硅胶 G,105 ℃下活化 2 h。

展开剂:

①氯仿:甲醇:甲酸(体积比 15:5:1);

②氯仿:丁酮:甲酸(体积比 5:3:1)。

显色剂:1% $FeCl_3$ 和 1% $K_3[Fe(CN)_6]$ 水溶液,应用时等体积混合。

方法二:超声强化碱法流程

槐米→粉碎→称取 2 g 置于锥形瓶→配置 pH＝10 的溶液→加入料液比 1:60 →用超声波处理 7 min,功率为 300 W(保护温度设为 40 ℃)→过滤→得到样液→吸取 1 mL 显色,并采用分光光度法测定槐米中的芦丁的含量(紫外可见分光光度计确定芦丁在 400～600 nm 处的最大吸收波长,将芦丁标准品溶于乙醇中得标准液)。

注意事项

[1]加入 NaOH 既可以达到碱溶液提取芦丁的目的,又可以除去槐米中大量的多糖黏液质。也可以先将 NaOH 溶于水后加入圆底烧瓶。加入 NaOH 的量不宜太多,否则过滤困难。

[2]本实验采用碱溶酸沉法从槐米中提取芦丁,收率稳定,且操作简便。在提取前应注意将槐米略捣碎,使芦丁易于被热水溶出。槐花中含有大量黏液质,加入石灰乳使生成钙盐沉淀除去。pH 应严格控制在 8～9,不得超过 10。因为在强碱条件下煮沸,时间稍长可促使芦丁水解破坏,使提取率明显下降。酸沉一步应控制 pH 为 2～3,不宜过低,否则会使芦丁形成盐溶于水,使收率降低。

[3]用稀 HCl 调 pH 值时,pH 值过低会使芦丁形成锌盐而增加了水溶性,降低收率。

[4]碱溶酸沉法提取得到的是粗芦丁,可以通过重结晶的方法进行精制。除了用碱溶酸沉法外,还可利用芦丁在冷水及沸水中的溶解度不同,采用沸水提取法。有报道,将生产工艺改进为 95% 乙醇回流提取后回收醇得浸膏,然后将粗浸膏经除去脂溶性杂质后,用水洗净,过滤,干燥即得芦丁,可提高收率 6.96%,并降低了成本。因此可根据不同原料采用不同方法提取。

(1)根据本实验,请总结用酸碱调节法提取中药活性成分的适用条件及一般原理。

(2)本实验提取过程中应注意哪些问题?

(3)根据芦丁的性质还可采用何种方法进行提取？简要说明理由。

红外光谱图

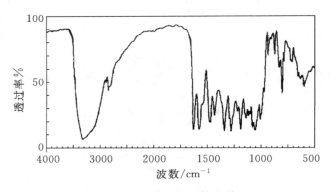

图 4.11 - 2 芦丁的红外光谱图

实验 4.12 苯甲酸乙酯

实验目的

1. 学习酯化反应制备苯甲酸乙酯的原理和方法。
2. 了解三元共沸除水原理,掌握分水器的使用。
3. 比较微波辐射法与传统合成方法。

实验原理

羧酸酯是一类工业和商业上用途广泛的化合物,可由羧酸和醇在催化剂存在下直接酯化来进行制备。常用的催化剂有硫酸、氯化氢和对甲苯磺酸等。由于酯化反应是可逆反应,为了提高酯的转化率,通常会使用过量醇或酸,或将反应生成的水从反应体系中除去,两种方法都可以使平衡向生成酯的方向移动,从而提高转化率。本实验是以苯甲醇为原料,在微波辐射下合成苯甲酸,然后在浓硫酸催化下,苯甲酸和无水乙醇发生酯化反应得到苯甲酸乙酯,并与传统方法对照。

微波辐射法主要反应式:

$$\text{C}_6\text{H}_5\text{—CH}_2\text{OH} + \text{KMnO}_4 \xrightleftharpoons[\text{微波辐射}]{\text{Na}_2\text{CO}_3(n\text{-C}_4\text{H}_9)_4\text{N}^+\text{Br}^-} \xrightarrow{\text{HCl}} \text{C}_6\text{H}_5\text{—COOH}$$

$$\text{C}_6\text{H}_5\text{—COOH} + \text{C}_2\text{H}_5\text{OH} \xrightleftharpoons[\text{微波辐射}]{\text{H}_2\text{SO}_4} \text{C}_6\text{H}_5\text{—COOC}_2\text{H}_5 + \text{H}_2\text{O}$$

传统方法主要反应式:

$$3\,\text{C}_6\text{H}_5\text{—CH}_2\text{OH} + 4\,\text{KMnO}_4 \longrightarrow 3\,\text{C}_6\text{H}_5\text{—COOK} + 4\text{MnO}_2 + \text{KOH} + 4\text{H}_2\text{O}$$

$$3\,\text{C}_6\text{H}_5\text{—COOK} + \text{HCl} \longrightarrow \text{C}_6\text{H}_5\text{—COOH} + \text{KCl}$$

$$\text{C}_6\text{H}_5\text{—COOH} + \text{C}_2\text{H}_5\text{OH} \xrightarrow[\triangle]{\text{H}^+} \text{C}_6\text{H}_5\text{—COOC}_2\text{H}_5 + \text{H}_2\text{O}$$

副反应:

$$2\,\text{C}_2\text{H}_5\text{OH} \xrightleftharpoons{\text{H}_2\text{SO}_4} \text{C}_2\text{H}_5\text{OC}_2\text{H}_5 + \text{H}_2\text{O}$$

由于酯化反应是一个平衡常数较小的可逆反应,为了提高产率,在实验中采用过量的乙醇,同时加入环己烷,形成环己烷-乙醇-水的三元共沸物,不断除去反应中生成的水,促使酯化反应的顺利进行。

苯甲酸乙酯可用于酯类合成香料。主要用作晚香玉、月下香、依兰、香石竹等香精的调和香料。

试剂

4.2 mL(0.04 mol)苯甲醇,0.8 g 四丁基溴化铵,6 g(0.05 mol)苯甲酸,9.0 g(0.057 mol)高锰酸钾,8 mL 无水乙醇(99.5%),苯 12 mL,浓硫酸,Na_2CO_3,乙醚,饱和食盐水,无水氯化钙。

物理常数

化合物	相对分子质量	熔点/℃	沸点/℃	折光率 n_D^{20}	相对密度 d_4^{20}	溶解性/[g/(100 g)]^{20} 水	溶解性/[g/(100 g)]^{20} 有机溶剂
苯甲醇	108	-15.5	205	1.5396	1.045	4	乙醇、乙醚、丙酮
苯甲酸	122	122.5	249	1.5397^{15}	1.2659^{15}	0.30	大多数有机溶剂
苯甲酸乙酯	150	-34.6	213	1.5007	1.0468	不溶	乙醇、乙醚、氯仿
环己烷	84	6.5	80.7	1.4266	0.7786	不溶	乙醇、丙酮、苯

实验步骤

方法一:微波辐射法

1. 苯甲酸的微波合成

在 250 mL 圆底烧瓶中加入 70 mL 水、9.0 g 高锰酸钾、4.0 g 碳酸钠、0.8 g 四丁基溴化铵和 4.2 mL 苯甲醇,再加入 10 mL 水和沸石。将圆底烧瓶放入微波化学反应器的炉腔内,装上回流装置,关闭微波反应器门,在 650 W 的功率下,反应 16 min。反应结束后,趁热将反应瓶从微波反应器中取出,迅速抽滤。滤液冷却后,用浓盐酸酸化到 pH 值为 3~4,析出固体。抽滤,用少量冷水洗涤,得到苯甲酸粗品。产品用红外灯干燥,用于下一步反应。

2. 苯甲酸乙酯的微波合成

在 50 mL 圆底烧瓶中依次加入 3.1 g 自制的苯甲酸、8 mL 无水乙醇、15 mL 环己烷、0.8 mL98%浓硫酸,摇匀,加入沸石。把烧瓶放入微波反应器内,装上分水器及回流冷凝管,关闭微波反应器炉门。在 800 W 的功率下,微波辐射至分水器中不再有水生成,反应过程需 6~7 min。

方法二:以苯甲酸为原料的传统方法

在 50 mL 圆底烧瓶中,加入 6 g 苯甲酸、15 mL 无水乙醇、12 mL 苯和 2.5 mL 浓硫酸[1],摇匀后加入几粒沸石,再装上分水器,从分水器上端小心加水至分水器支管处然后再放去4.5 mL,分水器上端接一回流冷凝管。

将烧瓶在水浴上加热回流[2],开始时回流速度不宜过快,随着回流的进行,分水器中出现上、中、下三层液体,且中层越来越多。约 2 小时后分水器的中层液体达 3.5～4 mL,即可停止加热。放出中、下层液体并记下体积。继续用水浴加热,将多余的乙醇和苯蒸至分水器中(当充满时可由旋塞放出,注意放时应移去热源)。

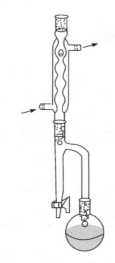

将瓶中残液倒入盛有 45 mL 冰水的烧杯中,在搅拌下加入碳酸钠粉末[3]至二氧化碳气体产生(pH 试纸检验呈中性)。

用分液漏斗分出有机层,用乙醚(15 mL×2)萃取水层,合并有机相和醚萃取液,用无水氯化钙干燥。干燥后粗产物先用水浴蒸去乙醚[4],换空气冷凝管进行常压蒸馏,收集 210～213 ℃馏分(或减压蒸馏,收集 76～76.5 ℃/6.5 mmHg 馏分),产量约 5 g。

图 4.12－1 苯甲酸乙酯制备分水装置

纯苯甲酸乙酯的沸点为 213 ℃,折光率 n_D^{20} 1.5007。

本次实验约需 5～6 h。

注释

[1]注意浓硫酸的取用安全。浓硫酸应缓慢加入且混合均匀,如不充分摇动,硫酸局部过浓,加热后易使反应溶液变黑。

[2]开始必须慢慢加热,防止局部过热,引起副反应。

[3]加碳酸钠的目的是除去硫酸和未作用的苯甲酸,要研细后分批加入,否则会产生大量的气泡而使液体溢出。

[4]乙醚易燃,使用时注意安全。

思考题

(1)浓硫酸的作用是什么? 常用酯化反应的催化剂有哪些?

(2)为什么使用分水器,如何使用?

(3)为什么加入过量的乙醇? 还有什么方法使反应向右进行?

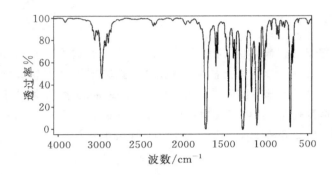

图 4.12 - 2　苯甲酸乙酯的红外光谱图

实验 4.13　苯甲酸和苯甲醇

实验目的

1. 学习苯甲醛在浓碱条件下进行 Cannizzaro 反应的原理和方法。
2. 巩固蒸馏和重结晶的操作。
3. 比较超声波辅助合成法和传统合成方法。

实验原理

康尼查罗(Cannizzaro)反应是芳醛和其它无 α - H 的醛在浓碱溶液作用下,发生自身氧化还原的反应,经此反应一分子醛被氧化成羧酸,另一分子醛被还原成醇。意大利化学家康尼查罗通过用草木灰处理苯甲醛,得到了苯甲酸和苯甲醇,首先发现了这个反应,Cannizzaro 反应也由此得名。本实验采用苯甲醛在浓氢氧化钠溶液中发生康尼查罗反应,制备苯甲醇和苯甲酸,反应式如下:

$$2 \;\text{—CHO} \xrightarrow{\text{浓KOH}} \text{—CH}_2\text{OH} \;+\; \text{—COOK}$$

$$\downarrow \text{H}^+$$

$$\text{—COOH}$$

苯甲酸又称安息香酸,目前工业上苯甲酸主要是通过甲苯的液相空气氧化制取。苯甲酸的 $pK_a = 4.21$,其钠盐为白色颗粒,无味或微带安息香气味,味微甜,有收敛性;pH 约为 8。苯甲酸钠是重要的酸性防腐剂,在酸性条件下,对霉菌、酵母和细菌均有抑制作用,但对产酸菌作用较弱。在碱性介质中无杀菌、抑菌作用。其防腐最佳 pH 是 2.5~4.0,一般以低于 pH 值 5.0 为宜。

试剂

10.5 g(10 mL,0.10 mol)苯甲醛(新蒸),9 g (0.16 mol)氢氧化钾,乙醚,饱和亚硫酸氢钠溶液,10%碳酸钠溶液,无水硫酸镁,浓盐酸。

物理常数

化合物	相对分子质量	熔点/℃	沸点/℃	折光率 n_D^{20}	相对密度 d_4^{20}	溶解性/[g/(100 g)]^{20} 水	有机溶剂
苯甲醛	106	−26	179.5	1.5463	1.0504^{15}	0.33	乙醇、乙醚
苯甲醇	108	−15.5	205	1.5396	1.045	4	乙醇、乙醚、丙酮
苯甲酸	122	122.4	249	1.5397^{15}	1.2659^{15}	0.30	大多数有机溶剂

实验步骤

1.苯甲醇和苯甲酸的制备

方法一:

在 50 mL 锥形瓶中配制 9 g 氢氧化钾和 9 mL 水的溶液,冷却至室温后,在不断搅拌下加入 10 mL 新蒸过的苯甲醛。用橡皮塞塞紧瓶口,用力振摇[1],使反应物充分混合，最后成为白色糊状物，放置 24 h 以上。

向反应混合物中逐渐加入足够量的水（约 30 mL），不断振摇使其中的苯甲酸盐全部溶解。将溶液倒入分液漏斗。用 10 mL 乙醚萃取三次（萃取出什么？）。合并乙醚萃取液，依次用 3 mL 饱和亚硫酸氢钠溶液、5 mL10％碳酸钠溶液及 5 mL 水洗涤，第三次洗涤后，分出的水溶液用一烧杯装上备用。分出的乙醚萃取液放入干燥的锥形瓶中，用无水硫酸镁或无水碳酸钾干燥。

方法二（超声波辅助法）：

在 125 mL 锥形瓶中，先加入 11 g 氢氧化钾和 11 mL 水配成的溶液，再分几次加入 12.6 mL 新蒸过的苯甲醛，每次约加入 3 mL，最后反应物变成白色蜡状物。塞紧瓶塞，置于超声波反应器中反应 25 min，反应温度 25 ℃，超声功率 300 W。反应结束后，加入 42 mL 水，倒入分液漏斗中，用 30 mL 乙醚分三次萃取苯甲醇，保存萃取过的水溶液供制备苯甲酸使用。合并乙醚萃取液，依次用 5 mL 饱和亚硫酸氢钠、10 mL 10％ 碳酸钠溶液和 10 mL 冷水洗涤。分离出乙醚溶液，用无水硫酸镁干燥。

2. 产品重蒸与精制

干燥后的乙醚萃取溶液，先在水浴上蒸去乙醚，然后改用空气冷凝管，继续加热蒸馏苯甲醇，收集 204～206 ℃的馏分，成品 3～4 g。纯苯甲醇的沸点为 205.3 ℃，折光率 n_D^{20} 1.5392。

将乙醚萃取后分出的水溶液用浓盐酸化至使刚果红试纸变蓝，充分冷却，使苯甲酸析出完全，抽滤，粗产品用水重结晶[2]，得苯甲酸约 4 g。纯苯甲酸为白色固体，熔点为 122.4 ℃。

本实验约需 6 h。

注释

[1]充分振摇是实验成功的关键。如混合充分，放置 24 h 后混合物通常会在瓶内固化，苯甲醛的气味消失。

[2]重结晶提纯苯甲酸可用水作溶剂，苯甲酸在水中的溶解度为：80 ℃时，每 100 mL 水中可溶解苯甲酸 2.2 g。

思考题

(1)试比较 Cannizzaro 反应与羟醛缩合反应在醛的结构上有何不同？怎样利用 Cannizzaro 反应将苯甲醛全部转化成苯甲醇？

(2)本实验中两种产物是根据什么原理分离提纯的？用饱和的亚硫酸氢钠及10％碳酸钠溶液洗涤的目的何在？

(3)乙醚萃取后的水溶液,用浓盐酸酸化到中性是否最适当？为什么？不用试纸或试剂检验,怎样知道酸化已经恰当？

(4)为什么要用新蒸过的苯甲醛？长期放置的苯甲醛含有什么杂质？如不除去,对本实验有何影响？

红外及核磁图谱

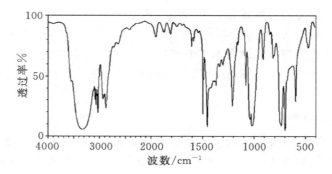

图 4.13－3 苯甲醇的红外谱图

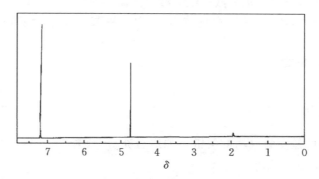

图 4.13－4 苯甲醇的 ^{1}H NMR 谱图

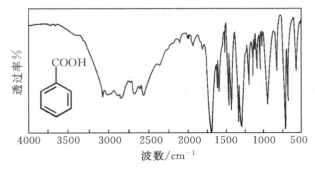

图 4.13 - 5 苯甲酸的红外谱图

实验 4.14 苯乙酮

实验目的

1. 学习 Friedel-Crafts 酰基化反应制备芳香酮的原理和方法。
2. 初步掌握无水操作。
3. 巩固安装尾气吸收装置的操作。

实验原理

Friedel-Crafts 反应是向芳环上引入烷基和酰基的最重要的方法,在合成上具有很大的使用价值。通过 Friedel-Crafts 酰基化反应是制备芳酮的重要方法,酸酐、酰氯是常用的酰基化试剂,无水 AlCl$_3$、ZnCl$_2$、BF$_3$ 和 FeCl$_3$ 等路易斯酸作催化剂,分子内的酰基化反应还可以用多聚磷酸作催化剂,酰基化反应常用过量的芳烃、硝基苯、二硫化碳等作为反应的溶剂。本实验苯乙酮是由苯和乙酐反应制备的,反应式如下:

$$\bigcirc + (CH_3CO)_2O \xrightarrow{AlCl_3} \bigcirc-CHOCH_3 + CH_3COOH$$

试剂

15 mL(0.17 mol)无水苯,3.8 g(3.5 mL,0.037 mol)乙酸酐,10 g (0.075 mol)无水三氯化铝,浓盐酸,苯,无水硫酸镁,5%氢氧化钠溶液。

物理常数

化合物	相对分子质量	熔点/℃	沸点/℃	折光率 n_D^{20}	相对密度 d_4^{20}	溶解性/[g/(100 g)]^{20}	
						水	有机溶剂
乙酸酐	102	−73	139	1.3904	1.0820	分解	醇、醚、苯、氯仿
苯	78	5.5	80.1	1.5011	0.8787	0.18	乙醇、乙醚、丙酮
苯乙酮	120	20.5	202.3	1.5372	1.0281	不溶	大多数有机溶剂

实验步骤

在 100 mL 三口瓶中分别装置恒压滴液漏斗、搅拌装置、回流冷凝管,冷凝管上端装一氯化钙干燥管[1],干燥管再与氯化氢气体吸收装置相连[2]。

迅速称取 10 g 经研细的无水 AlCl₃[3],加入三口瓶中,再加入 15 mL 无水苯,在电磁搅拌下用恒压滴液漏斗慢慢滴入 3.5 mL 乙酸酐,控制滴加速度以使三口瓶稍热为宜,约 10～15 min 滴加完毕。加完后,在沸水浴中回流 15～20 min,直到不再有氯化氢气体逸出为止。

将反应混合物冷到室温,在搅拌下倒入盛有 25 mL 浓盐酸和 30 g 碎冰的烧杯中进行分解(在通风橱中进行)。当固体完全溶解后(若固体溶解不完全可补加适量浓盐酸使之完全溶解),将混合物转入分液漏斗中,分出有机层,水层用苯萃取两次(每次 10 mL)。合并有机层,依次用 15 mL 10%氢氧化钠、15 mL 水洗涤一次,再用无水硫酸镁干燥。

将干燥后的粗产品先在水浴上蒸馏回收苯[4],然后在加热包上空气浴加热蒸去残留的苯,稍冷后改用空气冷凝管蒸馏收集 195～202℃馏分,产量 2～3 g。

纯苯乙酮的沸点为 202.0 ℃,熔点 20.5 ℃,折光率 n_D^{20} 为 1.5372。

注释

[1]反应中所需仪器和试剂都应是干燥无水的,苯以分析纯为佳。

[2]吸收装置:约 20％氢氧化钠溶液,自配 200 mL,特别注意防止倒吸。

[3]无水三氯化铝的质量是本实验成败的关键,由于三氯化铝遇水或受潮会分解,称量和投入过程要迅速。可在带塞的锥形瓶中称量。

[4]由于最终产物不多,宜选用较小的蒸馏瓶,苯溶液可用分液漏斗分批加入蒸馏瓶中。

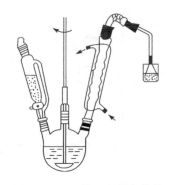

图 4.14－1　苯乙酮制备装置

思考题

(1)水和潮气对本实验有何影响？在仪器的装置和操作中应注意哪些事项？为什么要迅速称取和投入三氯化铝？

(2)反应完成后为什么要加入冷却的稀盐酸分解？

(3)指出如何由傅－克反应制备下列化合物:①二苯甲烷;②苄基苯基酮;③对硝基二苯酮。

红外及核磁图谱

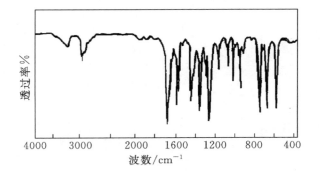

图 4.14－2　苯乙酮的红外光谱图

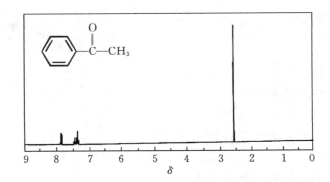

图 4.14 - 3　苯乙酮的[1] H NMR 谱图

第5章 综合性实验

实验5.1 苯胺

实验目的

1. 掌握硝基苯还原制备苯胺的实验原理和方法。
2. 巩固水蒸气蒸馏的基本操作。

实验原理

芳香硝基化合物的还原是制备芳胺最主要的方法。工业中最经济实用的方法是催化氢化,实验室中常用方法是在酸性溶液中用金属进行化学还原。常用的还原体系有 Fe-HCl、Sn-HCl、Zn-HCl、Fe-HOAc 等,根据反应物和产物的性质可以选择合适的还原剂和溶剂介质。Sn-HCl 作还原剂时,反应速度较快,产率较高,不需要电动搅拌,但锡价格较贵;Fe-HCl 作还原剂时,反应时间较长,但成本低,酸的用量仅为理论量的 1/40;用乙酸(HOAc)代替盐酸,还原时间显著缩短。本实验使用 Fe-HOAc 体系还原硝基苯来制备苯胺[1]。反应式如下:

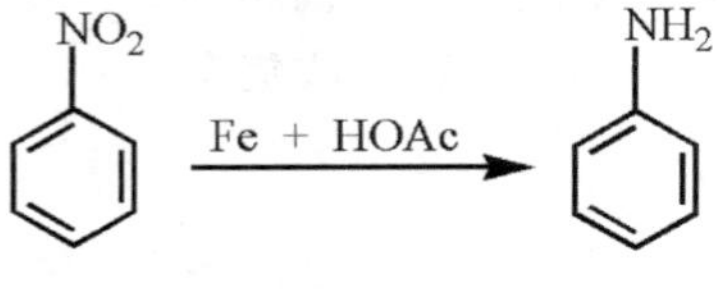

试剂

9.3 g(7.8 mL,0.075 mol)硝基苯,13.5 g(0.24 mol)还原铁粉(40~100 目),冰醋酸,乙醚,食盐,氢氧化钠。

物理常数

化合物	相对分子质量	熔点/℃	沸点/℃	折光率 n_D^{20}	相对密度 d_4^{20}	溶解性/[g/(100 g)]^{20}	
						水	有机溶剂
硝基苯	123	5.7	210.8	1.5562	1.2037	微溶	乙醇、乙醚、丙酮、苯
乙酸	60	16.6	118	1.3716	1.0415	溶	乙醇、乙醚、丙酮、苯
苯胺	93	—6	184	1.5863	1.0220	3.4	乙醇、乙醚、苯

实验步骤

将 13.5 g 还原铁粉、25 mL H$_2$O、1.5 mL 冰醋酸放入 250 mL 三口烧瓶中,振荡混匀[2],装上回流冷凝管。小火微微加热煮沸 5～10 min[3],稍冷后,从冷凝管顶端分批加入 7.8 mL 硝基苯,每次加完后都要用力振荡,混匀,由于该反应强烈放热,每次加入硝基苯时都有一阵猛烈的反应发生。加完后继续回流 1 h。由于反应为非均相反应,在回流过程中,应经常用力振荡反应混合物,以使反应完全[4]。

将反应瓶改为水蒸气蒸馏装置(见图 2.3.3-1),进行水蒸气蒸馏,直到馏出液澄清,再多收集 10 mL 清液,共需收集约 75 mL。将馏出液转入分液漏斗,分出有机层,水层加入 NaCl[5]饱和后(需 8～20 g 食盐),用乙醚(10 mL×3)萃取。合并苯胺层和醚萃取液,用粒状 NaOH 干燥[6]。

将干燥后的苯胺醚溶液用分液漏斗分批加入 25 mL 干燥的蒸馏瓶中,先在水浴上蒸去乙醚,残留物用空气冷凝管蒸馏,收集 180～185 ℃馏分,产量 4～5 g。

本实验需 6～8 h。

注释

[1]由于苯胺的毒性很大,操作时应避免与皮肤接触或吸入其蒸气。若一旦触及皮肤,先用清水冲洗,再用肥皂和温水洗涤。

[2]两相互不相溶,与铁粉接触机会少,因此充分的振荡反应物是使还原反应顺利进行的操作关键;可用机械搅拌来助此多相反应。

［3］主要为了活化铁粉，乙酸与铁作用产生醋酸亚铁，缩短反应时间。

［4］硝基苯为黄色油状物，如果回流液中，黄色油状物消失，而转变成乳白色油珠，表示反应已完全。反应完后，圆底烧瓶上粘附的黑褐色物质，用 1∶1 盐酸水溶液温热除去。

［5］加氯化钠目的是盐析，降低苯胺在水中的溶解度。

［6］硫酸镁的干燥效能较弱，而且干燥所需的时间比较长；氯化钙的干燥效能中等，但吸水后其表面为薄层液体所覆盖，放置时间要长一些；粒状氢氧化钠干燥效能较好，而且干燥速度很快，这样避免了苯胺长时间放置过程中，被空气中的氧气所氧化，颜色变暗。

思考题

(1)有机物必须具备什么性质，才能采用水蒸气蒸馏分离？本实验为何采用此方法？

(2)如果粗产品中含有硝基苯，如何分离提纯？

实验 5.2　肉桂酸

实验目的

1. 了解 Perkin 反应的原理，学习利用该反应制备肉桂酸的原理和方法。
2. 掌握简单的无水操作。

实验原理

肉桂酸(Cinnamic acid)又称 β-苯丙烯酸，有顺式和反式两种异构体，通常以反式形式存在，为无色晶体，微有桂皮香气。芳香醛与酸酐作用在相应羧酸的钠盐或钾盐的存在下发生缩合，生成α,β-不饱和酸的反应，称为 Perkin 反应。本实验就是利用 Perkin 反应制得肉桂酸，以苯甲醛、乙酸酐为原料，反应时，乙酸酐受乙酸钾的作用，生成乙酸酐负离子，负离子和醛发生亲核加成生成 β-羧基乙酸酐，然后再发生失水和水解作用得到不饱和酸。由于乙酸酐遇水易水解，催化剂乙酸钾易吸水，故要求反应器是干燥的。另外，本实验中苯甲醛和乙酸酐的反应活性都较小，反应速度慢，必须提高反应温度来加快反应速度。但反应温度有不宜太高，一方面由于乙酸酐和苯甲醛的沸点分别为 139 ℃ 和 179 ℃，温度太高会导致反应物的挥发；另一方面，温度太高，易引起脱羧、聚合等副反应，故反应温度一般控制在 150～170 ℃。合成得到的粗产品通过水蒸气蒸馏、重结晶等方法分离提纯精制。还可以按照 Kalnin 所提出的方法，用 K_2CO_3 代替 Perkin 反应中的 CH_3COOK，使碱性增强。因为产生碳负离子的能力增强，有利于负离子对醛的亲核加成反应，反应时间短，产率高，主要得到反式肉桂酸，反应式如下：

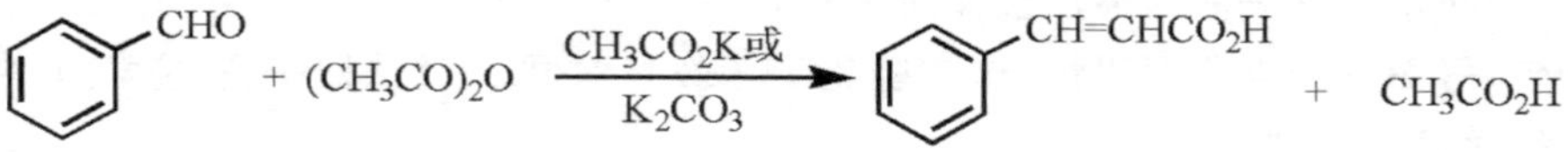

反应机理如下：乙酸酐在弱碱作用下去掉一个 H，形成 $CH_3COOCOCH_2^-$，然后再与芳香醛发生亲核加成，经 β 消去、酸化、生成肉桂酸。

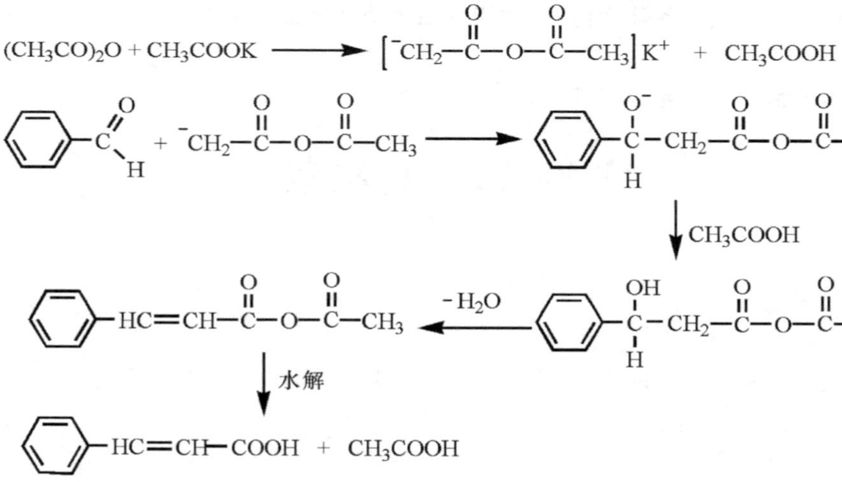

试剂

2.65 g(2.5 mL,0.025 mol)苯甲醛(新蒸),4 g(3.8 mL,0.039 mol)乙酸酐(新蒸),1.5 g 无水醋酸钾,3.5 g 无水碳酸钾,碳酸钠,浓盐酸,10％氢氧化钠。

物理常数

化合物	相对分子质量	熔点/℃	沸点/℃	折光率 n_D^{20}	相对密度 d_4^{20}	溶解性/[g/(100 g)]^{20} 水	溶解性/[g/(100 g)]^{20} 有机溶剂
苯甲醛	106	−26	179	1.5456	1.050^{15}	0.3	醇、醚、丙酮、苯
乙酸酐	102	−73	139	1.3904	1.0820	分解	醇、醚、苯、氯仿
反式肉桂酸	148	135～136	300	—	1.2475	不溶	大多数有机溶剂

实验步骤

方法一:用无水醋酸钾作缩合剂

在 100 mL 圆底烧瓶中,混合 1.5 g 无水醋酸钾[1]、3.8 mL 乙酸酐和 2.5 mL 苯甲醛,用电热套低电压加热使其回流,反应液始终保持在 150～170 ℃,使回流反应进行 1.5 h。

反应完毕,加入 20 mL 水,再加入适量的固体碳酸钠(约需 3 g),使溶液呈弱碱性(pH=8～9),进行水蒸气蒸馏至馏出液无油珠为止。

残留液中加入少许活性炭,煮沸数分钟,趁热过滤。在搅拌下向热滤液中小心加入浓盐酸至呈酸性(pH=3～4),冷却,待结晶完全,抽滤收集,以少量水洗涤,干燥,产量约 2 g。可在热水或 3∶1 稀乙醇中进行重结晶,得无色晶体。肉桂酸有顺反异构体,通常以反式形式存在,为无色晶体,熔点 135～136 ℃。

本实验约需 5～6 h。

方法二:用无水碳酸钾作缩合剂

在 100 mL 圆底烧瓶中,混合 3.5 g 无水碳酸钾、7 mL 乙酸酐[2]和 2.5 mL 苯甲醛[3],将混合物在 170～180 ℃的油浴[4]中加热回流 45 min。由于有二氧化碳逸出,最初反应会出现泡沫。

反应完毕冷却反应混合物,加入 20 mL 水浸泡几分钟,用玻璃棒或不锈钢刮刀轻轻捣碎瓶中的固体,按图 2.3.3−1(b)进行水蒸气蒸馏[5],直至无油状物蒸出为止。将烧瓶冷却后,加入 20 mL10%氢氧化钠,使生成的肉桂酸形成钠盐而溶解。再加入 20 mL 水,加热煮沸后加入少许活性炭脱色,趁热过滤。将滤液冷却至室温以后,在搅拌下小心加入 10 mL 浓盐酸和 10 mL 水的混合物,至溶液呈酸性($pH=3\sim4$)。冷却,待结晶完全,抽滤析出的结晶,并用少量水洗涤,干燥后称重,粗产物约 2 g。可在热水或 3∶1 稀乙醇中进行重结晶,得无色晶体。

本实验约需 4 h。

注释

[1]无水醋酸钾若含有水分易使乙酸酐分解影响碳负离子的生成,使反应难以进行。所以无水醋酸钾要熔融后研碎,放于干燥器中备用。

[2]乙酸酐久置会因吸潮和水解而转变为乙酸,故本实验所需的乙酸酐必须在实验前进行重新蒸馏。另外,乙酸酐强烈地腐蚀皮肤和眼睛,应避免与热乙酸酐蒸气接触。

[3]苯甲醛久置,由于自动氧化而生成较多的苯甲酸,这不但影响反应的进行,而且苯甲酸混在产品中不易除净,影响产品质量。因此实验中使用的苯甲醛必须事先重新蒸馏,收集 170~180 ℃的馏分。

[4]控制加热速度至刚好回流,防止产生的泡沫冲至冷凝管。

[5]控制馏出液的速度约为 2~3 滴/秒。为使水蒸气不致在烧瓶内过多冷凝,在进行水蒸气蒸馏时通常可用小火将蒸馏烧瓶加热。停止水蒸气蒸馏时先打开螺旋夹,然后移去热源,以免发生倒吸现象。

思考题

(1)具有何种结构的醛能进行 Perkin 反应?

(2)在 Perkin 反应中,如使用与酸酐不同的羧酸盐,会得到两种不同的芳基丙烯酸,为什么?

(3)用丙酸酐和无水丙酸钾与苯甲醛反应,得到什么产物?写出反应式。

(4)如果用无水乙酸钾作缩合剂,回流结束后要加入碳酸钠使溶液呈碱性后才进水蒸气蒸馏,为什么?能否用氢氧化钠来代替碳酸钠?

(5)水蒸气蒸馏的目的是什么?

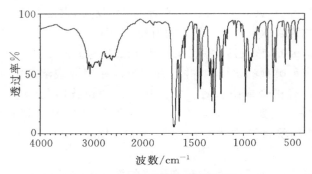

图 5.2-3　肉桂酸的红外光谱图

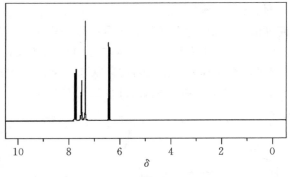

图 5.2-4　肉桂酸的¹H NMR 谱图

实验 5.3　内型双环[2.2.1]-2-庚烯-5,6-二羧酸酐

实验目的

　　1. 掌握 Diels-Alder 反应原理,学习由环戊二烯和马来酸酐合成内型双环[2.2.1]-2-庚烯-5,6-二羧酸酐的实验操作。

　　2. 掌握重结晶、蒸馏等操作

实验原理

一个重要的合成六元环的方法是 Diels-Alder 反应,它是共轭二烯与含活泼双键或叁键分子(称为亲双烯体)的 1,4-加成反应,即包含一个 4 π 电子体系对 2 π 电子体系的加成,因此,该反应也称[4+2]环加成反应。改变共轭双烯与亲双烯的结构,可以得到多种类型的化合物,并且许多反应在室温或溶剂中加热即可进行,产率通常较高,在有机合成中有着广泛的应用。两位德国化学家 O. Diels 和 K. Alder 因为发现并认识到这一反应的重要性获得了 1950 年的诺贝尔化学奖。反应被认为是通过环状过渡态进行的协同反应。Diels-Alder 反应一般具有如下特点:

(1)反应条件简单,通常在室温或在适当的溶剂中回流即可。

(2)收率高,特别是使用高纯度的试剂和溶剂时,反应几乎是定量进行的。

(3)副反应少,产物易于分离纯化。

(4)反应具有高度的立体专一性,这种立体专一性表现为:① 共轭双烯以 s-顺式构象时才能反应;② 1,4-环加成反应是立体定向的顺式加成,共轭双烯与亲双烯体的构型在反应中保持不变;③ 环状二烯与环状亲二烯体的加成主要生成内型(endo)而不是外型(exo)的加成产物。例如,环戊二烯与顺丁烯二酸酐的加成产物中内型体占绝对优势:

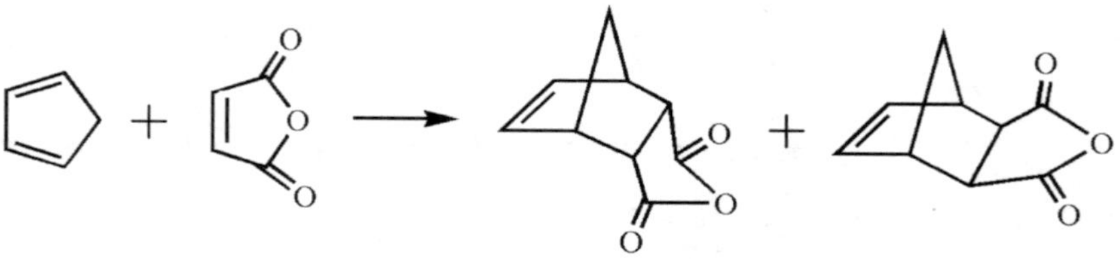

内型(endo)　　　　　外型(exo)
>98.5%　　　　　　　<1.5%

但呋喃与顺丁烯二酸酐的加成反应却只得到外型产物:

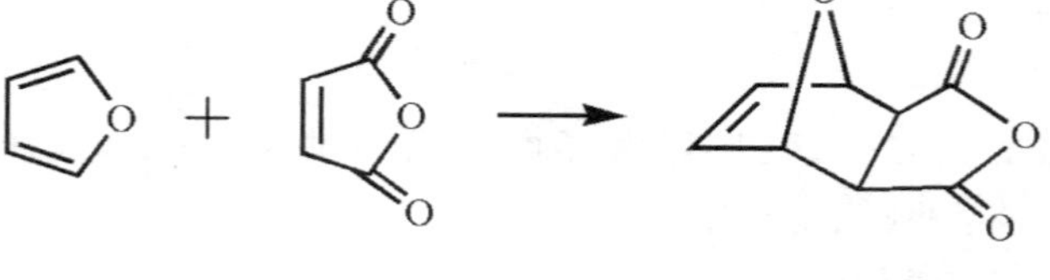

外型(exo)

研究表明在这个反应的初期同时生成了内型和外型两种产物,但因为外型体是热力学稳定的产物,所以在室温放置一天后就只剩下外型体一种产物了。

(5)Diels-Alder 反应是可逆的,且原子利用率为100%,体现了"原子经济性"原则,符合绿色化学要求。

本实验是环戊二烯与顺丁烯二酸酐的 Diels-Alder 加成,得到的是内型产物。

试剂

1.6 g(2 mL,0.024 mol)环戊二烯(新蒸),2 g(0.02 mol)顺丁烯二酸酐,乙酸乙酯,石油醚(b.p.60~90 ℃)。

物理常数

化合物	相对分子质量	熔点/℃	沸点/℃	折光率 n_D^{20}	相对密度 d_4^{20}	溶解性/$[g/(100\ g)]^{20}$ 水	有机溶剂
顺丁烯二酸酐	98	52.8	202	—	1.480	溶	丙酮、苯、氯仿
环戊二烯	66	−97.5	40	—	0.8021	—	醇、醚、苯、氯仿
乙酸乙酯	88	−84	77	1.3723	0.9003	微溶	大部分有机溶剂

实验步骤

在干燥的 50 mL 圆底烧瓶中,加入 2 g 顺丁烯二酸酐和 7 mL 乙酸乙酯[1],在水浴上温热使之溶解,然后加入 7 mL 石油醚,混合均匀后将此溶液置冰浴中冷却(此时可能有少许固体析出,但不影响反应)。加入 2 mL 新蒸的环戊二烯[2],在冰水浴中摇振烧瓶,直至放热反应完成,瓶中会有白色晶体析出。将反应混合物在水浴上加热使晶体重新溶解,再让其慢慢冷却,得到内型双环[2.2.1]-2-庚烯-5,6-二羧酸酐的白色针状结晶,抽滤,收集晶体,干燥后称重,产物约 2 g,熔点 163~164 ℃。

上述得到的酸酐很容易水解为内型顺二羧酸。取 1 g 酸酐,置于锥形瓶中,加入 15 mL 水,加热至沸使固体和油状物完全溶解后,让其自然冷却,必要时用玻璃棒摩擦瓶壁促使结晶,得白

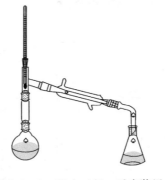

图 5.3-1 Diels-Alder 反应装置

色棱状结晶 0.5 g 左右,熔点 178~180 ℃。

本实验需 2~3 h。

注释

[1]顺丁烯二酸酐及其加成产物都易水解成相应二元羧酸,故所用全部仪器、试剂及溶剂均需干燥,并注意防止水或水汽进入反应系统。

[2]环戊二烯在室温下易聚合为二聚体,市售环戊二烯都是二聚体。二聚体在170℃以上可解聚为环戊二烯,方法如下:

将二聚体置于圆底烧瓶中,瓶口安装 30 cm 长的韦氏分馏柱,缓缓加热解聚。产生的环戊二烯单体沸程为 40~42 ℃,因此需控制分馏柱顶的温度不超过 45 ℃,并用冰水浴冷却接收瓶。如果这样分馏所得环戊二烯浑浊,则是因潮气侵入所致,可用无水氯化钙干燥。馏出的环戊二烯应尽快使用。如确需短期存放,可密封放置在冰箱中。

思考题

(1)环戊二烯为什么容易二聚和发生 Diels-Alder 反应?

(2)试写出下列 Diels-Alder 反应产物:

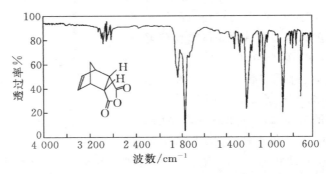

红外及核磁图谱

图 5.3-2 内型双环[2.2.1]-2-庚烯-5,6-二羧酸酐的红外光谱图

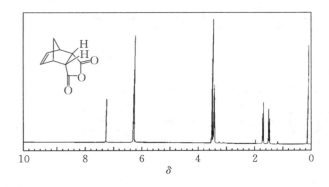

图 5.3 - 3　内型双环[2.2.1]-2-庚烯-5,6-二羧酸酐[1]H NMR 谱图

实验 5.4　7,7-二氯双环[4.1.0]庚烷

实验目的

1. 了解二氯卡宾的产生及其性质,学习相转移催化反应原理及其制备 7,7 - 二氯双环[4.1.0]庚烷的应用。

2. 巩固减压蒸馏、分馏、蒸馏、回流、机械搅拌等操作。

实验原理

卡宾(carbene,：CCl_2)是一类活性中间体的总称,其通式为：R,最简单的卡宾是：CH_2。卡宾存在的时间很短,一般是在反应过程中产生,然后立即进行下一步反应。卡宾是缺电子的,可以与不饱和键发生亲电加成反应。

二氯卡宾(：CCl_2)是一种卤代卡宾,可由氯仿与氢氧化钠发生 α-消除反应得到。二氯卡宾：CCl_2 可与环己烯作用,即生成 7,7 -二氯双环[4.1.0]庚烷。而环己烯则可由环已醇脱水而得。氯仿可与氢氧化钠作用,此反应是在强碱且高度无水的条件下进行的,操作起来较麻烦。但若利用相转移催化技术则可使反应条件温和,如在相转移催化剂 $C_6H_5CH_2N^+(C_2H_5)_3Cl^-$,即苄基三乙基氯化铵(TEBA)的存在下,氯仿与氢氧化钠水溶液起反应产生：CCl_2,：CCl_2 与环己烯发生加成反应,合成二氯双环[4.1.0]庚烷,且能提高产率。反应式如下：

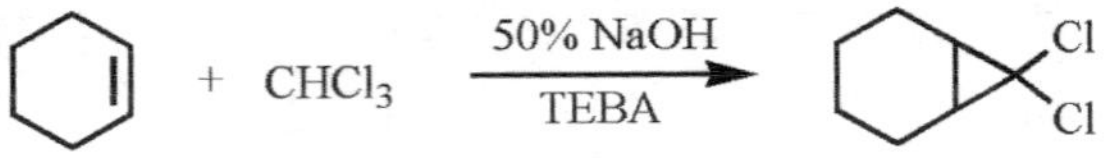

反应机理：

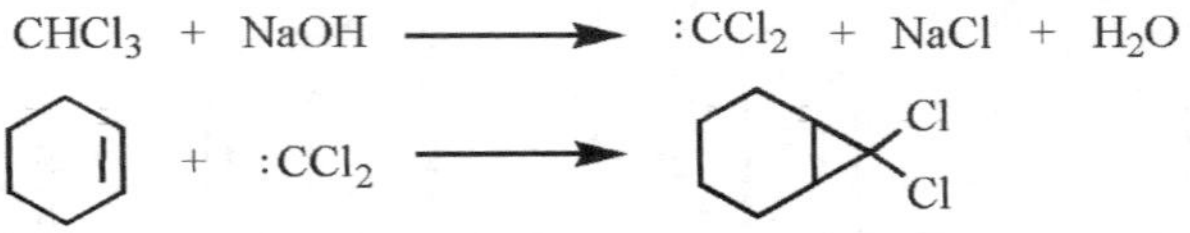

试剂

4.1 g(5.1 mL,0.05 mol)环己烯,22 g(15 mL,0.185 mol)氯仿,0.25 g 苄基三乙基氯化铵(TEBA),氢氧化钠,乙醚,无水硫酸镁,氯化钠。

物理常数

化合物	相对分子质量	熔点/℃	沸点/℃	折光率 n_D^{20}	相对密度 d_4^{20}	溶解性/[g/(100 g)]^{20} 水	有机溶剂
环己醇	100	25.2	161	1.4650	0.9624	3.5^{20}	乙醇、乙醚、丙酮
环己烯	82	−104	83	1.4465	0.8110	不溶	醇、醚、苯、乙酸乙酯
氯仿	119	−63.5	61	1.4467	1.48	0.8	醇、醚、丙酮、苯
7,7-二氯双环[4.1.0]庚烷	165	—	198	1.5012	—	不溶	醇、醚、苯、氯仿

实验步骤

在装有电动搅拌器[1]、球形回流冷凝管、滴液漏斗和温度计的 125 mL 三口瓶中(图 5.4-1)加入 5.1 mL 环己烯、15 mL 氯仿[2]和 0.25 g TEBA。开动搅拌,由冷凝管上口以较慢的速度滴加新配制的 50％ NaOH 水溶液[3],约 15 min 滴完。反应放热会使混合物自动升温至 50～60 ℃[4],反应物的颜色逐渐变为橙黄色的乳浊液。滴加完毕,在水浴中此温度下继续搅拌加热 45～60 min。

将反应物冷至室温,加入 30 mL 水稀释后,将反应液倒入分液漏斗中,静置分液,收集氯仿层[5](下层)。碱液水层用 12 mL 乙醚萃取 1 次,合并醚萃取层和氯仿层,用等体积的水洗涤两次至中性,用无水硫酸镁干燥。

在水浴上蒸去溶剂,然后按图 2.3.2-1 进行减压蒸馏[6],收集 81～82 ℃/16 mmHg 馏分[7],产量约 5 g,计算产率。

纯 7,7-二氯双环[4.1.0]庚烷为无色液体,其沸点为 198 ℃。

本实验约需 6～8 h。

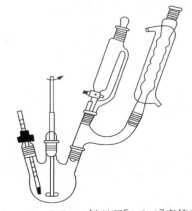

图 5.4-1 7,7-二氯双环[4.1.0]庚烷的制

注释

[1]由于反应在两相中进行,需要激烈搅拌,电动搅拌的效果要优于磁力搅拌。安装装置时,搅拌叶不要与温度计发生碰撞,以免打破温度计的水银球。

[2]应当使用无乙醇的氯仿。普通氯仿为防止分解产生有毒的光气,一般加入少量乙醇为稳定剂,在使用时必须除去。除去乙醇的方法是用等体积的水洗涤氯仿 2～3 次,用无水氯化钙干燥数小时后进行蒸馏。

[3]若加氢氧化钠过半仍未升温,应停止滴加,改为水浴加热,反应开始后应马上撤去水浴。与浓碱接触过的玻璃仪器使用后要立即洗干净,避免旋塞、接口受腐蚀而粘结。

[4]反应温度必须控制在 50～60 ℃,低于 50 ℃则反应较慢,产率降低;高于 60 ℃反应液颜色加深,絮状物增多,不利于分离,原料或中间体均可能挥发损失,使产率降低。

[5]中间可能出现泡沫乳化层,可抽滤除去。

[6]在减压蒸馏前,应先用水浴除去低沸点馏分。

[7]也可收集 78～79 ℃/15 mmHg 或 95～96 ℃/35 mmHg 的馏分。也可用空气冷凝管进行常压蒸馏得到,沸程为 190～200 ℃,但有轻微分解。

思考题

(1)相转移催化反应的原理是什么?

(2)试写出反应中离子的转移、二氯卡宾的产生和反应过程?

(3)为什么要使用过量的氯仿?

实验5.5　苯亚甲基苯乙酮

实验目的

1.掌握羟醛缩合反应原理和方法。
2.巩固机械搅拌、恒压滴液、重结晶等基本实验操作。

实验原理

具有 α-H 的醛酮在稀碱催化下,分子间发生羟醛缩合反应,首先生成 β-羟基醛酮,提高温度,β-羟基醛酮往往进一步脱水生成稳定的 α,β-不饱和醛酮。这是合成 α,β-不饱和醛酮和 α,β-不饱和羰基化合物的重要方法,也是有机合成中增长碳链的重要反应。

苯亚甲基苯乙酮,俗称查尔酮,广泛应用于有机合成,如:合成甜味剂。苯亚甲基苯乙酮是由苯甲醛和苯乙酮在乙醇水溶液中,氢氧化钠或氢氧化钾催化下进行羟醛缩合而生成。反应式:

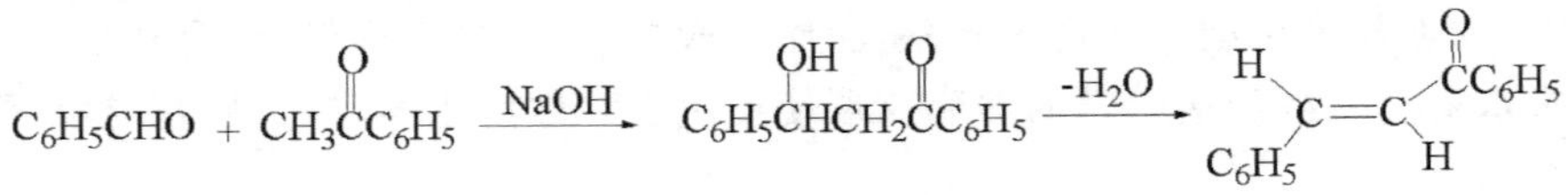

$$C_6H_5CHO + CH_3\overset{O}{\overset{\|}{C}}C_6H_5 \xrightarrow{NaOH} C_6H_5\overset{OH}{\overset{\|}{C}}HCH_2\overset{O}{\overset{\|}{C}}C_6H_5 \xrightarrow{-H_2O} \overset{H}{\underset{C_6H_5}{C}}=\overset{\overset{O}{\overset{\|}{C}C_6H_5}}{\underset{H}{C}}$$

该方法反应需要 1.5~2.0 h,产率 67~72%。使用超声波辅助反应制备苯亚甲基苯乙酮,只要按顺序将原料、催化剂依次加入锥形瓶,放入超声发生器中,超声辐射 35 min,反应瓶中则有结晶析出。用冷乙醇洗涤后,即可得到很好的结晶产品。

试剂

2.65 g(2.5 mL,0.025 mol)苯甲醛,3 g(3 mL,0.025 mol)苯乙酮,10%氢氧化钠溶液,95%乙醇。

物理常数

化合物	相对分子质量	熔点/℃	沸点/℃	折光率 n_D^{20}	相对密度 d_4^{20}	溶解性/[g/(100 g)]^{20} 水	溶解性/[g/(100 g)]^{20} 有机溶剂
苯甲醛	106	−26	179.5	1.5463	1.0504^{15}	0.33	乙醇、乙醚
苯乙酮	120	20.5	202.3	1.5372	1.0281	不溶	大多数有机溶剂
苯亚甲基苯乙酮	208	58	345~348	1.6458^{62}	1.0712	—	醚、氯仿、苯

实验步骤

方法一:传统苯甲醛和苯乙酮羟醛缩合法

在装有搅拌器、温度计和滴液漏斗的 100 mL 三口烧瓶中,加入 12.5 mL 10%氢氧化钠溶液、8 mL 95%乙醇和 3 mL 苯乙酮[1]。在搅拌下由滴液漏斗滴加2.5 mL苯甲醛,控制滴加速度,保持反应温度在 25~30 ℃之间[2],必要时用冷水浴冷却。滴加完毕后,继续保持此温度搅拌 0.5 h。然后加入几粒苯亚甲基苯乙酮作为晶种,室温下继续搅拌 1~1.5 h,即有固体析出。反应结束后将三口烧瓶置于冰水浴中冷却 15~30 min,使结晶完全。

减压抽滤收集产物,用水充分洗涤,至洗涤液呈中性。然后用少量冷乙醇(2~3 mL)洗涤结晶,挤压抽干,得苯亚甲基苯乙酮粗品。粗产物用 95%乙醇重结晶[3](每克产物需 4~5 mL 溶剂),得浅黄色片状结晶[4]6~7 g,熔点 56~57 ℃[5]。

本实验约需 6 h。

方法二:超声波法

在 50 mL 锥形瓶中,依次加入 6.3 mL 氢氧化钠溶液(100 g/L)[6]、7.5 mL 乙醇和 3 mL 苯乙酮,摇匀。冷却至室温,再加入 2.5 mL 苯甲醛[7]。把锥形瓶放在超声波发生器中,使反应瓶中的液面略低于发生器水面,启动超声波发生器,于 25~30 ℃[8]反应 30~35 min,有结晶析出。停止反应,于冰水浴中冷却,使结晶完全。抽滤,冷水洗涤产品至中性,得粗产品。粗产品用 95%乙醇重结晶,干燥,称重,平均产率为 87%,熔点 56~57 ℃。

注释

[1]苯乙酮和苯甲醛的用量要准确称取,且苯甲醛须新蒸馏后使用。

[2]控制好反应温度,温度过低产物发黏,过高副反应多。

[3]产物熔点较低,重结晶加热时易呈熔融状,故须加乙醇作溶剂使之呈均相。

[4]若溶液颜色较深可加少量活性炭脱色。

[5]苯亚甲基苯乙酮有多种晶型,其熔点分别为:α 体(片状,58～59 ℃)、β 体(针状,56～57 ℃)、γ 体(片状,48 ℃)。通常得到的是 α 体。

[6]超声法中,催化剂氢氧化钠的用量只有经典方法的一半。如果用量太大,会生成大量的聚合产物,影响收率。

[7]苯甲醛在空气中或见光会变黄,使用时必须重蒸,得到无色或浅黄色液体。

[8]反应温度高于 30 ℃ 或低于 15 ℃,对反应均不利。

思考题

(1)为什么本实验主要产物不是苯乙酮的自身缩合或苯甲醛的 Cannizzaro 反应?

(2)本实验中可能有哪些副反应发生?实验中采取了哪些措施避免副产物的生成?

(3)超声波是一种能量比较低的机械波,并不能改变化合物的结构或是化学键的活化,那么超声促进化学反应的原因是什么?

(4)超声化学反应的特点是什么?

红外及核磁图谱

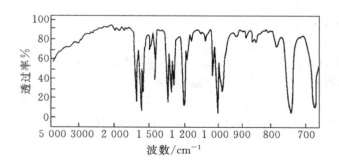

图 5.5-1　反苯亚甲基苯乙酮的红外光谱图

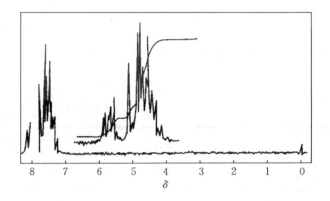

图 5.5-2　反苯亚甲基苯乙酮的^{1}H NMR 谱图

实验 5.6　对硝基苯胺

实验目的

1. 学习制备对硝基苯胺的原理和方法。
2. 巩固回流、重结晶、抽滤、脱色等基本操作。

实验原理

　　芳环上的氨基易被氧化,因此由苯胺制备对硝基苯胺,不能直接硝化,须先保护氨基。一般是将苯胺乙酰化转化为乙酰苯胺,保护氨基后再硝化。在芳环上引入硝基后,再水解去保护恢复氨基,即对硝基乙酰苯胺在酸性介质中水解,酰胺键发生断裂,从而得到对硝基苯胺。另外,氨基酰化后,降低了氨基对苯环亲电取代反应的活化能力,又因为乙酰基的空间位阻,可提高生成对位产物的选择性。

　　本实验以对硝基乙酰苯胺为原料水解制备对硝基苯胺,反应如下:

$$O_2N\text{—}\langle\ \rangle\text{—NHCOCH}_3 \xrightarrow[\text{H}_2\text{O}]{\text{HCl}} O_2N\text{—}\langle\ \rangle\text{—NH}_2$$

试剂

2.3 g 对硝基乙酰苯胺、盐酸、浓氨水、乙醇、活性炭。

物理常数

化合物	相对分子质量	熔点/℃	沸点/℃	折光率 n_D^{20}	相对密度 d_4^{20}	溶解性/[g/(100 g)]^{20} 水	溶解性/[g/(100 g)]^{20} 有机溶剂
对硝基乙酰苯胺	180	216	100 (0.0011kPa)	—	1.340	热水	乙醇、乙醚
对硝基苯胺	138	148.5	331.7	—	1.424	0.08	乙醇、乙醚、苯
邻硝基苯胺	138	71.5	>260 分解	—	1.44^{15}	热水	乙醇、乙醚、氯仿

实验步骤

在 50 mL 圆底烧瓶中加入 2.3 g 对硝基乙酰苯胺、10 mL 盐酸(1∶1)、沸石。按图 5.6-1 装上回流冷凝管,加热回流 40 min,趁热将反应液倒入烧杯中,冷却至室温,有固体析出。再用浓氨水进行中和[1],固体逐渐溶解,形成透明的橙红色溶液。继续加氨水,重新析出沉淀,至 pH 值为 8 时,充分冷却溶液使结晶完全析出,抽滤,用少量冷水淋洗 3 次,抽干,得到对硝基苯胺的粗产品。

将所得的对硝基苯胺的粗产品转移到 100 mL 的圆底烧瓶中,加入 50 mL 的 1∶1 的水-乙醇溶液中,装上回流冷凝管加热进行回流,至固体全部溶解。稍冷,加入 1.5 g 活性炭[2],重新加热回流5 min,趁热抽滤,将所得热滤液尽可能迅速地转移到干净烧杯中,连同热浴一起缓慢冷却到室温,析出细长的亮黄色针状晶体,抽滤,用少量冷水淋洗 3 次,抽干,将滤饼转移到表面皿上晾干,称重,并计

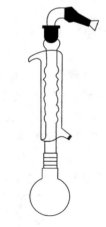

图 5.6-1 对硝基苯胺的制备

算产率。纯的对硝基苯胺熔点为 148.5 ℃。

本实验需 3 h。

注释

[1]中和时还可用氢氧化钠溶液。

[2]加入活性炭时,必须在溶液稍冷后才能加入。溶液颜色较深时可加大活性炭的用量,但不能超过溶液总质量的 5%。

思考题

(1)对硝基苯胺是否可从苯胺直接硝化来制备? 为什么?

(2)在酸性或碱性介质中都可以进行对硝基乙酰苯胺的水解反应,试讨论各有何优缺点?

(3)活性炭脱色时应该注意什么?

红外及核磁图谱

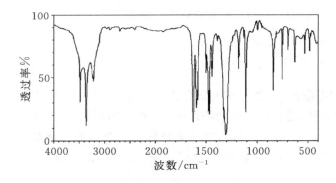

图 5.6 - 2　对硝基苯胺的红外光谱图

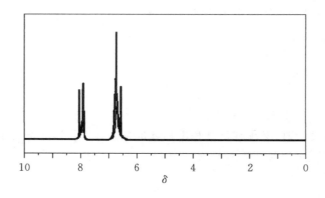

图 5.6 - 3　对硝基苯胺的^{1}H NMR 谱图

实验 5.7　对氨基苯磺酸

实验目的

1. 掌握磺化反应制备氨基苯磺酸的原理和方法。
2. 掌握微波辅助合成有机化合物的操作技术。

实验原理

　　对氨基苯磺酸是一种重要的有机化工原料,是合成偶氮染料的中间体,也是防治小麦锈病的农药,通常由苯胺和浓硫酸在 180～190 ℃时共热制得。室温下芳胺与浓硫酸混合生成 N -磺基铵盐,然后加热转化为对氨基苯磺酸。使用常规的加热方法,反应需要 4.5 h,而使用微波辐射仅用 10 min 左右便能完成。

　　反应式:

试剂

方法一：5.11 g(5 mL,0.055 mol)苯胺(新蒸),16.56 g(9 mL,0.17 mol)浓硫酸。

方法二：2.99 g(2.8 mL,0.032 mol)苯胺(新蒸),3.13 g(1.7 mL,0.032 mol)浓硫酸,10%氢氧化钠溶液。

物理常数

化合物	相对分子质量	熔点/℃	沸点/℃	折光率 n_D^{20}	相对密度 d_4^{20}	溶解性/[g/(100 g)]^{20} 水	有机溶剂
苯胺	93	−6	184	1.5863	1.0220	3.4	乙醇、乙醚、苯
对氨基苯磺酸	173	288	分解	1.4850	1.485	0.1	不溶醇、醚、苯

实验步骤

方法一：常规方法

在 50 mL 烧瓶中加入 5 mL 新蒸馏的苯胺,装上空气冷凝管,滴加 9 mL 浓硫酸[1]。油浴加热,在 180～190 ℃反应约 1.5 h[2],检查反应完全后,停止加热,放冷至室温。

将混合物在不断搅拌下倒入 50 mL 盛有冰水的烧杯中,析出灰白色对氨基苯磺酸。抽滤、水洗、热水重结晶得到产物[3]。

纯的氨基苯磺酸是一种白色至灰白色粉末,在空气中吸收水分后变成白色结晶体,带有一个分子的结晶水,温度达到 100 ℃时即失去结晶水,熔点为 288 ℃,在 300 ℃时开始分解炭化。

方法二：微波辐射法

在 25 mL 圆底烧瓶中加入 2.8 mL 苯胺,分批滴加 1.7 mL 浓硫酸,并不断振摇。加完酸后将烧瓶置于 1000 W 微波反应器内,装上空气冷凝管(为使装置稳妥,可在烧瓶下方垫一烧杯),同时在微波反应器内放入盛有 100 mL 水的烧杯[4]。火力调至低挡,持续 10 min。关闭微波反应器待稍冷[5],取出 1～2 滴反应混合物于 2 mL10%氢氧化钠溶液中,振荡后若得澄清溶液,可认为反应完成,否则需要继续加热。

反应完成后,将反应液趁热在不断搅拌下倒入盛有 20 mL 冷水或 20 g 碎冰的烧杯中,析出白色对氨基苯磺酸,抽滤,用少量水洗涤。粗产物用热水重结晶,并用活性炭脱色,可得到含有两个结晶水的对氨基苯磺酸,产量约 3 g。

注释

[1]由于加浓硫酸时,硫酸与苯胺激烈反应生成苯胺硫酸盐,因此要先滴加,当硫酸加至生成盐不能振摇时可分批加入。

[2]刚开始加热不要太快,防止苯胺氧化。一定要加沸石,防止局部过热,避免反应物炭化及苯胺氧化。

[3]产品在水中的溶解度大,重结晶时注意加水的量不要过多,否则没有产品析出。

[4]用烧杯装 100 mL 水置于微波反应器中,可以分散微波能量,从而减少反应中因火力过猛而发生炭化。

[5]稍冷可以使未反应的苯胺冷凝下来,以免苯胺遇热挥发而造成损失和中毒。

思考题

(1)对氨基苯磺酸较易溶于水,而难溶于苯及乙醚,试解释原因。

(2)反应产物中是否会有邻位取代物? 若有,邻位和对位取代产物,哪一种较多? 说明理由。

(3)为什么微波辐射可以加速反应?

红外及核磁图谱

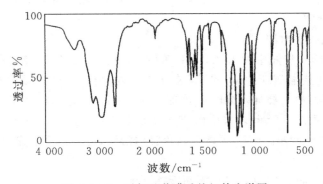

图 5.7 - 1　对氨基苯磺酸的红外光谱图

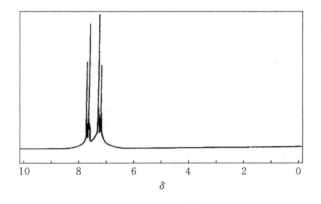

图 5.7-2 对氨基苯磺酸的^{1}H NMR 谱图

实验 5.8 2-甲基-2-己醇

实验目的

1. 学习通过 Grignard 试剂制备醇的原理及方法。
2. 训练无水操作及磁力搅拌操作等技术。

实验原理

醇是应用极广的一类有机化合物,其制备方法很多,醇在工业上可利用水煤气合成、淀粉发酵、烯烃水合及卤代烃的水解等反应来制备。实验室中,通常采用糖基化合物的还原、Grignard 反应和烯烃的硼氢化-氧化与羟汞化等反应来进行制备。

利用 Grignard 反应是合成各种结构复杂的醇的重要方法。卤代烷和卤代芳烃与金属镁在无水乙醚中反应生成烃基卤化镁(RMgX),称为 Grignard 试剂。此类化合物为法国化学家格利雅于 1900 年发现,他也因此获得 1912 年诺贝尔化学奖。芳香型和乙烯型氯化物,则需用四氢呋喃(THF,沸点 66 ℃)为溶剂,才能发生反应。格氏试剂中碳-金属键是极性键,带部分负电荷的碳具有显著的亲核性质,能与醛、酮、羧酸衍生物及环氧乙烷等发生亲核加成反应,生成相应的醇、羧酸和酮等化合物。除此之外,格氏试剂还能与水、氧气、二氧化碳反应,因此有格氏试剂参与的反应必须在无水和无氧等条件下进行。

本实验 2-甲基-2-己醇的合成反应式：

$$CH_3CH_2CH_2CH_2Br + Mg \xrightarrow{\text{无水乙醚}} CH_3CH_2CH_2CH_2MgBr$$

$$CH_3CH_2CH_2CH_2MgBrH + \underset{H_3C}{\overset{O}{\underset{|}{C}}}\overset{\Vert}{\underset{CH_3}{}} \xrightarrow{\text{无水乙醚}} CH_3CH_2CH_2CH_2-\overset{CH_3}{\underset{CH_3}{\overset{|}{\underset{|}{C}}}}-OMgBr$$

$$CH_3CH_2CH_2CH_2-\overset{CH_3}{\underset{CH_3}{\overset{|}{\underset{|}{C}}}}-OMgBr \xrightarrow{H_2O/H^+} CH_3CH_2CH_2CH_2-\overset{CH_3}{\underset{CH_3}{\overset{|}{\underset{|}{C}}}}-OH + Mg(OH)Br$$

试剂

8.1 g(6.4 mL,约 0.06 mol)正溴丁烷,1.5 g(0.06 mol)镁带,4 g(5 mL, 0.068 mol)丙酮,无水乙醚,乙醚,10%硫酸溶液,5%碳酸钠溶液,无水碳酸钾。

物理常数

化合物	相对分子质量	熔点/℃	沸点/℃	折光率 n_D^{20}	相对密度 d_4^{20}	溶解性/[g/(100 g)]²⁰	
						水	有机溶剂
正溴丁烷	137	−112	101.6	1.4395	1.2764	1	乙醇、乙醚、苯
乙醚	74	−116.2	34.5	1.3526	0.7134	不溶	乙醇、苯、氯仿等
丙酮	58	−94.8	56	1.3588	0.7808	溶	大多数有机溶剂
2-甲基-2-己醇	116	87.4	143	1.4175	0.8120	微溶	—

实验步骤

1. 正丁基溴化镁的制备

在 250 mL 三烧瓶上分别装上搅拌器[1]、球形冷凝管和恒压滴液漏斗[2],在球形冷凝管上端加装氯化钙干燥管[3](图 5.8-1)。瓶内加入 1.5 g 镁屑[4]、10 mL

无水乙醚[5]及一小粒碘;在恒压滴液漏斗中混合 6.4 mL 正溴丁烷和 15 mL 无水乙醚。先向瓶内滴入约 3 mL 混合液,数分钟后溶液呈微沸状态,碘的颜色消失[6],开动搅拌[7]。滴入其余的正溴丁烷乙醚溶液,控制滴加速度维持反应液呈微沸状态。滴加完毕后,在热水浴上回流 20 min,使镁条几乎作用完全。

2. 2-甲基-2-己醇的制备

如图 5.8-2 所示,搅拌下将上面制好的格氏试剂在冰水浴冷却后自恒压滴液漏斗中滴入 5 mL 丙酮和 10 mL 无水乙醚的混合液,控制滴加速度,勿使反应过于猛烈。加完后,在室温下继续搅拌 15 min。溶液中可能有白色黏稠状固体析出。

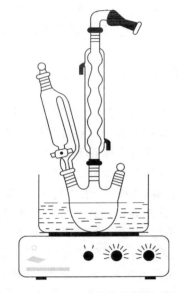

图 5.8-1　正丁基溴化镁的制备反应装置

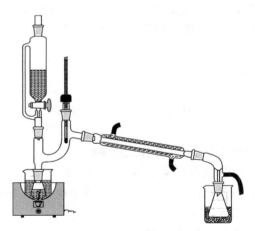

图 5.8-2　2-甲基-2-己醇的制备反应装置

将反应瓶在冰水浴冷却和搅拌下,自恒压滴液漏斗中加入 45 mL 10%硫酸溶液,分解产物(开始滴入宜慢,以后可逐渐加快)[8]。待分解完全后,将溶液倒入分液漏斗中,分出醚层。水层用乙醚(12 mL×2)萃取,合并醚层,用 14 mL 5%碳酸钠溶液洗涤一次,用无水碳酸钾干燥[9]。

将干燥后的粗产物醚溶液滤入 25 mL 蒸馏瓶,用温水浴蒸去乙醚,再在加热包上加热蒸出产品,收集 137~141 ℃ 馏分,产量 3~4 g。

纯粹 2-甲基-2-己醇的沸点为143 ℃,折光率 n_D^{20} 1.4175。本实验约需 6~7 h。

注释

[1]本实验搅拌时应密封好,减少乙醚挥发。

[2]实验中所用仪器应在烘箱烘干后,取出稍冷即放入干燥器中冷却。

[3]干燥管中棉花要松紧合适,避免堵塞系统引起爆炸。

[4]镁屑要用新处理过的。久置的镁屑按以下方法处理:5%的稀盐酸作用数分钟,抽滤除去酸液,依次用水、乙醇、乙醚洗涤,抽干后置于干燥器中备用。

[5]试剂必须充分干燥。乙醚用钠处理后再蒸馏纯化,正溴丁烷用无水氯化钙干燥并蒸馏纯化;丙酮用无水碳酸钠干燥,亦经蒸馏纯化。

[6]若 5 min 后仍不反应,可用温水浴加热,或在加热前加入一小粒碘以催化反应。反应开始后,碘的颜色立即褪去。

[7]开始时为了使正溴丁烷局部浓度较大,易于发生反应,可不用搅拌,等反应引发后再使用搅拌反应。

[8]开始滴入宜慢,否则有可能冲出,以后可逐渐加快滴入速度。

[9]由于 2-甲基-2-己醇能与水形成共沸物,因此蒸馏前需充分干燥。

思考题

(1)本实验在水解前的各步中,为什么使用的仪器和药品都必须充分干燥? 为此要采取哪些措施?

(2)反应若不能立即开始,应采取什么措施?

(3)请自己设计出用格氏反应来制备 2-甲基-2-丁醇的实验方案。

(4)如反应未真正开始,却加入了大量的正溴丁烷,后果如何?

(5)粗产物可否用无水氯化钙干燥,为什么?

(6)本实验有哪些副反应? 应如何避免?

红外光谱图

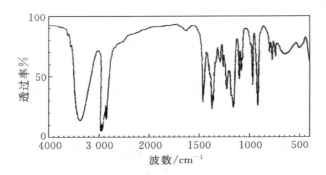

图 5.8 - 3　2 -甲基- 2 -己醇的红外光谱图

实验 5.9　三苯甲醇

实验目的

1. 学习和掌握利用 Grignard 制备叔醇的原理和方法。
2. 巩固无水反应的操作方法。

实验原理

三苯甲醇是一种重要的有机合成中间体,它可以通过 Grignard 试剂与苯甲酸乙酯或二苯甲酮反应制得。

方法一:由苯甲酸乙酯与苯基溴化镁反应制备

方法二:由二苯酮与苯基溴化镁反应制备

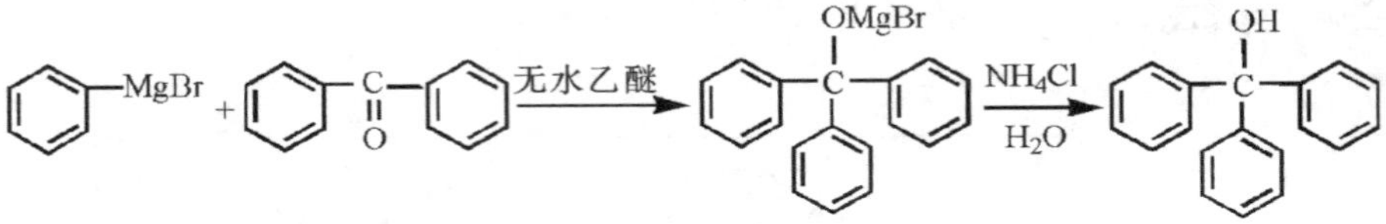

试剂

方法一:0.75 g(0.03 mol)镁屑,5 g(3.5 mL,0.03 mol)溴苯(新蒸),2 g(1.9 mL,0.013 mol)苯甲基酸乙酯,无水乙醚,碘,4 g 氯化铵,乙醇。

方法二:0.5 g(0.02 mol)镁屑,3.3 g(2.1 mL,0.02 mol)溴苯(新蒸),3.7 g(0.02 mol)二苯酮,无水乙醚,4 g 氯化铵,乙醇。

物理常数

化合物	相对分子质量	熔点/℃	沸点/℃	折光率 n_D^{20}	相对密度 d_4^{20}	溶解性/[g/(100 g)]^{20} 水	有机溶剂
乙醚	74	−116.2	34.5	1.3526	0.7134	不溶	乙醇、苯、氯仿等
三苯甲醇	260	164	380	1.1994	1.199	不溶	乙醇、乙醚、苯、丙酮
溴苯	157	−30.8	156	1.5597	1.4950	0.045^{30}	乙醇、乙醚、苯
二苯酮	182	49	306 升华	1.6077^{19}	1.1146	不溶	乙醇、乙醚、氯仿

实验步骤

方法一:苯基溴化镁与苯甲酸乙酯反应制备

1. 格氏试剂苯基溴化镁的合成

在 100 mL 三口瓶中,加入 0.75 g 镁屑[1]、1 小粒碘和搅拌磁子,安装冷凝管和滴液漏斗,在冷凝管的上口装置氯化钙干燥管,在恒压漏斗中混合 5 g 溴苯和 16 mL 乙醚。

先将 1/3 的混合液滴入烧瓶中,数分钟后即见镁屑表面有气泡产生,溶液轻微浑浊,碘颜色开始消失。若不发生反应,可略微加热,待反应开始(鼓泡)后开动搅拌,缓慢滴入其余的溴苯乙醚溶液,滴加速度以保持溶液呈微沸状态为宜。滴完后,40 ℃左右水浴回流至少 30 min,使镁屑基本反应完全,停止加热,冷却(冷凝水,干燥管不取)至基本达常温,塞好塞子放好,待用。

2.三苯甲醇的制备

将已制好的苯基溴化镁试剂瓶置于冷水浴中,在搅拌下由滴液漏斗滴加1.9 mL苯甲酸乙酯和 7 mL 无水乙醚的混合液,控制滴加速度保持反应平稳进行。滴加后,将反应混合物在 40 ℃左右水浴回流 0.5 h,使反应进行完全,这时可观察到反应物明显地分为两层。将反应物改为冰水浴冷却,在搅拌下由滴液漏斗滴加由 4 g 氯化铵配制而成的饱和溶液(约 15 mL),分解加成产物[2]。

将反应装置改为蒸馏装置,在 40 ℃左右水浴上蒸去大部分乙醚(接收瓶可放在水浴或冰水浴中),再将残余物进行水蒸气蒸馏(见图 2.3.3 - 1(b))以除去溴苯及联苯等副产物(也可用石油醚洗),瓶中剩余物冷却后凝为固体,抽滤收集。粗产物用 80%的乙醇进行重结晶,干燥后产量 2.0～2.5 g。

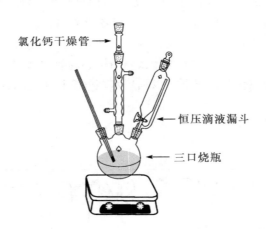

氯化钙干燥管 →

恒压滴液漏斗

三口烧瓶

图 5.9 - 1 带磁力搅拌的反应装置

纯的三苯甲醇为无色棱状晶体,熔点 164.2 ℃。

方法二:苯基溴化镁与二苯甲酮反应制备

将镁屑和溴苯(2.1 mL 溶于 12 mL 无水乙醚),制成 Grignard 试剂,在搅拌下滴加二苯酮(3.7 g)的无水乙醚(12 mL)溶液,滴加毕加热回流 0.5 h。然后用 4 g 氯化铵配成饱和溶液(约需 15 mL),分解加成产物,蒸去乙醚后进行水蒸气蒸馏,冷却,抽滤固体,经乙醇-水重结晶,得到纯净的三苯甲醇结晶,产量 2.0～3.0 g。

本实验需 8 h。

注释

[1]格氏试剂非常活泼,操作中应严格控制水气进入反应体系,所使用仪器须干燥。

[2]如反应中有絮状的氢氧化镁未全溶时,可加入几毫升稀盐酸促使其全部溶解。

思考题

(1)实验在将 Grignard 试剂加成物水解前的各步中,为什么使用的药品仪器均要绝对干燥? 采取了什么措施?

(2)本实验中溴苯加入太快或一次加入,有什么不好?

(3)如二苯酮和乙醚中含有乙醇,对反应有何影响?

(4)用混合溶剂进行重结晶时,何时加入活性炭脱色? 能否加入大量的不良溶剂,使产物全部析出? 抽滤后的结晶应该用什么溶剂洗涤?

(5)苯基溴化镁的制备过程中应注意什么问题? 试述碘在该反应中的作用。

(6)在三苯甲醇的制备过程中为什么要用饱和的氯化铵溶液分解?

(7)哪些有机物在什么情况下可以利用水蒸气蒸馏进行分离提纯?

红外核磁共振图谱

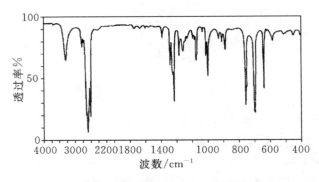

图 5.9-2　三苯甲醇的红外谱图

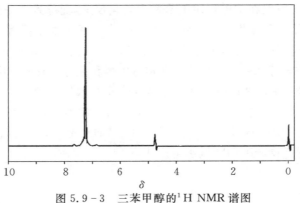

图 5.9 – 3 三苯甲醇的 ^{1}H NMR 谱图

实验 5.10 结晶玫瑰

实验目的

1. 通过对反应过程的分析，了解影响反应进行的因素。
2. 学习相转移催化剂的使用方法和原理。

实验原理

结晶玫瑰的化学名称为乙酸三氯甲基苯甲酯，英文名称为 α–Trichloromethyl benzyl acetate。主要使用以下路径合成：①由苯甲醛和氯仿合成三氯甲基苯基甲醇。②三氯甲基苯基甲醇与乙酸酐发生乙酰化反应制得结晶玫瑰。

本实验由苯甲醛和氯仿合成三氯甲基苯基甲酯，合成分两步进行，首先在强碱催化下，氯仿与苯甲醛反应得到三氯甲基苯甲醇，然后再与乙酸酐进行酯化反应。

反应式：

由于反应物苯甲醛在浓碱作用下易发生歧化反应,而导致产率普遍不高,目前我国香料厂都采用这种苯甲醛氯仿法合成中间体三氯甲基苯甲醇,虽然此法反应比较稳定,反应过程易于控制,但总收率只有 50%,从而使最终产物成本增加。显然提高结晶玫瑰的收率关键在第一步。通常苯甲醛和氯仿合成醇的反应,在 N,N-二甲基甲酰胺(DMF)溶剂中滴加 KOH 的醇溶液能有效提高产率,结晶玫瑰的收率可达 80%。但是 DMF 溶剂的使用必然增加产品的成本,若采用相转移催化剂三乙基苄基氯化铵(TEBA)同样可以得到较高收率的结晶玫瑰,且简化了实验操作过程,提高了目标产物产率和降低了生产成本。

试剂

方法一:15 g(15 mL,0.15 mol)苯甲醛,26.7 g(18 mL,0.22 mol)三氯甲烷,甲醇 1 mL,20 mL N,N-二甲基甲酰胺(DMF),盐酸,浓硫酸,乙醇。

方法二:11 g(11 mL,0.11 mol)苯甲醛,37.1 g 三氯甲烷(25 mL,0.31 mol),0.25 g 三乙基苄基氯化铵(TEBA),氢氧化钾或 50% NaOH,乙醚,硫酸。

物理常数

化合物	相对分子质量	熔点/℃	沸点/℃	折光率 n_D^{20}	相对密度 d_4^{20}	溶解性/$[g/(100\ g)]^{20}$ 水	有机溶剂
苯甲醛	106	−26	179.5	1.5463	1.0504^{15}	0.33	乙醇、乙醚
三氯甲烷	119	−63.5	61	1.4476	1.4840	1.0^{15}	乙醇、乙醚、苯、丙酮
结晶玫瑰	267.5	86~88	280~282	—	1.0610	不溶	乙醇
DMF	73	−60.5	149~156	1.4275~1.4290^{25}	0.9487	溶	大多数有机溶剂

实验步骤

方法一:

1. 三氯甲基苯基甲醇的制备

在装有温度计、搅拌器和冷凝管的 50 mL 三口烧瓶中,加入 15 mL 苯甲醛和 18 mL 三氯甲烷,加入助溶剂甲醇 1 mL 和 DMF 20 mL,在搅拌下将反应液冷却至 10 ℃,然后分批加入 8 g KOH,在 1 h 内加完,将反应温度控制在 10～15 ℃。加完 KOH 后,在 20～30 ℃下搅拌 2 h,然后向三口瓶中加入 15 mL 冰水,再搅拌 1 h。将反应混合物放入 100 mL 分液漏斗中静置分层,弃去水层,有机层用 10 mL 水洗涤两次。然后将有机层移入 50 mL 锥形瓶中,加入 10 mL 水,搅拌下加入 10%的盐酸调节 pH 至 6～7。分去水层后,将有机层放入三口瓶中进行水蒸气蒸馏,以除去苯甲醛和氯仿。剩余液趁热尽可能分去水层。有机层用无水硫酸镁干燥至澄清。在进行酯化前,应注意将三氯甲基苯基甲醇充分干燥,水分的存在会影响下一步的酯化反应。抽滤,滤液即为粗制三氯甲基苯基甲醇。

2.结晶玫瑰的制备

在装有磁搅拌子、回流冷凝管和 300 ℃温度计的 100 mL 三口瓶中,加入上述粗制三氯甲基苯基甲醇 14.12 g,乙酸酐 8 mL,搅拌下加入浓硫酸 1 mL,在温度为 90～110 ℃之间加热反应 3 h。反应完毕后,将反应液倒入冰水中冷却结晶,抽滤,收集晶体,用无水乙醇重结晶。纯粹结晶玫瑰的熔点为 86～88 ℃。

方法二:相转移催化

在装有温度计和搅拌器的 250 mL 三口烧瓶中,加入 25 mL 三氯甲烷和 13.5 g 50% KOH 溶液或 10 g 50% NaOH,冰盐水冷却至 0 ℃。将 0.25 g 三乙基苄基氯化铵[1]溶于 11 mL 苯甲醛,于搅拌下慢慢加入到反应瓶中,控制加料速度,使反应温度不超过 5 ℃。加毕,于 0～5 ℃[2]搅拌反应 2 h。然后用 15 mL 水洗涤,再用 10%盐酸洗至中性,蒸馏回收氯仿,有机相用饱和 NaHCO₃ 溶液洗涤除去苯甲醛,得到淡黄色黏稠液体,粗品重 15～18 g。

将上述得到的三氯甲基苯基甲醇 18 g 和 11 g 乙酸酐投入 250 mL 三口烧瓶中,加入 1 g 硫酸(或 10 g 磷酸)为催化剂,搅拌下于 100～120 ℃酯化 2 h,冷却析出结晶,抽滤,滤饼即为粗品。滤液回收乙酸后,浓缩析出结晶,抽滤,将两次粗品合并,用乙醇重结晶,置 60 ℃干燥,得结晶玫瑰 14～18 g。

纯的结晶玫瑰的熔点为 86～88 ℃。

注释

[1]相转移催化之所以能有效提高第一步反应产率,主要是相转移催化剂能有效地将极性的 OH⁻ 从水相带入有机相与 CHCl₃ 作用产生 CCl₃⁻ 并在有机相内与苯甲醛发生加成反应。

[2]反应温度是第一步反应的关键之一,温度过低反应较慢,温度较高,则苯甲醛在强碱条件下易发生歧化反应。在 0～5 ℃条件下可以有效地防止苯甲醛的歧化副反应发生。

思考题

(1)若实验反应温度高于 5 ℃,则有哪些副产物生成?

(2)比较两种合成方法的优缺点。

实验 5.11　二苯甲酮

实验目的

1.学习利用 Friedel-Crafts 酰基化反应制取二苯甲酮的原理和方法。

2.巩固减压蒸馏、萃取等操作。

3.掌握微波法制备二苯甲酮的方法和实验操作。

实验原理

二苯甲酮,又名苯酮、二苯酮、苯甲酰苯等,为淡黄色或无色的片状结晶,具有甜味和玫瑰香味,不溶于水,溶于乙醇、乙醚和氯仿。二苯甲酮有两种晶态,α 型为棱形结晶;β 型为不稳定的单斜结晶,β 型能自行转变为 α 型。二苯甲酮的合成方法很多,大体上可以分为光气法、脱羧法、苯与四氯化碳缩合法、苯与苯甲酰氯缩合法和二苯甲烷(DPM)氧化法等。工业上一般以氯化苄为原料制备 DPM,再经过硝酸氧化生产二苯甲酮。此方法原料丰富,设备简单,产率可达 84%,但是由于使用浓硝酸作为氧化剂,反应温度较高,而且硝酸分解生成大量的 NO_x,使产品的后处理困难,不符合环境友好合成的要求,并且提高成本。从"原子经济性"上讲,H_2O_2 几乎是一种理想的"绿色氧化剂",提供氧,自身变成水,从而使反应后处理过程更为简单。本实验以醋酸铁为催化剂,微波辐射下双氧水氧化二苯甲烷法制备二苯甲酮,可以很好的避免常规方法中氧化剂和催化剂带来的环境污染问题。

其反应式如下:

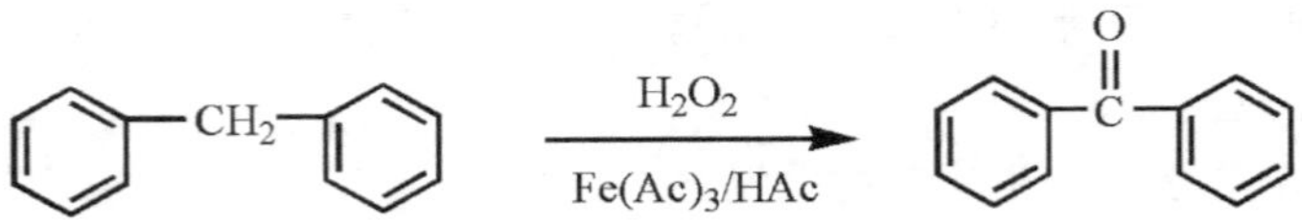

试剂

方法一:0.51 g(0.003 mol)二苯甲烷,15 mL30%过氧化氢,乙醇,冰醋酸,石油醚(60~90 ℃),氢氧化钠。

方法二:

0.168 g(0.001 mol)二苯甲烷、5 mLH$_2$O$_2$、0.090 g(0.04 mol)Fe(Ac)$_3$,醋酸

物理常数

化合物	相对分子质量	熔点/℃	沸点/℃	折光率 n_D^{20}	相对密度 d_4^{20}	溶解性/[g/(100 g)]^{20}	
						水	有机溶剂
二苯甲烷	168	25	265	1.5750	1.006(l) 1.3421^{10}(s)	不溶	大多数有机溶剂
二苯甲酮	182	49	306 升华	1.6077^{19}	1.1146	不溶	乙醇、乙醚、氯仿

注:l—液体;s—固体

实验步骤

方法一:二苯甲烷(DPM)氧化法

1.醋酸铁的制备

用略过量的氢氧化钠配成 60%的水溶液,然后与 FeCl$_3$ 反应得到 Fe(OH)$_3$,用蒸馏水反复洗涤后将 Fe(OH)$_3$ 加入略过量的 HAc 水溶液中,充分反应后将液体蒸出,对剩余固体进行真空干燥,得到 Fe(Ac)$_3$。

2.二苯甲酮的制备

在 100 mL 的三口烧瓶中加入 0.51 g 二苯甲烷,15 mL 双氧水,和上述自制醋酸铁催化剂0.067 g及 30 mL 冰醋酸,接上回流冷凝管。反应温度控制在 120 ℃,反应 3~4 h 后取出反应混合物,过滤除去 Fe(Ac)$_3$。然后用旋转蒸发仪在减压下蒸出滤液中的溶剂。产物冷却后即得固体。粗产物可用石油醚(60~90 ℃)重结晶。干燥后称重,测熔点并计算产率。

纯的二苯甲酮的熔点为 48.5 ℃。

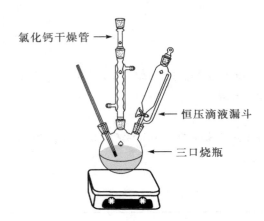

图 5.11-1　二苯甲酮制备装置

方法二:微波辐射法

1. 微波反应

在 50 mL 烧瓶中,依次加入 0.168 g 二苯甲烷、5 mL 过氧化氢、0.090 g(0.04 mol)醋酸铁以及 10 mL 醋酸[1],摇匀后,加入少许沸石。将烧瓶置于微波反应器内的玻璃平台上,使用 400 W 微波[2]辐射 20 min[3]。

2. 分离提纯

反应结束后,将微波反应器内的反应瓶取出,冷至室温,过滤除去醋酸铁和沸石。旋转蒸发除去醋酸溶剂。产物冷却后固化,用石油醚(60～90 ℃)重结晶,得到白色晶体。称重,计算产率。

注释

[1]醋酸可以提高二苯甲烷的溶解度,有利于反应物充分接触;醋酸还可以增加反应体系吸收微波的能力。

[2]微波功率 400 W 左右适宜,功率过大,会增加副产物的生成量。

[3]微波辐射时间以 20 min 左右为宜,辐射时间过长,易炭化,影响二苯甲烷产量。

思考题

(1)影响微波辐射合成反应的因素有哪些?

（2）辐射时间越长越好吗？辐射强度越强越好吗？说明原因。

红外及核磁图谱

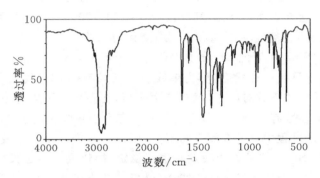

图 5.11 - 1　二苯甲酮的红外图谱

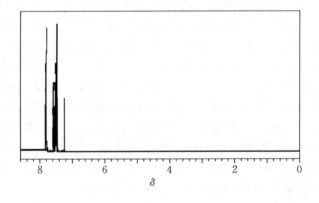

图 5.11 - 2　二苯甲酮的的^{1}H NMR 谱图

实验 5.12　苯频哪醇光化学合成

实验目的

1. 了解有机光化学反应的基本原理。
2. 掌握光化学合成苯频哪醇的方法和实验操作。

实验原理

光化学反应:由光激发分子所导致的化学反应称为光化学反应。通常能引起化学反应的光有紫外光和可见光,其波长为 $\lambda = 200 \sim 700$ nm(能量较高)。能发生光化学反应的物质一般具有不饱和键,如:烯烃、醛、酮等(因为含有 π、n 电子,易激发)。单线态(Singlet 简记 S):分子所有的电子都是配对的,这个分子是没有磁性的,它在磁场中只有一种状态,称为单线态。三线态(Trilet 简记 T):分子中如果有两个自旋平行的不成对电子,就会产生磁矩,在磁场中可以有三种状态,故称为三线态。绝大多数有机分子在基态时是单线态。当吸收一定波长的光而受激发时,由于电子跃迁过程中电子自旋方向不变,所以总是产生单线激发态(分子这个第一激发态记作 S1)。但是单线激发态很不稳定,很快会发生激发电子自旋方向的倒转,变成热力学上比较稳定的三线态(激发三线态记作 T1),由激发单线态向三线态转化的过程为系间窜越(Inter System Crossing 简记 ISC),激发的单线态 S1 可通过发出荧光释放出原来所吸收的光子能量,从而恢复到基态 S;三线态 T1 可通过发出磷光(波长较荧光要长)恢复至基态。这两种途径都涉及自旋方向的转变,因而比较困难,需要一定的时间,故三线态比单线态的寿命要长。许多光化学反应都是当反应物分子处于激发三线态时发生的,因此三线态在光化学反应中特别重要。例如:PhCOPh 的光化学还原反应就属于此类。不过也有的光化学反应是发生在激发单线态。由 PhCOPh 经化学还原制取苯频哪醇是早期光化学研究领域中的一个典型例子。羰基化合物受光的激发后,会发生两种不同的跃迁:① $n \to \pi*$ 跃迁;② $\pi \to \pi*$ 跃迁。与 $\pi \to \pi*$ 跃迁相比,$n \to \pi*$ 跃迁所需要的能量要低得多,因此羰基化合物的光化学反应多是由 $n \to \pi*$ 跃迁引起的。实践证明,PhCOPh 的光化学反应是二苯甲酮的 $n \to \pi*$ 三线态的反应。

苯频哪醇的制备反应式:

反应机理：

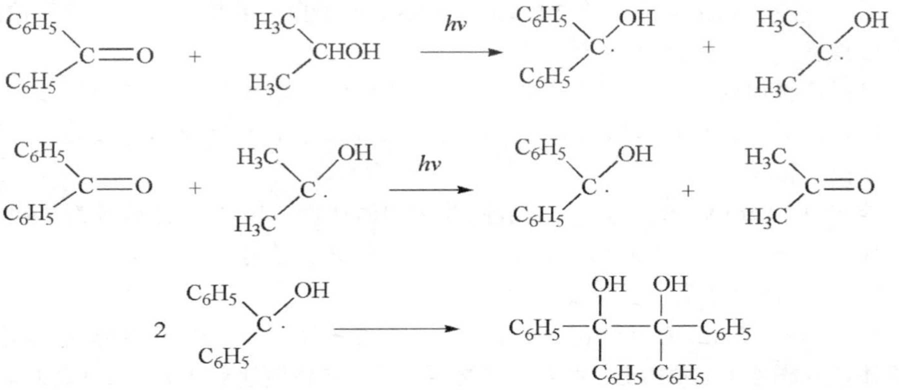

试剂

0.8 g 镁屑（0.033 mol），2.8 g 二苯酮（0.015 mol），20 mL 异丙醇，2.5 g 碘（0.01 mol），13 mL 无水乙醚，28 mL 无水苯，1.5 g 苯频哪醇（自制），8 mL 冰醋酸，8 mL 95％乙醇。

物理常数

化合物	相对分子质量	熔点/℃	沸点/℃	折光率 n_D^{20}	相对密度 d_4^{20}	溶解性/[g/(100 g)][20] 水	有机溶剂
二苯酮	182	49	306 升华	1.6077[19]	1.1146	不溶	乙醇、乙醚、氯仿
异丙醇	60	−88.5	82.5	1.3776	0.7855	溶	醇、醚、苯、氯仿等
苯频哪醇	366	189	—	—	0.967[15]	热水	乙醇、乙醚

实验步骤

方法一：使用自然光照射

在 10 mL 试管中，加入 1 g 二苯甲酮和 5 mL 异丙醇，稍加热溶解，再加冰醋酸 1 滴，然后加异丙醇到基本充满试管，塞好磨口塞，将试管置于烧杯中放在向阳窗台上光照1周。磨口塞必须用聚四氟乙烯生料带包裹,以防磨口连接处黏结,而无法拆卸。随着光化学反应的进行,试管中不断析出白色晶体。反应完全后抽滤,晾干后称重,一般可得白色晶体0.9 g。

将粗产物加到10 mL圆底烧瓶中,加入适量的冰醋酸及1~2粒细小的碘晶体。加入沸石,通冷却水,加热至沸。回流1~2 min,使晶体完全溶解成红色溶液,继续回流5 min。

冷却,加5 mL 95%乙醇稀释,抽滤,收集固体产物。用95%乙醇洗涤二次,晾干后称重。产量2~2.5 g,熔点187~189 ℃。纯苯频哪醇的熔点为189 ℃。

方法二:使用光化学反应仪照射

在干燥的25 mL石英试管中[1]加入2.8 g二苯酮和20 mL异丙醇,在水浴上温热使二苯酮溶解,向溶液中加入1滴冰醋酸[2],充分振摇后再补加异丙醇,将锥形瓶充满,用磨口塞将瓶口塞紧,尽可能排出瓶内的空气,必要时可补充少量异丙醇。将锥形瓶放置在光化学反应器中,搅拌下在250 W汞弧灯照射反应3 h左右,有晶体析出。由于生成的苯频哪醇在溶剂中的溶解度很小,随着反应的进行苯频哪醇晶体从溶液中析出。待反应完成后,在冰浴中冷却使结晶完全。真空抽滤,并用少量异丙醇洗涤结晶,干燥后得到苯频哪醇粗品。粗品用醋酸重结晶,过滤,干燥,得纯品,产量2~2.5 g,计算产率,测熔点。

注释

[1]光化学反应一般需在石英器皿中进行,因为需要比透过普通玻璃的光波的波长更短的紫外光照射。

[2]加入冰醋酸的目的是为了中和普通玻璃器皿中微量的碱,碱催化下苯频哪醇将裂解生成二苯甲酮和二苯甲醇,对反应不利。

[3]反应进行的程度取决于光照情况,但时间长短并不影响反应的最终结果。如阳光充足直射条件下4天即完全反应;如天气阴冷,则需1周或更长的时间;如用日光灯照射,反应时间可明显缩短,3~4天即可完成。

思考题

(1)光化学反应的类型有哪些?发生光化学反应必须具备什么条件?

(2)二苯酮与二苯甲醇的混合物在紫外光照射下能否生成苯频哪醇?写出反应机理。

(3)光化学反应与传统的热反应相比,有哪些优点?还有哪些不足之处?

实验 5.13　碘仿

实验目的

1. 了解有机电解合成的基本原理。
2. 初步掌握电化学合成碘仿的基本方法和操作。

实验原理

有机电解合成(Electro - organic Synthesis)是利用电解反应来合成有机化合物。其优点：①可自动控制。电化学过程中的两大参数电流和电压值,易测定和自动控制。②反应条件温和,能量利用率高。电化学反应可在较低温度下进行。由于不经过卡诺循环,能量利用率高。③环境相容性好。电化学过程中使用的主要试剂是最洁净的"电子试剂",不会对环境产生不良影响。④经济合算。所需设备简单,操作费用低。在保护环境、建立绿色家园的今天,有机电解合成方法日益为化学、化工界所重视。

碘仿(Iodoform),其物态为黄色、有光泽片状结晶,又称为黄碘,在医药和生物化学中作防腐剂和消毒剂。碘仿可以由乙醇或丙酮与碘的碱溶液作用而制得,也可用电解法制备。本实验以石墨碳棒作电极,直接在丙酮-碘化钾溶液中进行电解反应合成碘仿。其原理如下：电解液中的碘离子在阳极被氧化成碘,碘在碱性介质中生成次碘酸根(IO^-),次碘酸根与丙酮反应生成碘仿。反应式如下：

阴极：$\qquad\qquad\qquad 2H^+ + 2e^- \rightarrow H_2$

阳极：$\qquad\qquad\qquad 2I^- - 2e^- \rightarrow I_2$

$$I_2 + 2OH^- \rightarrow IO^- + I^- + H_2O$$

$$CH_3COCH_3 + 3IO^- \rightarrow CH_3COO^- + CHI_3 + 2OH^-$$

副反应：$\qquad\qquad\qquad 3IO^- \rightarrow IO_3^- + 2I^-$

由于电解液是水溶液,水可作为阴极的质子源,本反应中间体或产物都不会被阴极还原,所以两极之间不需要隔膜,这样电解槽就简单得多了。

试剂

2.2 g(0.013 mol)碘化钾,0.4 g(0.5 mL,0.0068 mol)丙酮,无水乙醇。

物理常数

化合物	相对分子质量	熔点/℃	沸点/℃	折光率 n_D^{20}	相对密度 d_4^{20}	溶解性/[g/(100 g)]^{20}	
						水	有机溶剂
丙酮	58	−94.8	56	1.3588	0.7808	溶	大多数有机溶剂
碘化钾	166	680	1330	—	3.13	溶	
碘仿	394	120	250	—	4.008	微溶	醇、醚、丙酮、苯等

实验步骤

用一只 50 mL 的小烧杯作电解槽,两根石墨棒做电极,把它们垂直固定在硬板或有机玻璃上。向烧杯中加 40 mL 蒸馏水、2.2 gKI,溶解后加入 0.5 mL 丙酮。将烧杯放置在电磁搅拌器上慢慢搅拌,接通电源(6V),在室温下电解。随着反应的进行,在电解槽阳极会有晶体(碘仿)析出。反应 1 h 左右转换电极,以加快反应速率。反应 2.5 h 后,切断电源,停止反应。再继续搅拌 1~2 min,然后抽滤,滤饼用少量水洗涤两次,空气中自然干燥后即得粗产品。粗产品用乙醇重结晶后得到纯品,产品经晾干后,称重,测熔点,计算产率。

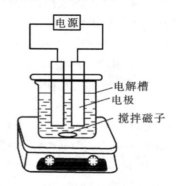

图 5.13−1　有机电解合成碘仿装置图

纯碘仿为亮黄色晶体,有特殊气味,熔点为 119 ℃,相对密度 d_4^{20} 为 4.008,在沸点温度升华,遇高温分解而析出碘,能随水蒸气蒸馏,不溶于水,能溶于醇、醚、乙酸、氯仿等有机溶剂,在医药和生物化学中用作消毒剂和防腐剂。

注意事项

[1]为了减少电流通过介质的损失，两电极应尽可能靠近。

[2]电极表面积越大，反应速率越快，所以要保证电极浸入反应液的面积。

[3]纯净的碘仿为黄色晶体，但用石墨做电极时，析出的晶体呈灰绿色，是因为混有石墨，需要精制。

思考题

(1)从本实验电极反应式可知，每生产 1 mol 碘仿分子，需 6 mol 电子参与反应，亦即理论上需要通过电解槽的电量为 6×96500 C。如果本实验电解反应 1 h，电流为 1 A，则通过的电量 $Q = I \times t = 1 \times 60 \times 60$ C。电解合成一定量的产物理论上所需电量(Q_t)与实际消耗电量(Q_p)之比称为电流效率(η_i)，试根据电解条件和实验结果计算电流效率($\eta_i = (Q_t/Q_p) \times 100\%$)。

(2)在电解过程中，电解液的 pH 值会逐渐增大，试解释原因。

(3)除重结晶提纯碘仿外，还可以选择什么方法提纯？

红外及核磁图谱

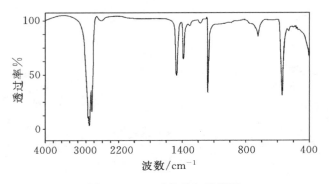

图 5.13 - 2　碘仿的红外谱图

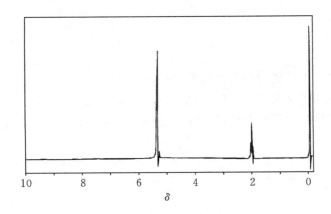

图 5.13 - 3　碘仿的^{1}H NMR 谱图

第6章 研究设计性实验

研究设计性实验是在经过基本操作和综合性实验训练后,为激发同学的学习积极性,开阔思路,培养学生的探索创新意识而开设的实验,旨在改变传统的验证式教学实验模式,提高学生理论联系实际、独立分析和解决问题的能力。

推荐的研究设计性实验都具有一定的理论意义和实用价值,具备实验技能的综合性、实验实施的独立性和实验过程的研究性等特点,最关键的是在大学化学实验室皆能满足开设条件的实验项目。选题可以是教师推荐的,也可以是同学提出的。学生自主选题后,在教师的指导下,自主完成查阅文献资料、方案设计、方案论证、实验实施、实验报告等环节。其中查阅文献时要充分了解本选题前人的研究状况,通过整理分析提出自己的设计思路并初步设计实验方案,通过讨论来论证设计方案。设计方案论证应该注意:方案必须切合实验室的实际,具有可操作性;尽可能选择原料易得、反应容易控制、纯化精制方便、收率高、原子经济性的绿色环境友好的方案。实验完成后,实验报告应以研究报告的形式写出,内容包括:实验的名称、实验的目的和意义、方案设计的理论依据、实验的步骤、实验的结果与讨论、对实验的建议、列出参考文献。

实验6.1 2,4-二硝基苯酚的合成

实验目的

1. 掌握相转移催化制备 2,4-二硝基苯酚的方法及实验操作。
2. 掌握聚乙二醇相转移催化剂的使用方法和催化原理。

设计提示

2,4-二硝基苯酚为浅黄色单斜结晶,熔点 113 ℃,相对密度 1.683,溶于热水、乙醇、乙醚、丙酮、甲苯、苯、氯仿和吡啶,不溶于冷水,能随水蒸气挥发,加热升华。有较强的毒性,吸入后可引起多汗、虚脱、粒状白血球减少等症状。其稀的水溶液在酸性时无色,碱性时为黄色,可用作单色指示剂,并用于制备染料、药物和作为有

机合成的中间体,也用于显影剂及木材防腐。

2,4-二硝基苯酚的合成方法很多,可通过如下几种方法合成:2,4-二硝基氯苯水解、苯酚低温硝化法和苯酚的硝酸铈铵硝化相转移催化(聚乙二醇-400)。

方法一:2,4-二硝基氯苯水解法

反应式:

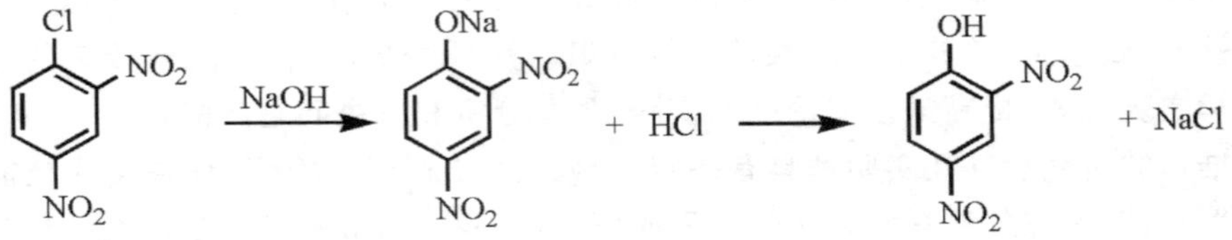

方法二:苯酚低温硝化法

反应式:

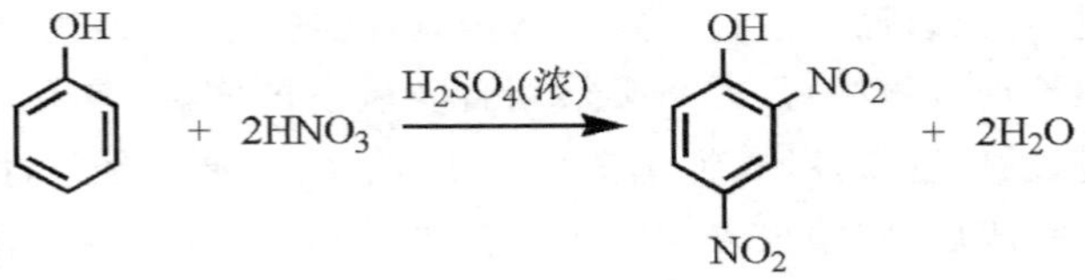

方法三:苯酚相转移催化法

反应式:

在醋酸介质中,以聚乙二醇-400(PEG-400)为相转移催化剂,用硝酸铈铵直接将苯酚转化为2,4-二硝基苯酚。

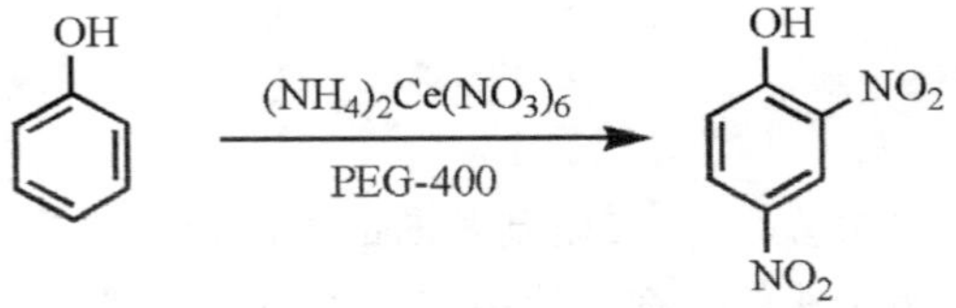

试剂

0.5 mL 聚乙二醇-400(PEG-400),0.5754 g(0.00105 mol)硝酸铈铵,醋酸,0.0941 g 苯酚。

物理常数

化合物	相对分子质量	熔点/℃	沸点/℃	折光率 n_D^{20}	相对密度 d_4^{20}	溶解性/[g/(100 g)]^{20} 水	有机溶剂
苯酚	94	41	181	1.5403	1.071	7.9	乙醇、乙醚、氯仿
2,4-二硝基氯苯	202.6	53.4	315	1.5857	1.69	不溶	乙醇、乙醚
2,4-二硝基苯酚	184	112	312	—	1.7	0.6^{18}	乙醇、乙醚、苯

实验步骤

方法一:2,4-二硝基氯苯水解法

将 14 mL 水加到三口瓶中,搅拌加热至 60 ℃,将 7.5 g 已熔化的 2,4-二硝基氯苯加入釜中,继续升温至 90 ℃,于 1.5 h 内逐渐加入 7.8 mL30%的氢氧化钠溶液。加料中温度上升,控制温度不超过 102~104 ℃,保温 30 min 然后冷却,过滤析出的钠盐。用水溶解,酸化至 pH=1,即析出 2,4-二硝基苯酚的黄色晶体,滤除结晶。用乙醇重结晶得纯品。

方法二:苯酚低温硝化法

将 67%的硫酸、53%的硝酸和苯酚在三口瓶中于 30 ℃混合均匀,然后加热至 90 ℃,混合物开始激烈反应,并放出氧化氮,控制反应速度,减少反应物损失。反应缓和后再加热 30 min,冷却,过滤,水洗即得精品,用乙醇重结晶精制而得成品。

方法三:苯酚相转移催化法

在 50 mL 圆底烧瓶中加入 0.0941 g 苯酚、5 mL 醋酸、0.5 mL 聚乙二醇-400,在磁力搅拌下滴加将 0.5754 g 硝酸铈铵溶于 2 mL 水的溶液[1],大约 4 min 滴加完毕,然后加热至 50 ℃[2],反应 1.5 h。反应结束后,将反应物倒入适量冰水中,有黄棕色固体析出。真空抽滤,蒸馏水洗涤沉淀 2~3 次,得粗产品。用甲醇重结晶,真空干燥后得到 2,4-二硝基苯酚的黄色固体[3]。称重,计算产率,测定熔点。

注释

[1]硝酸铈铵用量以 1.05 mmol 为宜;用量过大,易生成副产物,影响产率。

[2]反应温度大于 60 ℃时,也有利于副产物生成,影响产率。

[3]2,4 -二硝基苯酚的毒性大,酸化过滤后的废水需进行处理才可排放。方法是:用熟石灰将沸水中和至 pH＝3～5,加入聚合硫酸铝等絮凝沉淀,过滤,得清澈的水,用生石灰调节 pH 至中性,分析水中酚含量达到排放标准即可,残渣可焚烧。

思考题

(1)本实验有哪些副反应?

(2)聚乙二醇为什么可以作为相转移催化剂?

(3)氯化苄基三乙基铵可以作相转移催化剂吗?

(4)反应结束后为什么要用水稀释?

实验 6.2 甲基橙的合成

实验目的

1.掌握甲基橙合成的原理和方法。

2.巩固减压过滤、洗涤、重结晶等基本操作。

设计提示

甲基橙是一种重要的染料,亦可用作酸碱指示剂,变色范围为 3.1～4.4,颜色由红变黄。制备甲基橙最常用的方法是先将对氨基苯磺酸制成重氮盐,然后在低温、弱酸性条件下,与 N,N -二甲基苯胺进行偶联反应,生成偶氮化合物甲基橙,系列合成反应如下:

$$\text{HO}_3\text{S}-\langle\text{benzene}\rangle-\text{NH}_2 + \text{NaOH} \longrightarrow \text{NaO}_3\text{S}-\langle\text{benzene}\rangle-\text{NH}_2 + \text{H}_2\text{O}$$

$$\text{NaO}_3\text{S}-\langle\text{benzene}\rangle-\text{NH}_2 \xrightarrow[\text{HCl}]{\text{NaNO}_2} \left[\text{NaO}_3\text{S}-\langle\text{benzene}\rangle-\overset{+}{\text{N}}\equiv\text{N}\right]\text{Cl}^- \xrightarrow[\text{HAc}]{\text{C}_6\text{H}_5\text{N}(\text{CH}_3)_2}$$

$$\left[\text{HO}_3\text{S}-\langle\text{benzene}\rangle-\text{N}=\text{N}-\langle\text{benzene}\rangle-\text{N}(\text{CH}_3)_2\right]^+ \text{Ac}^- \xrightarrow{\text{NaOH}}$$

$$\text{NaO}_3\text{S}-\langle\text{benzene}\rangle-\text{N}=\text{N}-\langle\text{benzene}\rangle-\text{N}(\text{CH}_3)_2 + \text{NaAc} + \text{H}_2\text{O}$$

这样合成得到的甲基橙是有杂质的粗品,还要通过重结晶进行精制。

试剂

1.05 g (0.005 mol)对氨基苯磺酸晶体 $\text{HO}_3\text{S}-\langle\text{benzene}\rangle-\text{NH}_2\cdot\text{H}_2\text{O}$,0.4 g(0.055 mol)亚硝酸钠,0.6 g(0.65 mL,0.005 mol)N,N-二甲基苯胺,浓盐酸,氢氧化钠,95%乙醇,乙醚,冰醋酸,碘化钾淀粉试纸。

物理常数

化合物	相对分子质量	熔点/℃	沸点/℃	折光率 n_D^{20}	相对密度 d_4^{20}	溶解性/$[\text{g}/(100\text{ g})]^{20}$ 水	有机溶剂
对氨基苯磺酸	173	288	179	—	1.485^{25}	微溶	—
N,N-二甲基苯胺	121	2.5	193	1.5582	0.9558	不溶	乙醇、乙醚、丙酮、苯、氯仿
甲基橙	327	300	分解	—	1.28	热水	不溶于醇

实验步骤

方法一:两步反应法。

1. 重氮盐的制备

在 100 mL 的烧杯中,加入 5 mL 5％氧化钠溶液和 1.05 g 对氨基苯磺酸[1]晶体的混合物,在水浴中温热溶解,向该混合物中加入 3 mL 水和 0.4 g 亚硝酸钠制成的溶液,在冰盐浴中冷却到 0～5 ℃。然后在不断搅拌下将 3 mL 浓盐酸和 10 mL 水配成的溶液缓缓滴加到上述混合液中,并控制温度在 5 ℃以下。滴加完后,用碘化钾淀粉试纸检验[2]重氮化反应的终点,若试纸出现蓝色,表示反应已到终点。此时制得的氨基苯磺酸的重氮盐(对磺基重氮苯)溶液中往往有细小的白色晶体析出[3]。把此溶液保存在冰盐浴中,待下步偶合反应中使用。

2. 偶合反应

在小试管内混合 0.6 g N,N-二甲基苯胺和 0.5 mL 冰醋酸,在不断搅拌下,将此溶液慢慢加到上述制备的重氮盐溶液中(在冰盐浴中操作),加完后继续搅拌 10 min,然后加入 12.5 mL 5％的氢氧化钠溶液,直到反应物变为橙色,得到碱式的甲基橙粗品[4]。将反应物在沸水浴上加热 5 min[5],冷至室温后,再在冰水浴中冷却,使甲基橙晶体析出完全。抽滤收集结晶,依次用少量水、乙醇、乙醚洗涤,压干。

若要得到较纯的产品,可用少量氢氧化钠(约 0.1 g)的沸水(每克粗产物约需 5 mL)进行重结晶。待结晶析出完全后,抽滤收集,沉淀依次用少量水、乙醇、乙醚洗涤[6]。得到橙红色的鳞状甲基橙结晶,产量约 1 g。

溶解少许甲基橙于水中,加几滴稀盐酸溶液,然后用氢氧化钠溶液中和,观察颜色有何变化。

本实验约需 4 h。

方法二:一步常温合成法。

在干燥的 50 mL 三口瓶[7]上安装电动搅拌机、滴液漏斗、回流冷凝管。往三口烧瓶中加入 2.5 g 对氨基苯磺酸、1.0 g 亚硝酸钠和 30 mL 水,搅拌使固体溶解,生成重氮盐。用移液管量取 1.8 mL N,N-二甲基苯胺和 2 倍体积的乙醇(用同一移量管)加入滴液漏斗中,一边搅拌一边用滴液漏斗加入混合液,滴加完毕后还需搅拌 30 min,再在三口烧瓶中加入 3 mL 1.0 mol/L 氢氧化钠溶液,继续搅拌 2 min,将该混合物冷却,静置,待片状结晶出现后过滤,得到甲基橙粗品[8]。

将滤饼连同滤纸移到装有 10 mL 热水的烧杯中,微微加热并不断搅拌至滤饼溶解后,取出滤纸,溶液冷至室温,然后在冰水浴中再冷却,使甲基橙晶体析出完全。抽滤收集晶体,晶体用少量乙醇洗涤[9],得到甲基橙的小叶片结晶,在 65～75 ℃烘干,称重,计算产率。

溶解少许甲基橙于水中,加几滴稀盐酸溶液,然后用氢氧化钠溶液中和,观察颜色有何变化。

[1]对氨基苯磺酸是两性物质,酸性比碱性强,以酸性内盐存在,所以它能与碱作用成盐而不能与酸作用成盐。

[2]若试纸不显蓝色,尚需补充亚硝酸钠溶液。

[3]重氮盐在水中可以电离,形成中性内盐,而在低温时难溶于水,形成细小晶体析出。

[4]如反应物中含有未作用的 N,N -二甲基苯胺醋酸盐,在加入氢氧化钠后,就会有难溶于水的 N,N -二甲基苯胺析出,影响产物的纯度。湿的甲基橙在空气中受到光照后,颜色很快变深,所以一般得紫红色粗产物。

[5]由于产物呈碱性,温度高易变质,颜色变深,故反应物在水浴中加热时间不能太长(约 5 min),温度不能太高(60~80 ℃),否则颜色变深。

[6]重结晶操作应迅速,否则由于产物呈碱性,在温度高时易使产物变质,颜色变深。用乙醇、乙醚洗涤的目的是使其迅速干燥。

[7]改进后的实验在三口瓶中进行,排出的气体经过溶液吸收后才放空,在这种封闭体系内进行的实验,体现了从源头和过程中减少污染的绿色化学思想。

[8]一步常温合成法是充分利用对氨基苯磺酸本身的酸性($pK_a=3.23$)来完成重氮化反应的,省去了外加酸,减少了试剂消耗,且条件易于控制,操作简便,实验时间缩短。

[9]乙醇洗涤的目的是使其快速干燥。

思考题

(1)为什么重氮化反应一般都要保持在 0~5 ℃进行?

(2)什么是偶联反应? 结合本实验讨论一下偶联反应的条件。

(3)比较两种合成法,并谈谈一步常温合成甲基橙的优点。

(4)试解释甲基橙在酸碱介质中变色的原因,并用反应式表示。

红外光谱图

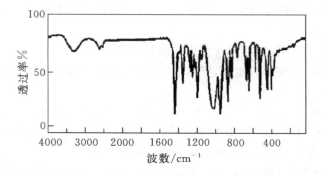

图 6.2-1　甲基橙的红外谱图

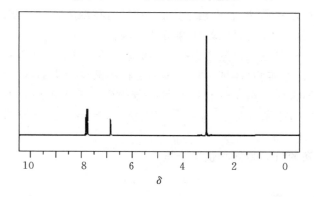

图 6.2-2　甲基橙的¹H NMR 谱图

实验6.3　纳米 TiO₂薄膜光催化氧化降解苯胺

实验目的

1. 了解纳米二氧化钛催化降解环境中有机污染物的现状。
2. 掌握纳米二氧化钛薄膜光催化氧化降解苯胺的原理和实验操作。
3. 掌握固定床式反应装置的使用及实验操作。

设计提示

苯胺是一种常见的环境污染物,主要来源于农药、染料、塑料和医药等行业,不仅是强致癌物,而且对人体血液和神经的毒性也很大,故消除苯胺污染物对于环保和人类健康有着重要的意义。TiO_2具有活性高、化学性能稳定、价廉易得等优点,采用负载型纳米 TiO_2 光催化降解环境中的有机污染物已成为近年来污染治理技术新的研究热点。

通常二氧化钛可由金红石用酸分解提取,或由四氯化钛分解得到。苯胺光降解的中间物主要有偶氮苯、硝基苯和氨基酚。经过有羟基自由基发生夺氢核亲电加成作用,最终降解为硝酸根离子、二氧化碳和水,从而消除了苯胺对环境的污染。降解过程如下图所示。

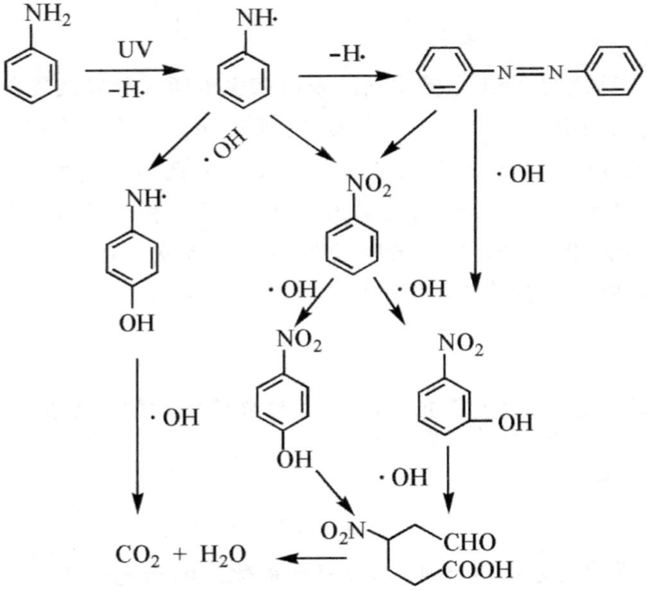

试剂

钛酸四丁酯,无水乙醇,浓硝酸,过氧化氢,石英载体,十二烷基苯磺酸钠,苯胺。

实验步骤

1. 纳米 TiO_2 薄膜的制备（溶胶-凝胶法）

室温下将钛酸四丁酯$[Ti(OC_4H_9)_4]$和无水乙醇按 1∶4 的比例混合，充分搅拌下缓慢加入少量浓硝酸，调节 pH 值为 3，强烈搅拌下滴加 3 倍于$[Ti(OC_4H_9)_4]$的去离子水，加入体积比约为 2% 的稳定剂十二烷基苯磺酸钠，继续搅拌至浅黄色透明的 TiO_2 溶胶出现。待溶胶陈化 24 h 使用。

将预先经酸碱处理后的石英载体浸入溶胶中，采用浸渍-提拉法涂膜，以 1 mm/s 的速率向上缓慢提拉出液面，空气中晾干后放置于马弗炉中，以 5 ℃/min 升温至 500 ℃，保持 1 h 后，自然冷却。即得到透明的石英负载的 TiO_2 薄膜。重复 4 次，得到负载数为 4 的 TiO_2 薄膜。

2. 光催化降解废水中的苯胺

将透明石英负载的 TiO_2 光催化剂薄膜放在固定床式反应装置（也可以用烧杯代替）中的套管结构中，加入 800 mL 苯胺溶液（50 mg/L）作为模拟废水，通过循环冷凝控制温度在 30 ℃左右，氧气流量为 0.15 m³/h，选择质量浓度为 30% 的过氧化氢，反应循环量为 100 mL/min，光源为 300 W 高压汞灯，计时，每 20 min 取样一次，用紫外分光光度计测定样品的吸光度，共取样 5 次。在 210～270 nm 波长处有苯胺特征吸收峰。苯胺的降解率 η 可由下式计算得到：

$$\eta(\%) = \frac{A_{初始} - A_{最终}}{A_{初始}} \times 100\%$$

其中，$A_{初始}$为苯胺未降解时的吸光度，$A_{最终}$为苯胺降解后的吸光度。

注释

[1] TiO_2 薄膜负载层数大于 4 时，会降低催化剂的透光性能，从而降低光催化的反应速率。

[2] 加入 H_2O_2 可以大幅度加快苯胺的光降解率。使用量合适时，有利于羟基自由基的形成；使用量过大，则又成为羟基自由基的清除剂，不利于降解反应。

思考题

(1) 工业废水除了化学方法处理外，还有哪些绿色环保的处理方法？

(2)与其它方法相比较,光催化降解有什么优点?

(3)预测 TiO_2 光催化剂的寿命。

实验6.4 对溴乙酰苯胺的绿色合成

实验目的

1.掌握绿色化学中芳烃氧化溴代方法,与传统方法比较,了解优缺点。

2.学习芳烃卤化反应的原理和方法。

设计提示

芳烃卤代合成的传统方法是以亲电取代为主,由于氨基强的致活性,由苯胺直接溴代制备对溴苯胺时,几乎得到的全是三取代的产物,即在溴的水溶液中苯胺就会直接反应生成三溴苯胺,反应几乎是定量的。然而苯胺经乙酰化后,可降低氨基对苯环的致活作用,在温和的条件下进行溴代,可得到一溴代苯胺,该方法反应式如下:

$$NaBr + H_2SO_4 \longrightarrow HBr + NaHSO_4$$

$$2HBr + H_2O_2 \longrightarrow Br_2 + 2H_2O$$

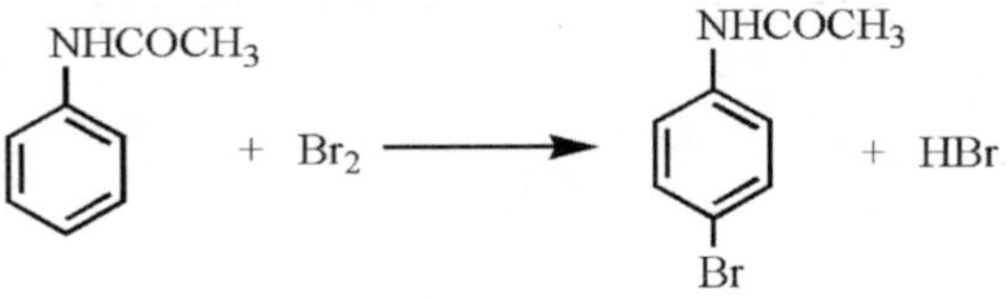

总反应式:

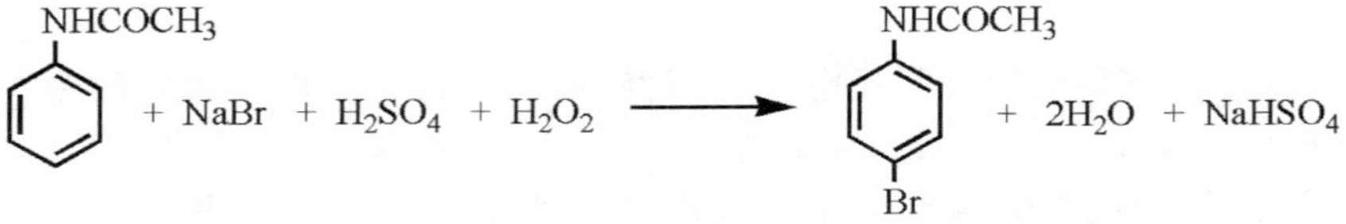

上述合成方法使用到的硫酸,以及反应中产生的溴化氢均对环境产生污染。改进的新方法可用乙酸稀释溴作为溴化剂,可避免对环境的污染。改进的新方法反应式如下:

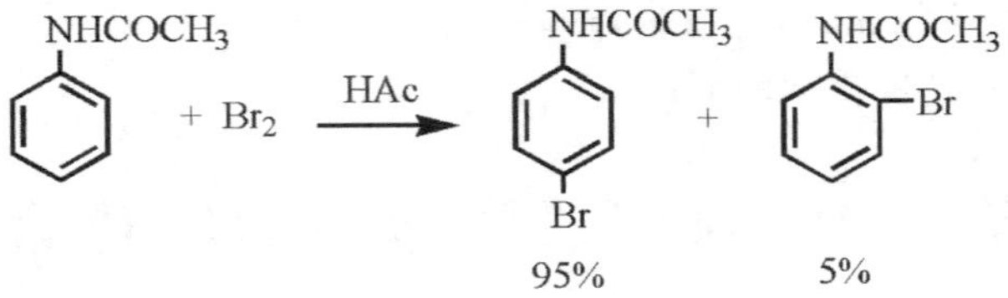

95%   5%

试剂

方法一：3.4 g(0.025 mol)乙酰苯胺，15 mL 95% 乙醇，6 mL 33% H₂O₂，2.6 g NaBr，硫酸。

方法二：13.5 g(0.1 mol)乙酰苯胺，溴，冰醋酸，亚硫酸氢钠。

物理常数

化合物	相对分子质量	熔点/℃	沸点/℃	折光率 n_D^{20}	相对密度 d_4^{20}	溶解性/[g/(100 g)]^{20}	
						水	有机溶剂
乙酰苯胺	135	114	305	1.5860	1.2190	0.563^{25} 5.2^{100}	大多数有机溶剂
对溴乙酰苯胺	214	166～170	353.4	1.611	1.717	不溶	苯、丙酮、氯仿

实验步骤

方法一

1. 制备

在 100 mL 三口烧瓶上配置电动搅拌器、回流冷凝管和恒压滴液漏斗。向三口烧瓶中加入 3.4 g 乙酰苯胺、15 mL 95% 乙醇，6 mL 33% H₂O₂ 和 2.6 g NaBr。

在室温下，边搅拌边滴加 2 mL H₂SO₄[1]，滴加速度以生成溴的颜色较快褪去[2]或微微回流(微沸)为宜。滴加完毕，继续搅拌 5～10 min。停止搅拌，自然冷却，析出结晶。

2. 分离纯化

彻底冷却后，抽滤，并用冷水洗涤滤饼并抽干，放在空气中自然晾干后，得到较大颗粒的白色针状晶体。洗涤滤饼的母液中此时又析出较多的晶体,抽滤,用冷水洗涤滤饼并抽干,分别放在空气中自然晾干后,得到略带颜色的较细颗粒的针状白色晶体。

把两次得到的晶体产品分别称重,以总质量计算反应的产率。

测定产物的 IR 和 ^{1}H NMR 谱,进行 GC 分析,确定产物的含量。

方法二:绿色合成方法

在 250 mL 三口烧瓶上,配置搅拌器、温度计、滴液漏斗和回流冷凝管。回流冷凝管连接气体吸收装置以吸收反应中产生的溴化氢[3],向三口烧瓶中加入 13.5 g 乙酰苯胺和 30 mL 冰醋酸[4],用温水浴稍微加热,使乙酰苯胺溶解。然后在 45 ℃浴温条件下,边搅拌边滴加 16 g 溴和 6 mL 冰醋酸配成的溶液。滴加速度以棕红色溴能较快褪去为宜[5]。滴加完毕,在 45 ℃浴温下继续搅拌反应 1 h,然后将浴温提高至 60 ℃,再搅拌一段时间,直到反应混合物液面不再有红棕色蒸气逸出为止。

将反应混合物倾入盛有 200 mL 冷水的烧杯中(如果产物带有棕红色,可事先将 1 g 亚硫酸氢钠溶入冷水中;如果产物颜色仍然较深,可适量再加一些亚硫酸氢钠)。用玻璃棒搅拌 10 min,待反应混合物冷却至室温后过滤,滤饼用冷水洗涤抽干,在 50～60 ℃温度下烘干。对溴乙酰苯胺粗品可以用甲醇或乙醇重结晶,经干燥后,称重、测熔点并计算产率。

注释

[1]在滴加 2 mL H$_2$SO$_4$ 时,滴加速度一定不能太快,以微沸回流为宜。

[2]仔细观察溴颜色褪去的过程。滴加速度不宜过快,否则反应太剧烈会导致一部分溴来不及参与反应就与溴化氢一起逸出,同时也可能会产生二溴代副产物。

[3]搅拌器与三口烧瓶口连接处要保持良好的密封性,以防溴化氢从瓶口逸出。

[4]冰醋酸熔点为 16.6 ℃,当室温较低时易凝结成冰状。此时,可将盛装冰醋酸的试剂瓶置于温水浴中温热(温水浴前应将瓶盖稍微开启),使其熔融后再量取。

[5]溴具有强腐蚀性和刺激性,必须在通风橱中量取。操作时,应戴上橡皮手套。

思考题

(1)新实验方法和传统方法相比,其主要的优点是什么?

(2)在该合成实验中,判断溴代反应确实发生的根据有哪些?

资料

对溴乙酰苯胺为无色晶体,分子式 C_8H_8BrNO,相对分子质量214,熔点166～170 ℃,密度 1.543 g/cm³,沸点 353.4 ℃(760 mmHg),闪点 167.6 ℃,溶解性:不溶于冷水,稍溶于乙醇,易溶于苯、氯仿、乙酸乙酯。

用途:有机合成原料,退烧止痛药。

红外与核磁共振谱图

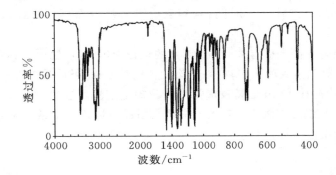

图 6.4-1 对溴乙酰苯胺的红外谱图

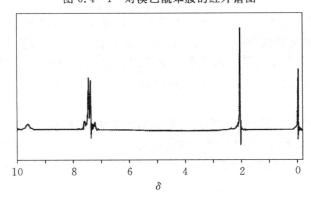

图 6.4-2 对溴乙酰苯胺的¹H NMR 谱图

实验 6.5　肉桂酸的绿色合成

实验目的

1. 了解缩合反应的主要类型和用途。

2. 掌握 Perkin 和 Knoevenagel-Doebner 反应的基本原理及合成肉桂酸的方法。

3. 掌握在微波辐射下合成肉桂酸的实验操作。

设计提示

肉桂酸,也称桂皮酸、3-苯基丙烯酸,是一种重要的有机合成中间体,用途广泛。目前制备肉桂酸的方法有两种,即 Perkin 反应和 Knoevenagel-Doebner 反应。

Perkin 反应:苯甲醛和乙酸酐在碱性催化剂作用下发生羟醛缩合作用,生成 α,β-不饱和酸的芳香酸的反应。反应式如下:

$$\text{C}_6\text{H}_5\text{—CHO} + (\text{CH}_3\text{CO})_2\text{O} \xrightarrow[170\sim180\ ℃]{\text{CH}_3\text{CO}_2\text{K}} \text{C}_6\text{H}_5\text{—CH=CHCO}_2\text{H} + \text{CH}_3\text{CO}_2\text{H}$$

Knoevenagel-Doebner 反应:芳香醛与丙二酸二乙酯的亚甲基发生缩合,缩合物在室温下或于 100 ℃加热即可脱羧,生成 α,β-不饱和酸的芳香酸的反应。

反应式如下:

$$\text{C}_6\text{H}_5\text{—CHO} + \text{CH}_2(\text{COOH})_2 \xrightarrow[\text{苯胺}]{\text{吡啶}} \text{C}_6\text{H}_5\text{—CH=CHCO}_2\text{H} + \text{CO}_2 + \text{H}_2\text{O}$$

上述缩合方法的缺点是反应温度高、反应时间长、反应收率较低。改用 NaF/K_2CO_3 作为催化剂合成肉桂酸,以苯甲醛为反应底物,丙二酸为试剂,微波功率 500 W,反应时间 19 min,得到了较好的效果。

$$\text{C}_6\text{H}_5\text{—CHO} + (\text{CH}_3\text{CO})_2\text{O} \xrightarrow[\text{微波}]{\text{NaF/K}_2\text{CO}_3} \text{C}_6\text{H}_5\text{—CH=CHCO}_2\text{H} + \text{CH}_3\text{CO}_2\text{H}$$

因此,优化催化剂及微波辐射辅助进行反应可以克服上述反应的缺陷,也符合绿色化学理念。

实验要求

(1)查阅相关文献,设计利用微波辐射进行制备肉桂酸的绿色实验方案。

(2)根据实验方案进行实验,制备肉桂酸。

(3)给出结构表征可采用的仪器及方法。

(4)根据方案方法和实验结果写一篇小论文,格式参阅中英文有机合成期刊。

实验 6.6　碳酸钠催化微波辐射合成阿司匹林

实验目的

1.学习无机盐催化合成阿司匹林的原理。

2.掌握微波辐射合成有机化合物的方法及实验操作。

设计提示

　　传统制备阿司匹林的方法是以浓硫酸作催化剂进行 O-酰化反应,产率一般在 70% 左右,而浓硫酸对设备的腐蚀性较大,对环境污染较重,且易发生副反应而使产品色泽深,不利于提纯。以固体超强酸或杂多酸催化的合成方法也存在催化剂制备过程复杂、成本高、不利于大规模生产的缺点。本实验用无水碳酸钠作催化剂,采用微波辐射法合成乙酰水杨酸。该方法比用硫酸作催化剂的加热合成法速度快,产率和纯度均较高,不污染环境,避免浓硫酸存在造成设备腐蚀和操作不安全因素,适合绿色合成,经济环境可持续发展的要求。

　　反应式:

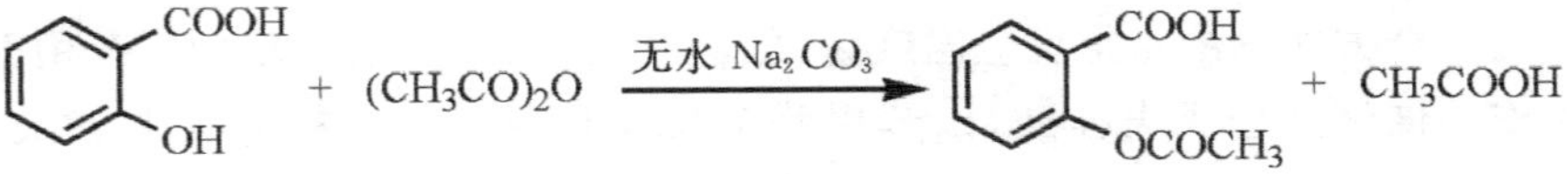

试剂

　　10 g(0.0725 mol)水杨酸,2 g(14 mL,0.14 mol)乙酸酐,0.75 g 无水碳酸钠,乙醇。

实验步骤

在 100 mL 二口烧瓶中加入 10 g 水杨酸、14 mL 乙酸酐和 0.75 g 催化剂无水碳酸钠,放在微波反应器中,将微波反应器的加热温度预设为 82 ℃,烧瓶里放两粒沸石,二口烧瓶支口中插入热电偶,中口插入两通接头,接头的另一口升至微波反应器外,后接回流冷凝管。开动微波反应器至温度达预设值,继续回流反应10 min。关闭微波反应器,取出反应瓶,待冷却至室温,有白色晶体析出,20 mL 冷水加入反应瓶中。继续将反应瓶置于冰水浴中冷却,使结晶完全。抽滤,用少量冷水洗涤,抽干溶剂,即得粗产品。

将粗产品置于烧杯中,加入乙醇,在电热套上加热溶解,在搅拌下向乙醇溶液中添加热水直到溶液出现浑浊,再加热至溶液透明澄清,然后加活性炭进行脱色,趁热过滤,滤液自然冷至室温,析出白色结晶。将析出的结晶用少量 50% 乙醇洗涤,自然避光晾干,即得精制的产品。称重,计算产率。

纯的乙酰水杨酸为白色针状晶体,熔点 135～136 ℃。

注释

[1]无水碳酸钠的催化机理为其首先进攻水杨酸,破坏分子间氢键的形成,使酚羟基活泼,加速与乙酸酐的酯化反应,从而达到催化的作用。

[2]反应结束后向混合物中加冷水是为了分解剩余的乙酸酐,该反应为放热反应,反应混合物会沸腾甚至冲出,因此操作时要特别小心。

实验 6.7　超声波辐射催化合成对硝基苯甲酸乙酯

实验目的

1. 学习超声波辐射由对硝基苯甲酸合成对硝基苯甲酸乙酯的原理。
2. 掌握超声波辐射合成有机化合物的方法及基本操作。

设计提示

对硝基苯酯乙酯是一种用于防止皮革制品、软塞新产品和某些色料霉变的强有效杀菌剂,也是用于生产局部麻醉剂苯佐卡因、丁卡因盐酸盐及镇咳药的医药中间体。此外,它还是制备对氨基苯甲酸乙酯的主要原料。目前工业上大多采用浓硫酸催化合成。用浓硫酸作催化剂,虽然价格低廉,催化活性高,但反应复杂,副产物多,后续处理麻烦,产品色泽较深,对设备腐蚀严重,废酸排放造成环境污染。高压微波合成法虽然能克服这一方法的缺点,但是难以实现工业化生产。20 世纪80 年代中期超声波在化学中的应用研究迅速发展,超声波在有机合成化学中已被应用于氧化反应、还原反应、加成反应、缩聚反应等,几乎涉及有机化学的各个领域,超声化学方法被认为是符合绿色化学的要求。超声波作为一种新的能量形式用于有机化学反应,不仅使很多以往不能进行的反应得以顺利进行,而且它作为一种方便、迅速、有效、安全的合成技术大大优于传统的搅拌、外加热方法。本实验是在超声波辐射下,以 $NaHSO_4 \cdot H_2O$ 为催化剂,由对硝基苯甲酸与乙醇合成对硝基苯甲酸乙酯,取得了较为满意的结果。

反应式:

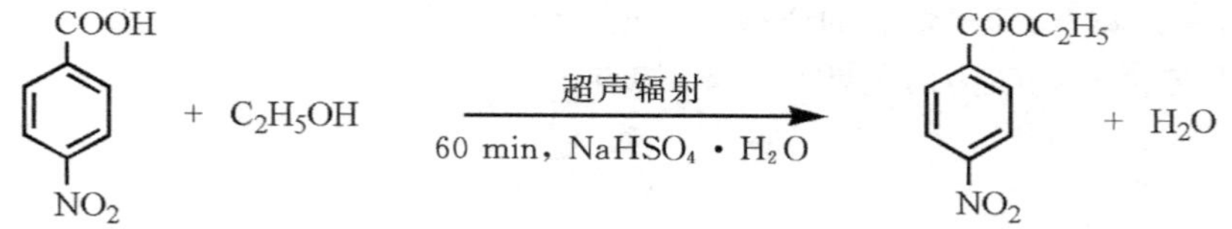

试剂

2 g 对硝基苯甲酸,1 g $NaHSO_4 \cdot H_2O$,无水乙醇,8% 碳酸钠溶液。

物理常数

化合物	相对分子质量	熔点/℃	沸点/℃	折光率 n_D^{20}	相对密度 d_4^{20}	溶解性/[g/(100 g)]^{20}	
						水	有机溶剂
对硝基苯甲酸	167	242	—	—	1.61	沸水	大多数有机溶剂
对硝基苯甲酸乙酯	195	57	186	—	1.253	不溶	乙醇、乙醚

在 50 mL 的圆底烧瓶中,加入 2 g 对硝基苯甲酸、1 gNaHSO$_4$·H$_2$O 催化剂和醇酸物质的量比为 4∶1 的无水乙醇(约 10 mL),装上回流冷凝管,放入超声波清洗槽中,清洗槽水面高于烧瓶中反应液面 2 cm。在 60 ℃ 超声波辐射 60 min(超声波功率 80 W),取出冷却,将反应物和产物倒入烧杯中,加少量水,用8‰Na$_2$CO$_3$溶液调节 pH 值为 7.5～8,过滤,水洗,得淡黄色晶体,干燥后称重,测熔点。

超声波辐射合成的对硝基苯甲酸乙酯为淡黄色晶体,易溶于乙醇、乙醚、不溶于水,熔点为 56～57 ℃。

注释

[1]超声波作用下合成对硝基苯甲酸乙酯的最佳反应条件为醇酸物质的量比为 4∶1,催化剂用量为 1.0 g,超声波功率为 80 W,超声波辐射时间为 60 min。

[2]增加乙醇用量有利于提高产品收率,但是当醇酸的物质的量比大于 4∶1 时,产品收率略有下降,这可能是由于乙醇用量过大而导致催化剂含量相对减少所致,所以选择最佳醇酸物质的量比为 4∶1。

实验6.8 2,4-二氯苯氧乙酸(植物生长素)

实验目的

1. 掌握 2,4-二氯苯氧乙酸的制备方法。
2. 巩固机械搅拌、重结晶等操作。

设计提示

苯氧乙酸一般由苯酚钠和氯乙酸通过 Williamson 醚合成法制备,通过它的次氯酸氧化,可得到对氯苯氧乙酸和 2,4-二氯苯氧乙酸(简称 2,4-D)。

本实验是以苯氧乙酸为原料,采用浓盐酸加过氧化氢和次氯酸钠在酸性介质中的分步氯化来制备 2,4-二氯苯氧乙酸。第一步是苯环上的亲电取代,FeCl$_3$ 做催化剂,氯化剂是 Cl$^+$,引入第一个 Cl。

$$2HCl + H_2O_2 \longrightarrow Cl_2 + 2H_2O$$

$$Cl_2 + FeCl_3 \longrightarrow [FeCl_4]^- + Cl^+$$

第二步仍是苯环上的亲电取代,从 HOCl 产生的 H_2O、Cl 和 Cl_2O 作氯化剂,引入第二个 Cl。苯环上的卤代是芳烃亲电取代反应。本实验的特点是通过浓盐酸加过氧化氢进行氯代反应,避免了苯环上直接使用卤素卤代带来的危险和不便。

反应式如下:

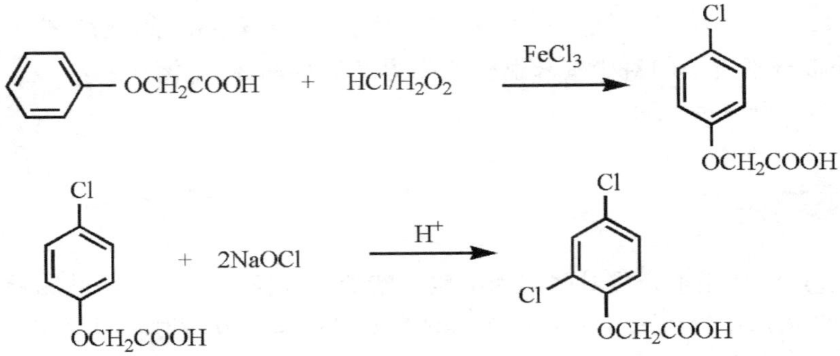

试剂

1.5 g(0.01 mol)苯氧乙酸,冰醋酸,$FeCl_3$,浓盐酸,H_2O_2(33%,m),乙醇水溶液(1:3),NaClO 溶液(50 g/L),盐酸(6 mol/L),Na_2CO_3 溶液(100 g/L),刚果红试纸,乙醚。

物理常数

化合物	相对分子质量	熔点/℃	沸点/℃	折光率 n_D^{20}	相对密度 d_4^{20}	溶解性/[g/(100 g)]^{20} 水	有机溶剂
苯氧乙酸	152	97~99	285	—	1.3	热熔	乙醇、乙醚、苯等
2,4-二氯苯氧乙酸	221	138	160	—	1.563	微溶	乙醇、乙醚、丙酮等

实验步骤

1. 对氯苯氧乙酸的合成

在 50 mL 三口烧瓶中,加入 1.5 g 苯氧乙酸和 5 mL 冰醋酸。三口烧瓶上配置球形冷凝管、滴液漏斗和温度计。水浴加热,开启电磁搅拌器。待水温达 55 ℃时,加 10 mg $FeCl_3$ 和 5 mL 浓盐酸[1]。水温升到约 65 ℃时,在 10 min 内滴加 1.5 mL H_2O_2(33%,m)[2]。保持 65 ℃反应 20 min,使瓶内固体溶解。冷却析出晶体[3],抽滤,用适量水洗涤,干燥,即得对氯苯氧乙酸。必要时可用 1:3 乙醇水溶液重结晶,即得精品对氯苯氧乙酸。称重并计算产率。测定产品熔点。

纯对氯苯氧乙酸为白色针状结晶,微溶于水,熔点为 158~159 ℃。

2. 2,4 -二氯苯氧乙酸的合成

在 100 mL 锥形瓶中,加入 1 g 对氯苯氧乙酸(0.0066 mol,用自制产品)和 12 mL 冰醋酸,搅拌使之溶解。将锥形瓶置于冰浴中冷却,在摇动下分批加 19 mL NaClO 溶液(50 g/L)。将锥形瓶取出冰浴,升至室温保持 5 min。反应液颜色变深[4]。

向锥形瓶中加 50 mL 水,并用盐酸(6 mol/L)酸化至刚果红试纸变蓝。用 25 mL 乙醚萃取两次,合并醚层,先用 15 mL 水洗涤,再用 15 mLNa$_2$CO$_3$ 溶液(100 g/L)萃取醚层(小心 CO_2! 回收醚),此时产品转为盐进入 Na$_2$CO$_3$ 水层,加 25 mL 水,用盐酸(6 mol/L)酸化至刚果红试纸变蓝,有 2,4 -二氯苯氧乙酸晶体析出,并用冷水洗涤 2~3 次,干燥后产量约为 0.7 g,粗品用四氯化碳重结晶。

纯 2,4 -二氯苯氧乙酸为白色粉末,熔点 138 ℃,沸点 160 ℃(0.187 kPa)。

本实验需 6~8 h。

注释

[1]开始加浓盐酸时,$FeCl_3$ 水解会有 $Fe(OH)_3$ 沉淀生成,继续加 HCl 又会溶解。

[2]滴加 H_2O_2 宜慢,严格控温,让生成的 Cl_2 充分参与亲电取代反应。

[3]若未见沉淀生成,可再补加 2~3 mL 浓盐酸。

[4]严格控制温度、pH 值和试剂用量是 2,4 -二氯苯氧乙酸制备实验的关键。NaClO 用量勿多,反应保持在室温以下。

思考题

　　以苯氧乙酸为原料,如何制备对溴苯氧乙酸? 为何不能用本法制备对碘苯氧乙酸?

红外及核磁共振图谱

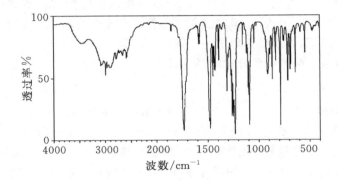

图 6.8-1　2,4-二氯苯氧乙酸的红外光谱

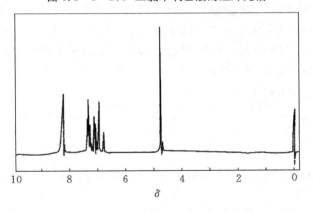

图 6.8-2　2,4-二氯苯氧乙酸的^{1}H NMR 谱图

实验 6.9　有机电化学合成二茂铁

实验目的

1. 进一步了解有机电化学合成的原理。
2. 掌握电化学合成制备二茂铁的方法及操作。

设计提示

　　二茂铁是一种具有芳香族性质的有机过渡金属化合物,常温下为橙黄色粉末,有樟脑气味;熔点 172～174 ℃,沸点 249 ℃,100 ℃以上能升华;不溶于水,易溶于苯、乙醚、汽油、柴油等有机溶剂。与酸、碱、紫外线不发生作用,化学性质稳定,400 ℃以内不分解。其分子呈现极性,具有高度热稳定性、化学稳定性和耐辐射性,其在工业、农业、医药、航天、节能、环保等领域具有广泛的应用。

　　二茂铁是一种具有重要用途的试剂,可用做低能燃料的燃烧催化剂,还可用做抗爆剂等。与化学法相比,用电化学法合成二茂铁具有选择性好、节能、易控制、无污染、转化率高、产物分离简单等优点,并且工艺简单,生产成本低,便于工业化生产。本实验提供了一种由金属铁和环戊二烯通过有机电解来直接合成二茂铁的方法。用电解法合成二茂铁,即采用一种溶剂和少量电导盐作为介质,电解得到产品后,用 C5 馏分抽提产品,或采用冷却过滤方法滤出产品。溶剂可重复使用,以降低制备成本,与化学方法比较是有竞争力的,而且符合绿色化学要求。

　　在直流电的作用下,电解体系中环戊二烯直接与铁反应,反应在电极表面进行,电解质的阳离子向阴极转移,在阴极上被还原,与环戊二烯反应生成环戊二烯基金属化合物,氢原子生成氢分子,从阴极上析出,两级反应如下:

阴极：
$$M^+ + e^- \longrightarrow M$$
$$M + C_5H_6 \longrightarrow C_5H_5M + 1/2\ H_2 \uparrow$$

即：
$$M^+ + e^- + C_5H_6 \longrightarrow C_5H_5M + 1/2\ H_2 \uparrow$$

与此同时,阴离子向阳极转移,将阳极上的铁氧化成 Fe^{2+}：

阳极：
$$Fe - 2e^- \to Fe^{2+}$$

在电场作用下,Fe^{2+} 向阴极移动,与阴极上的环戊二烯基金属生成二茂铁,释放出金属离子 M,其总反应式为:

$$Fe + 2C_5H_6 \longrightarrow (C_5H_5)_2Fe + H_2 \uparrow$$

试剂

本实验必须在严格除水条件下进行,所用试剂应预先干燥。

60 mL 环戊二烯(CPD),150 mL 二甲基甲酰胺(化学纯),导电盐 NaBr(化学纯),Fe 粉。

环戊二烯(CPD)预处理:在常压下蒸馏双环戊二烯。在蒸馏瓶中加入双环戊二烯及适量的还原铁粉,加热至 165 ℃沸腾,控制分馏柱的馏出温度为 40~45 ℃,蒸气经过自来水冷凝,冷盐水冷凝,则可得到环戊二烯单体馏出液。

实验步骤

按图 6.9 - 1 安装电解装置,在电解池中加入 150 mL 二甲基甲酰胺,40 mL 新制备的环戊二烯,2 g 导电盐 NaBr,用铁片和多孔镍做电极。接通电解电源,经 4.0 A·h(14400A·s)后,阳极失重 5.0 g,将暗红色的电解液用 C5 馏分萃取,然后将萃取液浓缩,冷却挥发掉溶剂,即析出橙红色产物,经干燥后,平均得产物 11.5 g,产率为 26%,电流效率为 83%(产率以环戊二烯计算)。

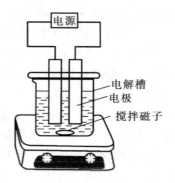

图 6.9 - 1 有机电解合成二茂铁装置图

注意事项

[1]导电盐的选择是十分重要的,导电盐不仅仅起到导电的作用,在此实验中亦起到催化剂的作用。

[2]本实验适合于在 0~80 ℃温度范围内进行。阴极可以使用对电解质惰性

的任何导电物质，例如 Al、Pb、Zn 等。电极放置要尽可能近，以减少溶剂的电压降，但要避免电极接触，造成短路。

〔3〕本实验产率以环戊二烯计较低，当延长电解时间后，产量有所提高，但电流效率有所降低。这可能是由于电解时间较长，CPD 部分二聚成 DCPD 的结果。

〔4〕本实验必须在严格除水条件下进行，所用试剂应预先干燥。

〔5〕本实验电解法制取二茂铁所使用的环戊二烯应是新制备的。环戊二烯容易二聚化成为双环戊二烯。如在密封管中加热至 150～200 ℃时则成为 3～5 聚体。环戊二烯即使在 −15 ℃ 2 h 内亦有 0.5% 二聚体生成，在 20 ℃ 6 h 内约有 85% 左右的二聚体生成，故贮藏甚为困难。

红外光谱及核磁共振图

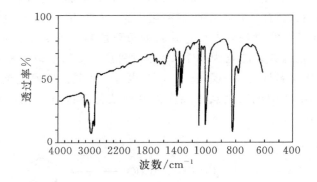

图 6.9-2　二茂铁的红外光谱图

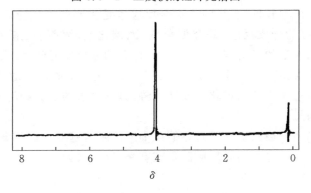

图 6.9-3　二茂铁的[1]H NMR 谱图

实验 6.10　微波辐射茉莉醛(人工香料)的合成

实验目的

1. 进一步掌握相转移催化反应的原理。
2. 巩固微波辐射合成的基本操作方法。

设计提示

　　茉莉醛又称 α-戊基肉桂醛或素馨醛,是一种具有优雅的茉莉花香、深受调香师喜爱的合成香料,目前已广泛用于各种化妆品、香波、洗涤剂、空气清新剂等日用化学品中。同时茉莉醛也是合成其它香料的重要原料。常温下为黄色油状液体,具有强烈的茉莉花香味。沸点为 287 ℃,相对密度 0.970g/cm³,相对分子质量为202.29 g/mol,化学名称为:2-戊基-3-苯基丙-2-烯醛。一般它是由苯甲醛与庚醛在氢氧化钾水溶液中或以六氢吡啶作为碱性催化剂进行均相羟醛缩合反应制得,反应式如下:

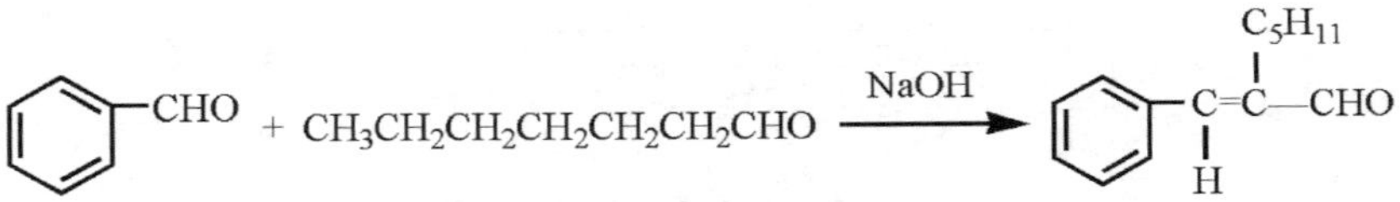

　　但该反应的产率较低,庚醛的自缩合反应也是主要的副反应。为寻求产率更高、产品质量更好的合成反应,研究催化剂、助催化剂、溶剂、反应手段等是重点。其中采用微波辐射下的无溶剂有机反应,可显著缩短反应时间,大大提高了反应效率。这是一种反应条件及操作简单易行、产率高、三废少的新合成技术,也符合节能、清洁生产、绿色化工的当代化工发展趋势,具有显著的社会经济效益、环境效益和光明的应用前景。

　　本实验可利用微波辐射在相转移催化剂三乙基苄基氯化铵(TEBAC)作用下,由苯甲醛与庚醛发生羟醛缩合反应制备茉莉醛,反应式如下:

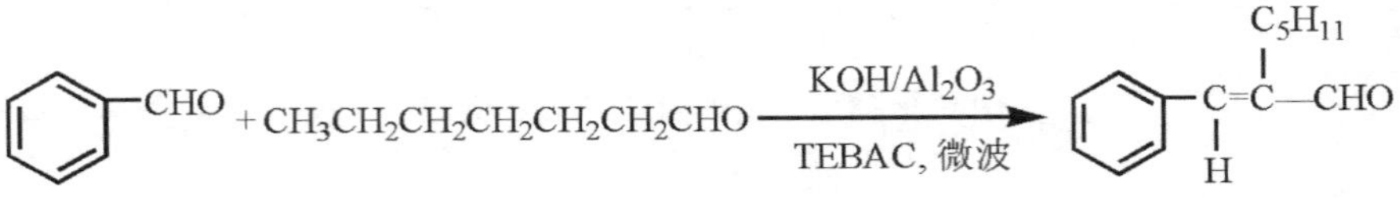

苯甲醛,庚醛,三乙基苄基氯化铵(TEBAC),KOH,Al₂O₃,乙醚

实验步骤

将 1.25 mmol 三乙基苄基氯化铵(TEBAC)、5.0 mmol 庚醛、15.0 mmol 苯甲醛依次加入到 10 mL 锥形瓶中,搅拌均匀,将混匀后的 15 g KOH 与 4 g Al₂O₃倒入此锥形瓶中,搅拌均匀后置于微波反应器中心,调节功率为 600 W,微波辐射60 s,冷却至室温后,用乙醚提取,回收溶剂,柱层析得纯品。

注意事项

[1]混匀 KOH 与 Al₂O₃时,应注意安全;KOH 用量不宜过多。

实验 6.11　室内空气质量的检测

实验目的

1. 了解甲醛等室内污染源的危害及防治。
2. 学习掌握室内空气采样方法及甲醛测定的常用方法。

设计提示

空气中甲醛的测定方法很多,主要有乙酰丙酮分光光度法、酚试剂分光光度法、气相色谱法、电化学传感器法等。这里主要介绍酚试剂分光光度法和乙酰丙酮分光光度法。酚试剂比色法灵敏度高,选择性略差;乙酰丙酮比色法灵敏度略低,但选择性好。

方法一:酚试剂分光光度法

甲醛与酚试剂反应生成嗪(含有一个或几个氮原子的不饱和六元杂环化合物的总称),在高铁离子(本法氧化剂选用硫酸铁铵)存在下,嗪与酚试剂的氧化产物反应生成蓝绿色化合物。在波长 630 nm 处,用分光光度法测定。

反应方程式如下：

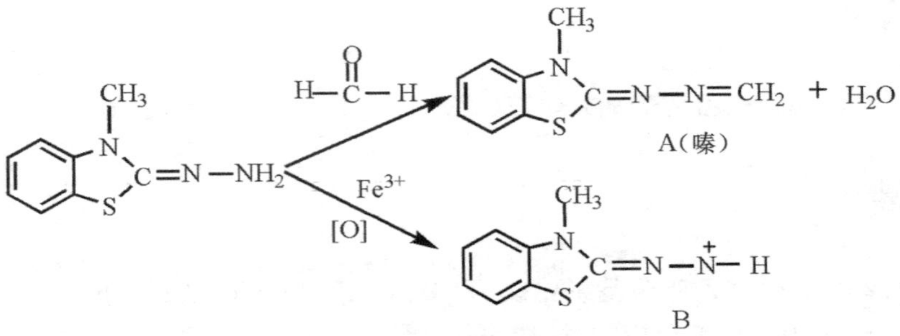

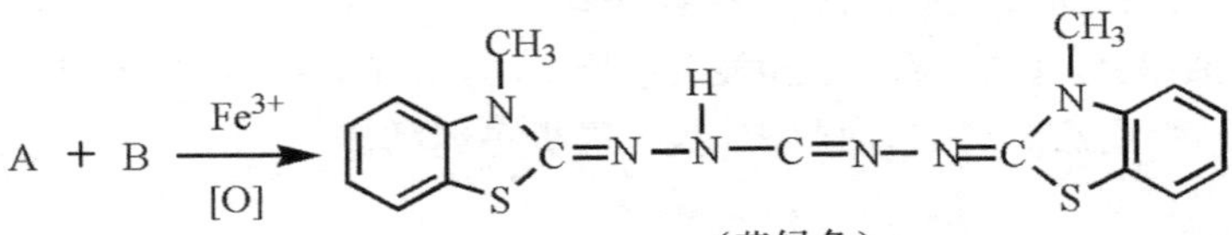

A（嗪）

B

A + B （蓝绿色）

采样体积为 5 mL 时，本法检出限为 0.02 $\mu g/mL$，当采样体积为 10 mL 时，最低检出浓度为 0.01 mg/m^3。

实验仪器和试剂

仪器：10 mL 大型气泡吸收管；空气采样器（流量范围 0～2 L/min）；10 mL 具塞比色管；分光光度计。

1. 吸收液

称取 0.10 g 酚试剂（3-甲基-苯并噻唑腙，分子式为 $C_6H_4SN(CH_3)C=NNH_2 \cdot HCl$，简称 MBTH），溶于水中，稀释至 100 mL，即为吸收原液，贮于棕色瓶，放入冰箱，可稳定三天。采样时，量取 5 mL 上述溶液，加 95 mL 水，即为吸收液。

2. 硫酸铁铵溶液（10 g/L）

称取 1.0 g 硫酸铁铵，用 0.1 mol/L 盐酸溶液溶解，并稀释至 100 mL。

3. 硫代硫酸钠标准溶液（0.1 mol/L）

称取 26 g 硫代硫酸钠（$Na_2S_2O_3 \cdot 5H_2O$）和 0.2 g 无水碳酸钠溶于 1000 mL 水中，加入 10 mL 异戊醇，充分混合，贮于棕色瓶中。

4. 甲醛标准溶液

量取 10 mL 36～38％甲醛，用水稀释至 500 mL，用碘量法标定甲醛溶液的浓度。使用时,先用水稀释成每毫升含 10 μg 甲醛的溶液,然后立即量取 10.0 mL 此稀释液于 100 mL 容量瓶中,加 5 mL 吸收原液,再用水稀释至标线。此溶液每毫升含 1.0 μg 甲醛。放置 30 min 后,用以配制标准色列。此标准溶液可稳定 24 h。

标定方法:吸取 5.0 mL 甲醛溶液于 250 mL 碘量瓶中,加入 40.0 mL 0.1 mol/L 碘溶液,立即逐滴地加入 30％氢氧化钠溶液,至颜色褪至淡黄色为止。放置 10 min,加 5 mL 盐酸溶液酸化(做空白滴定时需多加 2 mL)。置暗处放置 10 min,加入 100～150 mL 水,用 0.1 mol/L 硫代硫酸钠标准溶液滴定至淡黄色,加 1 mL 新配的 0.5％淀粉指示剂,继续滴定至蓝色刚刚褪去。

另取 5 mL 水,同上法进行空白滴定。

按下式计算甲醛溶液的浓度:

$$甲醛溶液浓度(mg/mL) = \frac{(V_0 - V) \times C_{Na_2S_2O_3} \times 15.0}{5.0}$$

式中:V 为滴定样品所用硫代硫酸钠标准溶液体积,mL;V_0 为空白滴定所用硫代硫酸钠标准溶液体积,mL;$C_{Na_2S_2O_3}$ 为硫代硫酸钠标准溶液的浓度,mol/L。15.0 为与 1 L 1 mol/L 硫代硫酸钠标准溶液等当量的甲醛质量,g。

采样与测定

1. 采样

用内装 5.0 mL 吸收液的气泡吸收管,以 5.0 L/min 流量采气 10 L。

2. 测定

(1)标准曲线的绘制:用 8 支 10 mL 比色管,按表 1 配制标准色列。然后向各管中加入 1％硫酸铁铵溶液 0.40 mL 摇匀。在室温下(8～35 ℃)显色 20 min。在波长 630 nm 处,用 1 cm 比色皿,以水为参比,测定吸光度。以吸光度对甲醛含量(μg)绘制标准曲线。

(2)样品的测定:采样后,将样品溶液移入比色皿中,用少量吸收液洗涤吸收管,洗涤液并入比色管,使总体积为 5.0 mL。室温下(8～35 ℃)放置 80 min 后,其它操作同标准曲线的绘制。

表 1 甲醛标准色列

管号	0	1	2	3	4	5	6	7
甲醛标准溶液/mL	0	0.10	0.20	0.40	0.60	0.80	1.00	1.50
吸收液/mL	5.00	4.90	4.80	4.60	4.40	4.20	4.00	3.50
甲醛含量/μg	0	0.10	0.20	0.40	0.60	0.80	1.00	1.50

注意事项

[1]绘制标准曲线时与样品测定时的温度差应不超过 2 ℃。

[2]标定甲醛时,在摇动下逐滴加入 30%氢氧化钠溶液,至颜色明显减褪,再摇片刻,待褪成淡黄色,放置后应褪至无色。若碱量加入过多,则 5 mL 盐酸溶液不足以使溶液酸化。

[3]碘量法标定甲醛溶液的浓度的原理:甲醛在碱性介质中被碘氧化成甲酸,剩余的碘在酸性条件下用 $Na_2S_2O_3$ 滴定,从而计算甲醛的量。

[4]与二氧化硫共存时,会使结果偏低。可以在采样时,使气样先通过装有硫酸锰滤纸的过滤器,排除干扰。

方法二:乙酰丙酮比色法

乙酰丙酮比色法的实验原理是:甲醛吸收于水中,在铵盐存在下,与乙酰丙酮作用,生成黄色的 3,5 -二乙酰基-1,4 -二氢卢剔啶,根据颜色深浅,比色测定。

$$H-\overset{\overset{\displaystyle O}{\|}}{C}-H+NH_3+2\,[CH_3-\overset{\overset{\displaystyle O}{\|}}{C}-CH_2-\overset{\overset{\displaystyle O}{\|}}{C}-CH_3] \longrightarrow CH_3-\overset{\overset{\displaystyle O}{\|}}{C}\cdots CH_2\cdots C \cdots C \cdots \overset{\overset{\displaystyle O}{\|}}{C}-CH_3$$

酚的浓度大于甲醛 1500 倍、乙醛的浓度大于甲醛 300 倍时,不干扰测定。

本法检出限为 $0.25\ \mu g/5mL$(按吸光度 0.01 相应甲醛含量计),当采样体积为 30 L 时,最低检出浓度为 $0.008\ mg/m^3$。

实验仪器和试剂

仪器:10 mL 大型气泡吸收管;大气采样器:流量范围 0~1 L/min;10 mL 具塞比色管;分光光度计。

(1)吸收液:重蒸馏水。

(2)乙酰丙酮溶液:称取 25 g 乙酸铵,加少量水溶液,加 3 mL 冰醋酸及 0.25 mL 新蒸馏的乙酰丙酮,混匀,加水稀释至 100 mL。

(3)甲醛标准溶液:量取 10 mL 36~38%甲醛,用水稀释至 500 mL。标定方法同方法一酚试剂比色法。临用时,用水稀释至每毫升含 5 μg 甲醛的标准溶液。

实验操作

1. 采样

采样前,被采样房间必须密闭 24 h。

日光照射能使甲醛氧化,因此在采样时选用棕色吸收管,在样品运输和存放过程中,都应采取避光措施。

用一个内装 5 mL 水及 1 mL 乙酰丙酮溶液的大型气泡吸收管,以 0.5 L/min 流量,采气 30 L。

2. 标准曲线的绘制

取 8 支 10 mL 比色管,按下表配制标准色列。

管号	0	1	2	3	4	5	6	7
水/mL	5.00	4.90	4.80	4.60	4.40	4.00	3.00	2.00
乙酰丙酮溶液/mL	1.00	1.00	1.00	1.00	1.00	1.00	1.00	1.00
甲醛标准溶液/(5μg/mL)	0	0.10	0.20	0.40	0.60	1.00	2.00	3.00
甲醛含量/μg	0	0.5	1.0	2.0	3.0	5.0	10.0	15.0

各管混匀后,在室温下放置 2 h,使其显色完全。用 1 cm 比色皿,于波长414 nm处,以水为参比,测定吸光度。以吸光度对甲醛含量(μg)绘制标准曲线,或用最小二乘法计算标准曲线的回归方程式,见方法一酚试剂比色法。

3. 样品测定

采样后,在室温下放置 2 h,将样品溶液移入比色皿,以下步骤同标准曲线的绘制。

$$甲醛(mg/m^3) = \frac{(A - A_0) - a}{bV_r}$$

式中:A 为样品溶液吸光度;A_0 为试剂空白液吸光度;b 为回归方程式的斜率;a 回归方程式的截距;V_r 为换算为参比状态下的采样体积,L。

注意事项

(1)乙酰丙酮及乙酸铵的纯度对试剂空白液吸光度影响甚大。乙酰丙酮须经减压蒸馏，在 6～7 mmHg 条件下，收集 27～28 ℃馏分。此试剂应无色透明，充氮气密封保存。

（2）采样后，在室温下（20～25 ℃）2 h 后显色完全，在 10 h 内测定，吸光度稳定。

设计要求

（1）综合运用国家标准《室内空气质量》、建筑环境学中的相关知识（可咨询我校人居环境与建筑工程学院相关老师），结合我校教室、图书馆、学生宿舍、公共场合等不同场所设计室内检测点、自选检测仪器，在实验室教师指导下进行实验设计。

（2）结合现场情况，选取符合国家标准的测量点。

（3）结合现场情况，选取测量项目。

（4）参考仪器说明书，在教师指导下，进行数据测量。

（5）结合国家标准，分析检测结果。

（6）按照《Indoor built environment》（《室内与组合环境》英国出版，双月刊）、《Indoor air》（《室内空气》丹麦出版，季刊）等期刊的格式撰写该实验论文，并在教师指导下进行论文投稿练习，为日后科研工作奠定基础。

（7）查阅资料，自己设计室内空气质量检测的实验方案。

第7章 有机化合物的性质及鉴定实验

实验目的

1.通过实验进一步认识烷烃、不饱和烃、芳香烃、卤代烃、醇、醛、酮、羧酸及其衍生物、胺、糖、氨基酸及蛋白质等各类有机化合物的性质。

2.掌握各类有机化合物的鉴定方法。

实验原理

1.烃的主要化学性质

饱和链状烃分子的碳原子彼此以 α-键结合,化学性质稳定,与强酸、强碱、强氧化剂都不发生反应,但在日光或紫外光照射下可以发生卤代反应。

烯烃和炔烃分子中含有碳碳双键或者碳碳三键,是不饱和烃的碳氢化合物,性质比较活泼,能与卤素等亲电试剂发生亲电加成反应,也易被强氧化剂如 $KMnO_4$ 等氧化。

烯烃和炔烃与溴(Br_2)发生加成反应,溴的红棕色消失。其反应式如下:

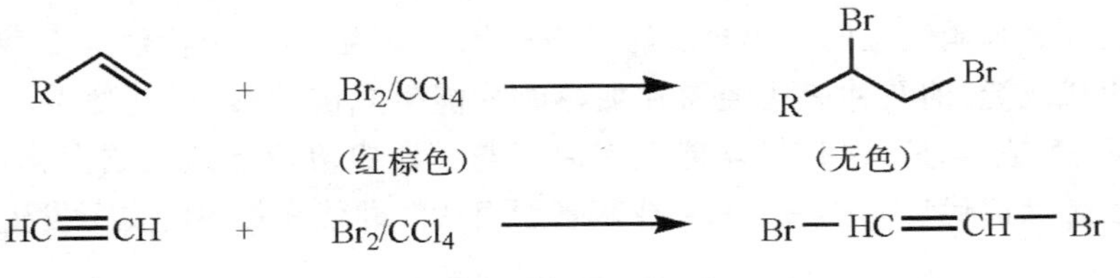

$$HC\equiv CH + Br_2/CCl_4 \longrightarrow Br-HC\equiv CH-Br$$

在酸性条件下,烯烃和炔烃与高锰酸钾溶液发生氧化反应,使紫色的高锰酸钾溶液褪色,生成黑褐色的二氧化锰沉淀。其反应方程式如下:

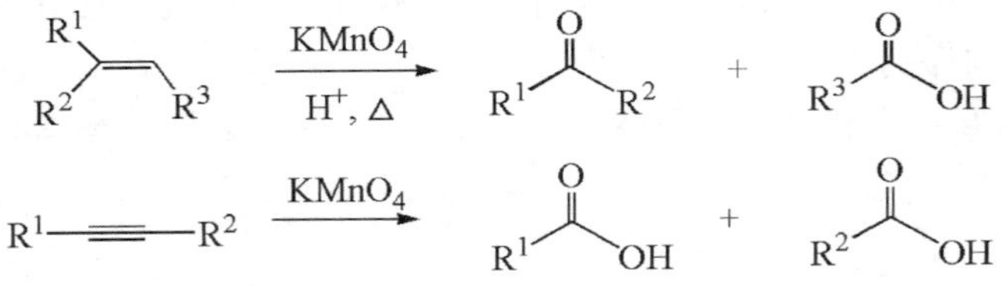

末端炔烃含有一个活泼氢,可与某些金属离子发生反应生成炔烃金属化合物沉淀,如末端炔烃与银氨溶液发生反应生成灰白色沉淀;和亚铜离子发生反应生成红棕色沉淀。其反应式如下:

$$R—C{\equiv}CH \quad + \quad [Ag(NH_3)_2]^+ \quad \longrightarrow \quad R—C{\equiv}C—Ag\downarrow \quad 灰白色$$

$$HC{\equiv}CH \quad + \quad [Cu(NH_3)_2]^+ \quad \longrightarrow \quad Cu—C{\equiv}C—Cu\downarrow \quad 红棕色$$

芳香烃的芳环一般不被氧化剂所氧化,但是有侧链的芳香烃如甲苯,由于侧链与芳环的相互影响,其性质发生了变化。例如:甲苯中的甲基能被高锰酸钾氧化成羧基。此外甲苯与卤素作用因条件不同所得产物也不同,当有氯化铝或者氯化铁作催化剂时,在环上发生亲电取代反应;在阳光或者紫外线光照射下侧链发生自由基卤代反应。

2. 卤代烃的主要化学性质

卤代烃的主要化学性质之一是易发生亲核取代反应(Nucleophilic Substitution, S_N),结构不同的卤代烃发生亲核取代反应的机理不同。由于受电子效应和空间效应的影响,卤代烃发生亲核取代反应时,叔卤代烃主要按单分子亲核取代反应(S_N1)的机理进行;伯、仲卤代烃倾向于按双分子亲核取代反应(S_N2)机理进行反应。卤原子活性大小不同,反应条件不同,反应倾向也不同。一般地在单分子取代反应(S_N1)中,各类卤代烃的化学活性次序是:叔卤代烃>仲卤代烃>伯卤代烃;在双分子亲核取代反应(S_N2)中,各种卤代烃的化学活性次序是:伯卤代烃>仲卤代烃>叔卤代烃。

烯丙基型卤代烃与乙烯型卤代烃在化学性质上有很大的差异。烯丙基型卤代烃反应速率很快,而乙烯型卤代烃则很难反应。

以卤代烃与硝酸银的乙醇溶液的亲核取代反应为例:叔卤代烃与硝酸银的反应很快生成沉淀,伯及仲卤代烃需在加热时才能生成沉淀;烯丙基型卤代烃 CH_2 $=$ $CHCH_2X$ 或苄基型卤代烃均能在室温下与硝酸银溶液迅速生成卤化银沉淀;而对于乙烯型卤代烃 CH_2 $=$ CHX 或苯基型卤代烃即使在加热时也不发生反应。

$$RX \quad + \quad AgONO_2 \quad \longrightarrow \quad \underset{硝酸酯}{RONO_2} \quad + \quad AgX\downarrow$$

可见烃基的结构对 RX 的活性影响很大,不同烃基取代的卤代烃发生亲核取代反应的活性顺序为:

$$烯丙基型卤代烃 > 3°RX > 2°RX > 1°RX > 乙烯型卤代烃$$

烯丙基型
$$RCH = CH - CH_2 - X$$

苄基型
$$\begin{array}{c} \bigcirc \\ | \\ CH_2 - X \end{array}$$

$>$

孤立型
$$RCH = CH - (CH_2)_n - X$$

$>$

乙烯型
$$R\,CH = CH - X$$

苯基型
$$\begin{array}{c} \bigcirc - X \end{array}$$

3. 醇、酚的化学性质

（1）醇的化学性质

①醇与金属钠的反应。醇羟基有一个活泼氢，能与金属钠作用产生气泡，放出氢气。

$$2ROH \ + \ 2Na \ \longrightarrow \ 2RONa \ + \ H_2\uparrow$$

②与卢卡斯（Lucas）试剂反应鉴别伯、仲、叔醇。卢卡斯（Lucas）试剂就是 $ZnCl_2$ 的浓盐酸溶液。当醇与卢卡斯（Lucas）试剂反应时，由于反应在浓酸性介质中，主要按 S_N1 历程进行，伯、仲、叔醇的反应速率各不同，叔醇立即反应，仲醇反应缓慢，而伯醇不起反应。对于含 6 个以下碳原子的水溶性一元醇来说，由于生成的卤代烃不溶于卢卡斯（Lucas）试剂，呈油状物析出，因此可用于含 6 个以下碳原子伯、仲、叔醇的鉴别。含 6 个以上碳原子的醇不溶于卢卡斯试剂，因此不适用此法鉴别。

$$(CH_3)_3C\!-\!OH \ + \ HCl \ \xrightarrow[26℃]{ZnCl_2} \ (CH_3)_3C\!-\!Cl$$

$$(CH_3)_2CH\!-\!OH \ + \ HCl \ \xrightarrow[\triangle]{ZnCl_2} \ (CH_3)_2CH\!-\!Cl$$

$$CH_3CH_2CH_2OH \ + \ HCl \ \xrightarrow[加热1h]{ZnCl_2} \ 无变化$$

③碳原子个数在 10 个以下的醇与硝酸铈铵试剂作用生成琥珀色或红色配位物。

$$ROH + (NH_4)_2Ce(NO_3)_6 \longrightarrow (NH_4)_2Ce(OR)(NO_3)_5 + HNO_3$$

琥珀色或红色

④邻位多羟基醇与某些二价金属氧化物生成类似盐的化合物，例如，与 $Cu(OH)_2$ 生成蓝色配合物。在浓盐酸作用下，配合物能被分解成原来的醇。

$$\begin{matrix} CH_2OH \\ | \\ CHOH \\ | \\ CH_2OH \end{matrix} \quad + \quad Cu(OH)_2 \quad \xrightarrow{OH^-} \quad \begin{matrix} CH_2-O \\ | \quad\quad\ \ \searrow \\ CHOH \quad\ \ Cu \\ | \quad\quad\ \ \nearrow \\ CH_2OH \end{matrix} \quad + \quad 2H_2O$$

甘油铜（深蓝色）

⑤伯醇或仲醇可使高锰酸钾溶液褪色。伯醇或仲醇能被重铬酸钾、高锰酸钾或铬酸（CrO_3·冰醋酸）等氧化剂氧化，使重铬酸钾、高锰酸钾或铬酸的颜色褪去，而叔醇在同样条件下不能被氧化。

（2）酚的化学性质

酚类化合物具有弱酸性，与强碱作用生成酚盐而溶于水，酸化后可使酚游离出来。

大多数酚与三氯化铁有特殊的颜色反应，而且各种酚产生不同的颜色，多数酚呈现红、蓝、紫或绿色。以苯酚为例，反应式如下：

$$6ArOH \ + \ FeCl_3 \ \rightleftharpoons \ \left[Fe(OAr)_6\right]^{3-} \ + \ 6H^+ \ + \ 3Cl^-$$

不同酚产生的颜色差异是由于形成电离度很大的不同络合物所致。

一般烯醇类化合物也能与三氯化铁起颜色反应（多数为红紫色）。大多数硝基酚类、间位和对位羟基苯甲酸无此颜色反应。某些酚如 α-萘酚及 β-萘酚等由于在水中溶解度很小，它的水溶液与三氯化铁不产生颜色反应，若采用乙醇溶液则呈正反应。

羟基的存在使苯环活泼性增加，酚类能使溴水褪色，形成溴代酚析出。如苯酚与溴水作用生成三溴酚白色固体。

但要指出的是，这个反应并非酚的特有反应，一切含有易被溴取代的氢原子的化合物，以及一切易被溴水氧化的化合物，如芳胺与硫醇，均有此反应。

4.醛、酮的主要化学性质

（1）醛、酮与2,4-二硝基苯肼的反应

醛、酮同属羰基化合物，都能与2,4-二硝基苯肼发生反应，生成黄色、棕色或橙红色的2,4-二硝基苯腙沉淀。析出沉淀的颜色与醛、酮分子的共轭体系有关，非共轭体系的醛、酮一般生成黄色沉淀，共轭酮一般生成橙色至红色的晶体。

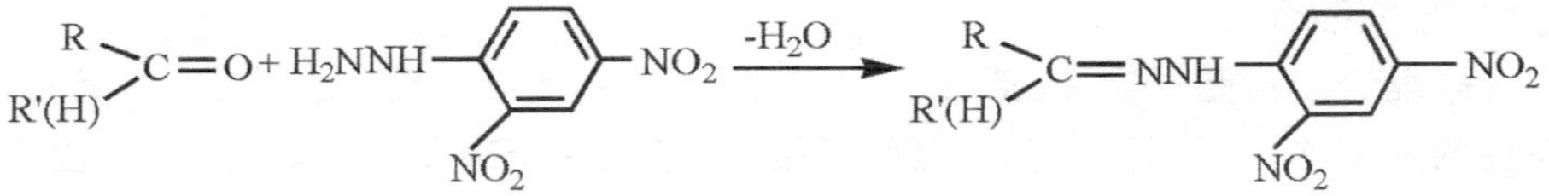

R—C(R'(H))=O + H₂NNH— (benzene ring with NO₂ groups) →(−H₂O)→ R—C(R'(H))=NNH— (benzene ring with NO₂ groups)

（2）氧化反应

醛容易被氧化，能被一些弱氧化剂，如：托伦（Tollens）试剂（银氨溶液）、斐林（Fehling）试剂等氧化，醛被氧化成酸，托伦（Tollens）试剂被还原生成银沉淀。

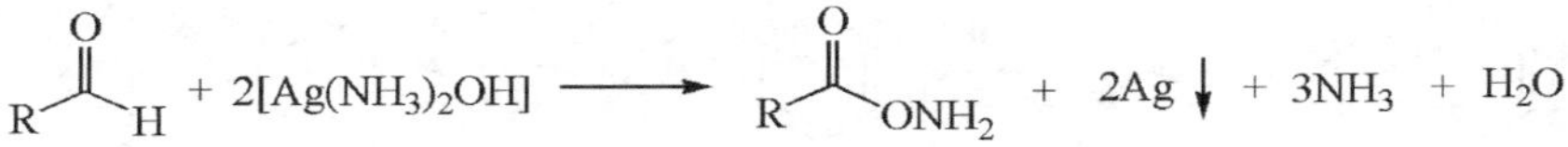

$$R—CHO + 2[Ag(NH_3)_2OH] \longrightarrow R—CONH_2 + 2Ag\downarrow + 3NH_3 + H_2O$$

醛类的鉴别也可以通过斐林反应。Fehling 试剂呈深蓝色，当与脂肪醛共热时，溶液的颜色依次发生蓝→绿→黄→砖红沉淀的变化，反应速率比较快。芳香醛与 Fehling 试剂则无此反应，因此可用来区分脂肪醛和芳香醛。

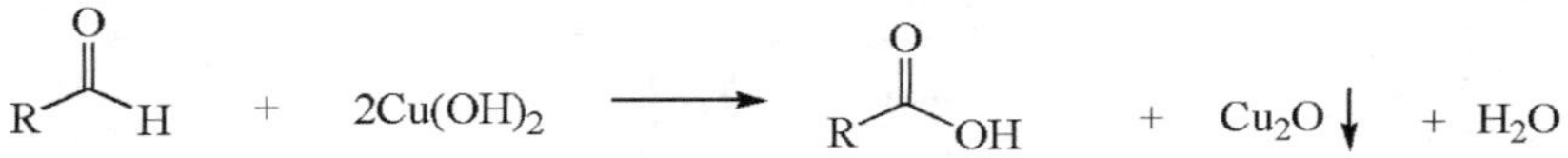

$$R—CHO + 2Cu(OH)_2 \longrightarrow R—COOH + Cu_2O\downarrow + H_2O$$

（3）与亚硫酸氢钠的加成

醛、脂肪族甲基酮及含 8 个以下碳原子的脂环酮能与饱和亚硫酸氢钠溶液（40%）发生加成反应，生成 α-羟基磺酸钠白色结晶。此结晶溶于水，难溶于有机溶剂。该反应为可逆反应，生成的 α-羟基磺酸钠与稀酸或稀碳酸钠共热时，则分解为原来的醛或酮。因此，这一反应可用来鉴别和纯化醛、脂肪族甲基酮或碳原子少于 8 个的脂环酮。

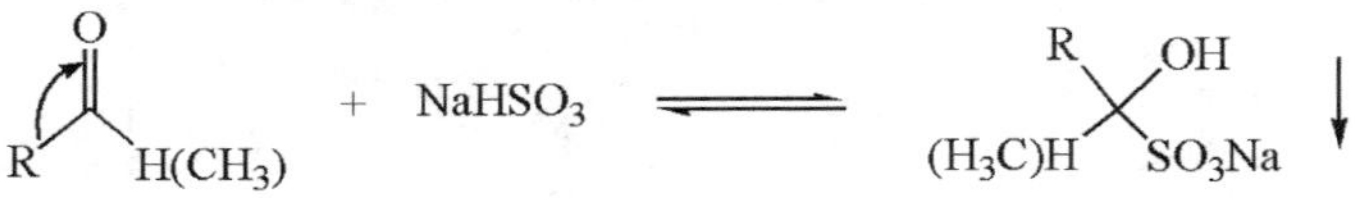

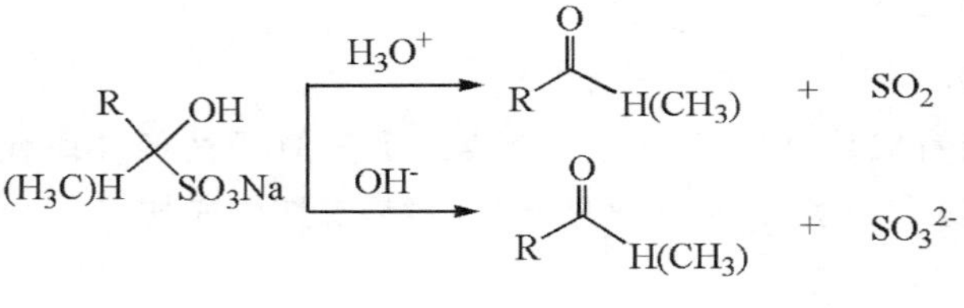

$$R—C(H(CH_3))=O + NaHSO_3 \rightleftharpoons R(H_3C)H—C(OH)(SO_3Na) \downarrow$$

$$(H_3C)H—C(R)(OH)(SO_3Na) \xrightarrow{H_3O^+} R—C(H(CH_3))=O + SO_2$$

$$\xrightarrow{OH^-} R—C(H(CH_3))=O + SO_3^{2-}$$

(4)羟醛缩合

羟醛缩合反应是具有 α-活泼氢的醛、酮的另一类重要反应。含有 α-氢的醛、酮在稀的强碱作用下,稀碱与 α-氢原子结合,形成一个碳负离子,并立即进攻另一分子醛(或酮)的羰基碳原子,发生亲核加成反应,生成自身缩合或者交叉缩合的产物,该反应称为羟醛缩合反应。例如,苯甲醛和丙酮在稀的氢氧化钠条件下的交叉羟醛缩合反应生成亚苯基丙酮,亚苯基丙酮进一步反应生成二亚苯基丙酮。

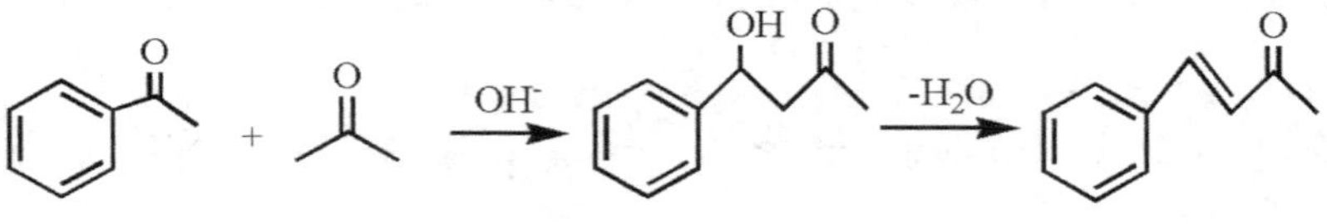

亚苯基丙酮

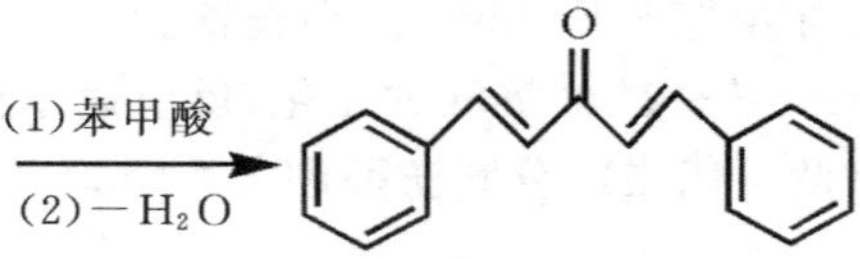

二亚苯基丙酮(黄色结晶)
m. p. 110～112℃

(5)卤仿反应

具有三个 α-氢的醛、酮能进行卤仿反应,即具有 $H_3C-\overset{\overset{\displaystyle O}{||}}{C}-$ 结构的羰基化合物,常用与碘的碱性溶液发生碘仿反应,生成黄色的碘仿沉淀进行鉴定。由于卤素的碱性溶液同时又是氧化剂,可以使具有三个 β-氢的醇氧化成具有三个 α-氢的醛或酮。因此,具有 $H_3C-\overset{\overset{\displaystyle OH}{|}}{C}H-$ 结构的醇也能进行卤仿反应。

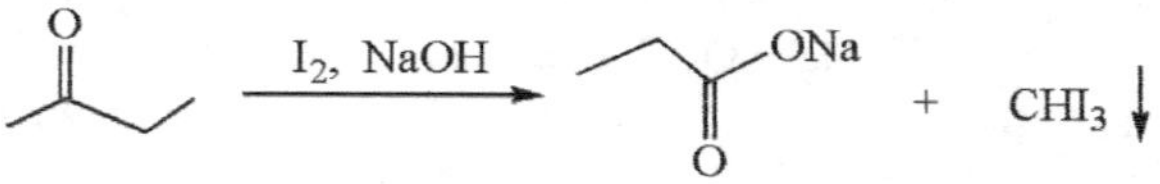

5.胺的化学性质

(1)胺的碱性

有机胺可以看成是氨分子中的一个或几个氢原子被烃基取代而生成的衍生物,胺和氨一样易溶于水,其水溶液显碱性,容易与酸生成盐。

(2)Hinsberg 反应

伯胺、仲胺、叔胺与苯磺酰氯发生酰化反应,表现出不同的特点。伯胺、仲胺与苯磺酰氯作用形成 N-取代或者 N,N-二取代苯磺酰胺,伯胺生成的 N-取代苯磺酰胺具有酸性氢原子,能溶于氢氧化钠溶液,而仲胺生成的 N,N-二取代苯磺酰胺不能溶于氢氧化钠溶液,叔胺不发生此反应。Hinsberg 反应,就是利用这一特性来鉴别或分离伯胺、仲胺、叔胺。

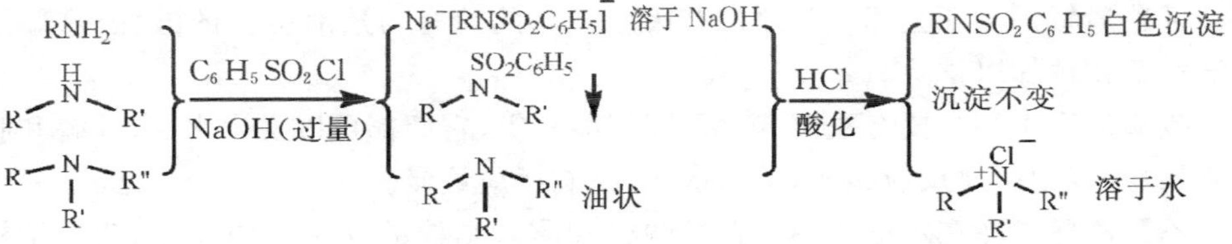

（3）与亚硝酸的反应

胺与亚硝酸的反应也随分子中的取代基的种类和个数的不同而不同。脂肪伯胺遇亚硝酸,在室温条件下反应立即放出氮气,仲胺生成亚硝基化合物,而叔胺不起反应。芳香伯胺与亚硝酸反应,在低温（<5 ℃）下反应生成重氮盐化合物,重氮盐与β-萘酚作用,可生成橙红色沉淀。芳香仲胺、叔胺则发生不同的亚硝化反应,据此可鉴别芳香伯胺、仲胺、叔胺。

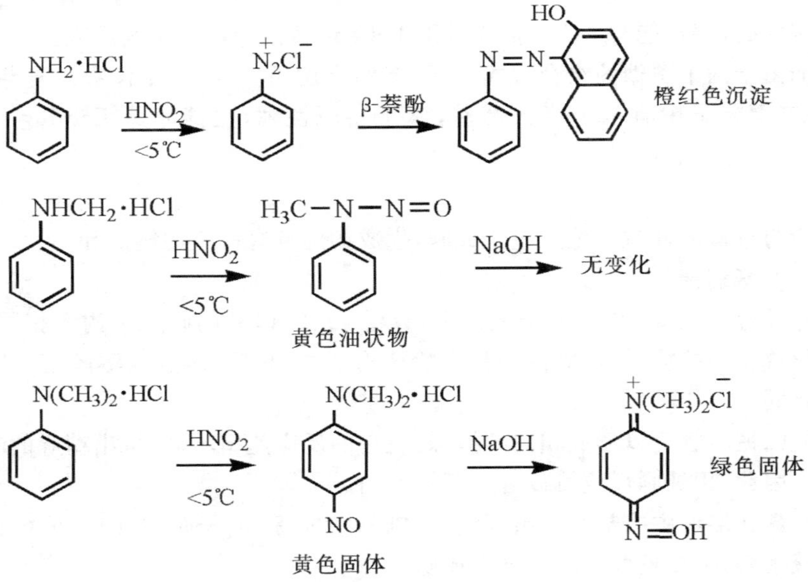

6.羧酸的鉴别

羧酸具有酸的通性,可与氢氧化钠和碳酸氢钠反应生成盐,这是判断这类化合物最重要的依据。由于羧酸较强的酸性,故可通过用标准滴定来确定其中和当量。

$$中和当量 = \frac{羧酸的质量}{C_{NaOH} \times V_{NaOH}}$$ ，一元羧酸的中和当量等于它的相对分子质量，多元酸中和当量等于酸的相对分子质量除以分子中羧基的数目。中和当量可用于鉴定一个具体的酸，它几乎和衍生物一样有用。

某些酚特别是环上邻位和对位有吸电子基的酚有与羧酸类似的酸性，这些酚可通过氯化铁加以排除。

羧酸的衍生物主要有酰卤、酸酐、酯和酰胺等，它们都可以发生水解、醇解和胺解等反应，其中酰卤反应最快，酸酐次之，酰胺反应最慢。

乙酰乙酸乙酯在水溶液中存在烯醇式和酮式结构的互变异构现象，两种结构平衡共存，因此它既具有烯醇式化合物的性质（例如，与三氯化铁显色，使溴水褪色等），又具有羰基化合物的性质（如与羰基试剂反应）。

7. 糖的化学性质

糖类化合物是指多羟基醛、酮以及它们的缩聚物和衍生物。通常分为单糖（葡糖糖、果糖）、二糖（蔗糖、麦芽糖）和多糖（淀粉、纤维素）。

（1）单糖及含有半缩醛羟基的二糖的还原性

单糖在水溶液中能发生互变异构现象，开链结构与环状结构具有一定平衡。单糖具有醛的性质，能与 Fehling 试剂和 Tollens 试剂等弱氧化剂反应。

二糖由于两个单糖的结合方式不同，有的有还原性，有的则没有。麦芽糖、乳糖、纤维二糖分子中有一个半缩醛基，属于还原性糖，也能还原 Fehling 试剂和 Tollens 试剂等弱氧化剂。

（2）成脎反应

糖能与过量的苯肼发生反应生成脎，生成的脎具有一定的熔点和晶型，根据糖脎的熔点可鉴别糖。

成脎反应只在 C_1 和 C_2 原子上发生，只要 C_1、C_2 以外的碳原子构型相同的糖，都可以形成相同的糖脎，不同的糖脎化学结构不同，晶型、熔点和溶解度等物理性质各不相同。

不同的糖尽管可以形成相同的糖脎，但它的反应速率不同，析出糖脎的时间也不相同。因此，用糖脎反应可以区别不同的糖。

麦芽糖在溶液中冷却后析出沉淀；蔗糖不能成脎，但长时间加热，蔗糖会被试剂中的酸水解，生成葡萄糖和果糖而成脎。

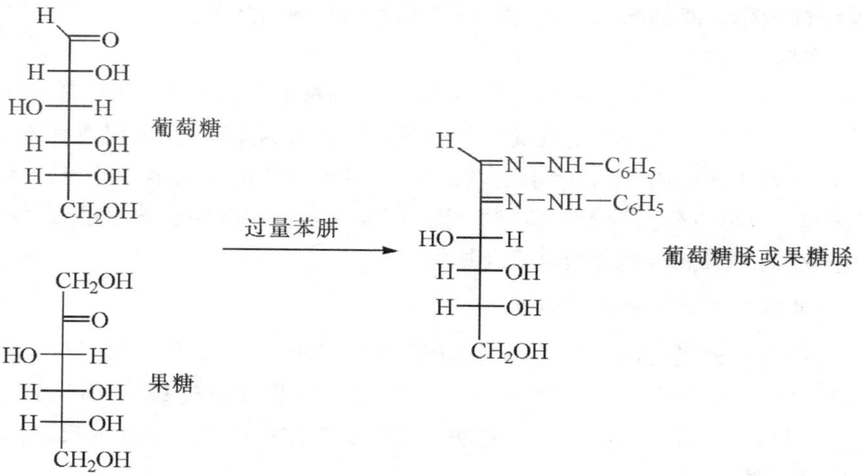

葡萄糖

果糖

过量苯肼 →

葡萄糖脎或果糖脎

（3）Molish 试验（α-萘酚试验）

糖类化合物在浓硫酸作用下与 α-萘酚反应生成紫色的缩合物，此反应称为 Molish 试验。首先是糖类化合物与浓硫酸作用生成糠醛及其衍生物（如羟甲基糠醛），然后是糠醛及其衍生物与 α-萘酚起缩合反应生成紫红色的物质。

以葡萄糖为例的 Molish 试验反应式如下：

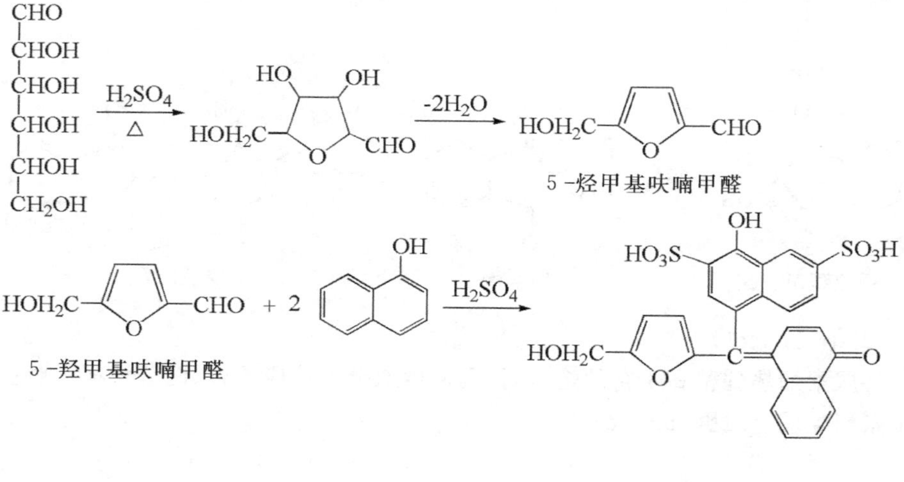

5-烃甲基呋喃甲醛

5-羟甲基呋喃甲醛 + 2

（4）西列瓦诺夫（Seliwanoff）反应

酮糖与间苯二酚在浓盐酸存在下加热，两分钟内生成红色物质；醛糖也有类似反应但比酮糖要慢得多，此反应称为西列瓦诺夫（Seliwanoff）反应。该反应也是糖先发生脱水反应，生成羟甲基糠醛，再与间苯二酚作用生成红色物质，一般酮糖脱水反应的速率是醛糖的 15～20 倍,可依此鉴别酮糖与醛糖。

(5)多糖的水解

蔗糖、淀粉、纤维素等多糖都是非还原糖,它们都不能与 Fehling 试剂、Tollens 试剂等反应。但它们在酸或生物酶的作用下可以水解为单糖,其水解液有还原性。纤维素的水解比淀粉困难,它溶于铜氨试剂,与混酸作用能生成硝酸纤维素酯。淀粉遇碘变蓝,故可以作为淀粉的鉴别方法。淀粉在酸性溶液中受热水解,最终水解产物为麦芽糖、葡萄糖、葡萄糖具有还原性。

8. 氨基酸及蛋白质的化学性质

氨基酸是组成蛋白质的基础,除甘氨酸(NH_2CH_2COOH)外,其余氨基酸都含有手性碳原子,具有旋光性。氨基酸具有氨基(—NH_2)和羧基(—COOH)的性质,是两性化合物,具有等电点。氨基酸与某些试剂作用可发生不同的反应。

(1)茚三酮反应

除脯氨酸和羟脯氨酸外,氨基酸和蛋白质都能与茚三酮发生反应,生成紫红色的物质。该反应十分灵敏,最终形成蓝紫色化合物。

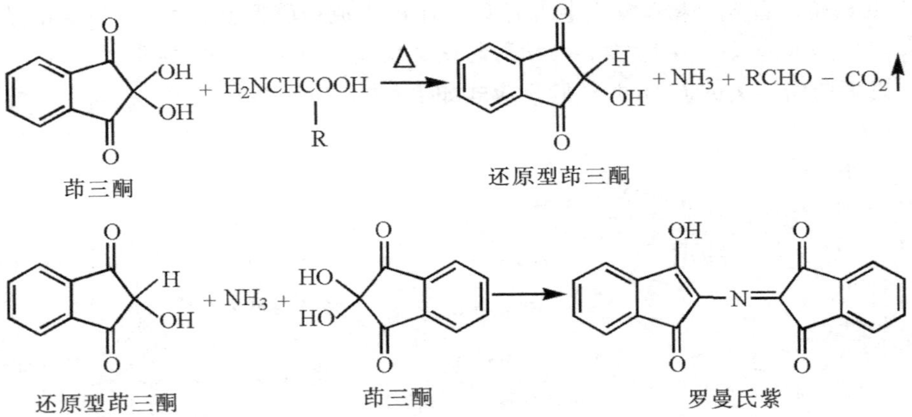

(2)缩二脲反应

将尿素加热到稍高于它的熔点时,则发生双分子反应缩合,两分子尿素脱去一分子氨而生成缩二脲(biurea)。

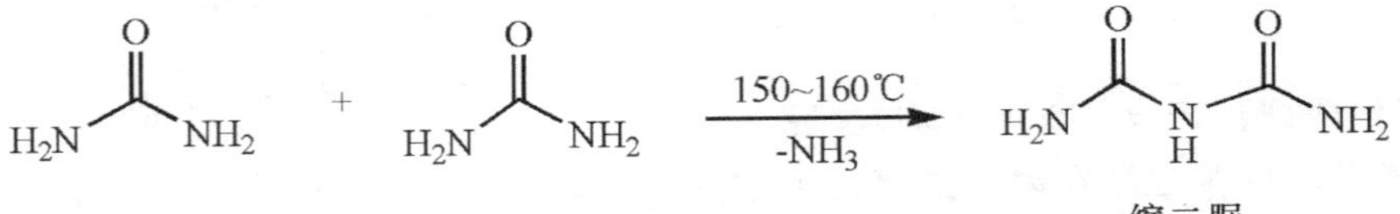

缩二脲在碱性溶液中与少量的硫酸铜溶液作用,即显紫红色,这个颜色反应叫

缩二脲反应。

　　凡分子中含有两个或两以上酰胺键(肽键)的化合物,如多肽、蛋白质等都能发生这个颜色反应,而氨基酸则无此反应。

　　(3)米伦反应

　　蛋白质溶液中加入米伦试剂(亚硝酸汞、硝酸汞及硝酸的混合液),蛋白质首先沉淀,加热则变为红色沉淀,此为酪氨酸的酚核所特有的反应,因此含有酪氨酸的蛋白质均呈米伦反应阳性。

　　(4)黄蛋白反应

　　蛋白质遇浓硝酸会变黄,这一反应为苯丙氨酸、酪氨酸、色氨酸等含苯环的氨基酸所特有。这些反应都是蛋白质中各种氨基酸侧链的反应,因此显色反应被广泛应用于定性和定量的测定蛋白质。

　　(5)变性作用

　　当蛋白质受热或受到其他物理及化学作用时,其特有的结构会发生变化,其性质也随之发生变化,如溶解度降低,对酶水解的敏感度提高,失去生理活性等,这种现象称为变性作用。变性并不是蛋白质发生分解,而仅仅是蛋白质的二、三、四结构发生变化。

　　引起蛋白质变性的条件若延续时间不长或条件不太强烈,蛋白质变性就成为不可逆,一般可逆变性只涉及蛋白质的三、四级结构,而不可逆变性则连二级结构都发生了变化。

试剂

　　(1)烷、烯、炔

　　2%溴的四氯化碳溶液、碳化钙、饱和食盐水、1%高锰酸钾、5%氢氧化钠、2%氨水、氯化亚铜、浓氨水。

　　(2)卤代烃

　　5%硝酸银醇溶液、5%硝酸、15%碘化钠丙酮溶液。

　　(3)醇

　　乙酰氯、碳酸氢钠、二氧六环、硝酸铈铵、丙酮、铬酸酐、浓硫酸、无水氯化锌、浓盐酸、3,5-二硝基苯甲酰氯、10%碳酸钠、乙醇、叔丁基氯、环己醇、氯仿、正丁基氯。

　　(4)酚

　　10%氢氧化钠、10%盐酸、1%三氧化铁、对羟基苯甲酸、邻硝基苯酚、溴化钾、溴。

（5）醛和酮

饱和亚硫酸氢钠、乙醛、3-戊醛、2,4-二硝基苯肼、浓硫酸、95%乙醇、5%硝酸银、浓氨水、丙酮、铬酸酐、二氧六环、10%氢氧化钠、碘、碘化钾、环己烷、苯甲醛、环己烯、正丁醛、环己醇。

（6）胺

10%硫酸、10%氢氧化钠、苯磺酰氯、6 mol/L 盐酸、30%硫酸、冰盐浴、10%亚硝酸钠、β-萘酚、胺、乙醇、碘甲烷、无水乙醚、无水苯、无水甲醇、无水乙醇。

（7）羧酸及其衍生物

甲酸、乙酸、草酸、10%草酸、苯甲酸、无水乙醇、冰醋酸、乙酰氯乙酸酐、乙酸乙酯、乙酰胺、乙酰乙酸乙酯、浓硫酸、1：5 硫酸、0.5%$KMnO_4$、10%$NaOH$、10%HCl、2%$AgNO_3$、红色石蕊试纸、蓝色石蕊试纸、饱和 Na_2CO_3 溶液、5%$FeCl_3$、饱和溴水、熟猪油、1%熟猪油的 CCl_4 溶液、1%菜油的 CCl_4 溶液、1%桐油的 CCl_4 溶液、95%乙醇、40%$NaOH$、饱和食盐水、1%$CuSO_4$、3 %溴的 CCl_4 溶液、刚果红试纸。

（8）糖

葡萄糖、果糖、蔗糖、麦芽糖、10%α-萘酚、浓硫酸、五水合硫酸铜、五结晶水酒石酸钾、氢氧化钠、柠檬酸钠、碳酸钠、10%苯肼盐酸盐、15%醋酸钠、淀粉、10%氢氧化钠。

（9）氨基酸和蛋白质

0.5%甘氨酸、0.5%酪蛋白、0.1%茚三酮-乙醇溶液、10%氢氧化钠、1%氢氧化钠、5%硫酸铜、浓硝酸、0.1%苯酚、0.5%醋酸铅、浓盐酸。

实验7.1　烷、烯、炔的鉴定

1. 溴的四氯化碳的实验

于干燥的试管中加入 2 mL 2%溴的四氯化碳溶液，加入 4 滴样品（用乙炔[1]时，则在试管溶液中通入乙炔气体 1～2 mL，下同），摇荡，观察溴的橙红色是否褪去。

2. 高锰酸钾溶液实验

在试管中加入 2 mL 1%高锰酸钾溶液，然后加入 2 滴试样，摇荡试管混合均匀，并观察高锰酸钾溶液颜色是否褪去，有无褐色二氧化锰沉淀生成。

3. 鉴别炔类化合物的实验

（1）氧化银的氨水溶液实验

在试管中加入 0.5 mL 5%硝酸银溶液,再加 1 滴 5%氢氧化钠溶液,然后滴加 2%氨水溶液,直至开始形成的氨氧化银沉淀又溶解为止[2],在此溶液中加入 2 滴样品,观察有无白色沉淀生成。

(2)与铜氨溶液的反应

取 0.1 g 的固体氯化亚铜,溶于 1 mL 水中,然后滴加浓氨水至沉淀完全溶解,在此溶液中加入 2 滴样品或通入乙炔,观察有无沉淀生成。

实验 7.2 卤代烃的鉴定

1.硝酸银实验

取 1 mL 5%硝酸银溶液放入试管中,加 2～3 滴试样,振荡后静置 5 min,若无沉淀可煮沸片刻,生成白色或黄色沉淀,加入 1 滴 5%硝酸,沉淀不溶者视为正反应;若煮沸后只稍微出现浑浊,而无沉淀(加 5%硝酸又会发生溶解),则视为负反应。

样品:氯代正丁烷、氯代仲丁烷、氯代叔丁烷、溴代正丁烷、溴苯、氯苄、三氯甲烷。

2.卤代烃的碘化钠(钾)丙酮溶液实验

在干燥的试管中加入 2 mL 15%碘化钾丙酮溶液,加入 4～5 滴试样,记下加入试样的时间,振荡后观察并记录生成沉淀的时间。若 5 min 内仍无沉淀生成,可将试管置于 50 ℃水浴中温热(注意不要超过 50 ℃),在 6 min 末,将试管冷至室温,观察是否发生反应,记录结果。活泼的卤代烷通常在 3 min 内生成沉淀,中等活性的卤代烷温热时才发生沉淀,乙烯型和芳基卤即使加热后也不产生沉淀。

样品:氯代正丁烷、氯代仲丁烷、溴代仲丁烷、氯代叔丁烷、溴苯。

实验 7.3 醇、酚性质及鉴定

1.醇的性质

(1)酯化反应

取无水醇样品 0.5 mL 放于干燥试管中,逐渐加入 0.5 mL 乙酰氯,振荡,注意是否发热,向管口吹气,观察有无氯化氢白雾逸出。静置 1～2 min 后,倒入 3 mL 水,加入碳酸氢纳粉末使呈中性。如有酯的香味,表示生成了酯。

样品:乙醇、异戊醇。

（2）硝酸铈胺试验

取 2 滴样品（或固体样品 50 mg），加入 2 mL 水制成溶液（不溶于水的样品，以 2 mL 二氧六环代替），再加入 0.5 mL 硝酸铈胺试剂，振荡后观察颜色变化，溶液呈现红色表示有醇存在，并作空白试验对比。

样品：乙醇、甘油、苄醇、环己醇。

硝酸铈胺溶液的配置：取 100 g 硝酸铈胺加 250 mL 2 mol/L 硝酸，加热使溶解后放冷。

（3）铬酸试验

取 1 滴样品（或固体样品 10 mg）溶于 1 mL 丙酮中，加入 1 滴铬酸试剂，摇荡并注意观察 5 s 内发生的现象。伯醇和仲醇呈正性试验，溶液由橙色变为蓝绿色；叔醇不发生反应，溶液仍保持橙色。为了证实丙酮不含被氧化性杂质即不会产生正性试验，加 1 滴铬酸于 1 mL 丙酮中进行空白试验，试剂的橙色应至少保持 5 s，否则需更换丙酮。

样品：正丁醇、仲丁醇、叔丁醇，或正戊醇、仲戊醇、叔戊醇。

铬酸溶液的配制：取 25 g 铬酸酐加入到 25 mL 浓硫酸中，搅拌直至形成均匀的浆状液，然后用 15 mL 蒸馏水小心稀释浆状液，搅拌，直至形成清亮的橙色溶液即可。

（4）Lucas 试验

取伯、仲、叔醇样品各 5～6 滴分别加入 3 支干燥试管中，加 Lucas 试剂 2 mL，摇荡，若溶液立即见有浑浊，并且静置后分层者为叔醇；如不见浑浊，则放在水浴中温热[3] 数分钟，塞住管口剧烈摇荡后静置，溶液慢慢出现浑浊，最后分层者为仲醇；不起作用者为伯醇。

样品：正丁醇、仲丁醇、叔丁醇，或正戊醇、仲戊醇、叔戊醇。

盐酸-氯化锌试剂的配制：将无水氯化锌在蒸发皿中加热熔融，稍冷后在干燥器中冷至室温，取出捣碎，称取 136 g 溶于 90 mL 浓盐酸中。溶解时有大量氯化氢气体和热量放出，放冷后贮于玻璃瓶中，塞严，防止潮气侵入。

（5）醇的衍生物——3,5-二硝基苯甲酸酯的制备

在试管中放入 0.05 g 3,5-二硝基苯甲酰氯[4]，加入 2 mL 样品，在热水浴中加热 10 min，然后加入 10 mL 冷水，用冰水浴冷却使结晶析出，用玻璃钉漏斗抽滤，所得结晶用 10 mL 10% 碳酸钠溶液洗涤。然后移入锥形瓶中，用乙醇-水的混合溶剂进行重结晶，干燥后测熔点。醇的衍生物的熔点如表 7.3-1 所示。

表 7.3 - 1　醇的衍生物的熔点

醇	沸点/℃	1-萘基氨基甲酸酯熔点/℃	3,5-二硝基苯甲酸酯熔点/℃
甲　醇	65	124	109
乙　醇	78	79	93
正丙醇	97	80	74
异丙醇	82	106	122～123
正丁醇	118	71	64
异丁醇	108	104	87
叔戊醇	102	72	116
1-己醇	156	59,62	58
环己醇	161	129	113
苄　醇	205	134	113

样品:甲醇、乙醇、异丙醇。

(6)未知物的鉴定

现有五瓶无标签的试剂,已知为叔丁基氯、环己醇、乙醇、氯仿和正丁基氯,试分别鉴别出每个瓶子装的是哪种试剂。

2.酚的鉴定

(1)酚的弱酸性

在试管中取酚样 0.1 g,逐渐加入水,全溶解后,用 pH 试纸试其水溶液的弱酸性;若不溶于水则可逐渐滴加 10 ％氢氧化钠溶液至全溶(为什么?),再加 10％ 盐酸溶液使其析出(为什么?)。

样品:苯酚、间苯二酚、对苯二酚、邻硝基苯酚。

(2)三氯化铁实验

在试管中加入 0.5 mL 1％样品水溶液或稀乙醇溶液,再加入 1％三氯化铁水溶液 1～2 滴,即有颜色反应,观察各种反应所表现的不同颜色。

样品:苯酚、水杨酸、间苯二酚、对苯二酚、对羟基苯甲酸、邻硝基苯酚。

配置 1％的水杨酸、对羟基苯甲酸和邻硝基苯酚水溶液时需加入少量乙醇或直接用饱和溶液进行试验。

(3)溴化

在试管中加入 0.5 mL 1％样品水溶液,逐渐加入溴水溶液,溴水不断褪色,并观察有无沉淀析出。

样品:苯酚、水杨酸、间苯二酚[5]、对苯二酚、对羟基苯甲酸、邻硝基苯酚、苯甲酸。

溴水溶液的配置:溶解 15 g 溴化钾于 100 mL 水中,加入 10 g 溴,振荡。

(4)苯酚的硝化反应

取苯酚 0.5 g 置于试管中,加入浓硫酸 1 mL,摇匀,在沸水浴中加热 5 min,不断振荡,使磺化完全。冷却后,加水 3 mL,小心逐滴加入 2 mL 浓硝酸,并不断振荡,再在沸水浴上加热,至溶液呈黄色后,取出试管冷却,有黄色苦味酸结晶析出。

(5)苯酚的氧化反应

取试管 1 支,加入苯酚固体 2~3 勺(小钢勺),加水 1 mL,稍微加热,振摇使之溶解,冷却后加入浓硫酸 2 滴,再加入饱和重铬酸钾溶液 3~5 滴,用力振摇,观察有无墨绿色针状结晶生成。

实验 7.4 醛和酮的鉴定

1.亚硫酸氢钠实验

取干燥试管 3 支,各加入饱和亚硫酸氢钠溶液 2 mL,然后分别加入乙醛、丙酮、3-戊醛各 1 mL,强烈振摇 3~5 min 后置于冰水浴中冷却,如有结晶析出,表明存在羰基。

2. 2,4-二硝基苯肼试验

取 2,4-二硝基苯肼试剂 2 mL 放入试管中,加入 3~4 滴试样,振荡,静置片刻,若无沉淀生成,可微热 0.5 min 再振荡,冷却后有橙黄色或橙红色沉淀生成,表明样品是羰基化合物。

样品:乙醛水溶液、丙酮、苯乙酮。

2,4-二硝基苯肼试剂的配制:取 2,4-二硝基苯肼 1 g,加入 7.5 mL 浓硫酸,溶解后,将此溶液倒入 75 mL 95% 乙醇中,用水稀释至 250 mL,必要时过滤备用。

3. Tollens 试验[6]

在洁净的试管中加入 2 mL 5% 的硝酸银溶液[7],振荡下逐渐滴加浓氨水,开始溶液中产生棕色沉淀,继续滴加氨水,直到沉淀恰好溶解为止(不宜多加,否则影响试验的灵敏度),得一澄清透明液体。然后向试管中加入 2 滴试样(不溶或难溶于水的试样,可加入几滴丙酮使之溶解),摇荡,如无变化,可在手心或在水浴中温热,若有银镜生成,表明是醛类化合物。

样品:甲醛水溶液、乙醛水溶液、丙酮、苯甲醛。

4.铬酸试验

在试管中将 1 滴液体试样(或 10 mg 固体试样)溶于 1 mL 试剂级丙酮中,加入数滴铬酸试剂,边加变摇,每次 1 滴,产生绿色沉淀且溶液橘黄色消失表明为正性试验。脂肪醛通常在 5 s 内显示浑浊,30 s 内出现沉淀;芳香醛通常需要 0.5～2 min 才能出现沉淀;有些可能需更长的时间。

样品:丁醛、苯甲醛、环己酮。

5. Fehling 试验

在 2 支试管中分别加入 Fehling 溶液 Ⅰ 和 Ⅱ 各 1 mL,混合均匀并标记后,再分别加入乙醛、丙酮、苯甲醛各 5 滴,摇匀后,放入沸水浴中加热 3～5 min 后取出。观察现象并比较结果。

6. 碘仿反应

在试管中加入 1 mL 水和 3～4 滴试样(不溶或难溶于水的试样),可加入几滴二氧六环使之溶解,再加入 1 mL 10% 氢氧化钠溶液,然后滴加碘-碘化钾溶液至溶液呈浅黄色,振荡后析出黄色沉淀为正性试验。若不析出沉淀,可在温水浴微热,若溶液变成无色,继续滴加 2～4 滴碘-碘化钾溶液,观察结果。

样品:乙醛水溶液、正丁醛、丙酮、乙醇。

碘-碘化钾溶液的配制:溶解 10 g 碘和 20 g 碘化钾于 100 mL 水中。

7. 未知物鉴定

现有六瓶无标签的试剂,已知其中有环己烷、苯甲醛、丙酮、环己烯、正丁醛和环己醇,试分别鉴定出每个瓶子装的是哪一种试剂。

8. 醛的衍生物——2,4-二硝基苯腙的制备

在锥形瓶中放入 0.2 g 2,4-二硝基苯肼和 2 mL 浓硫酸,用滴管逐渐加水至固体完全溶解。趁热加 5 mL 95% 乙醇,在此溶液中加入 0.2 g 样品溶于 10 mL 乙醇的溶液,搅动后不久即析出结晶。冷却,抽滤,沉淀用乙醇-水混合溶剂重结晶,得到黄色结晶,测熔点。醛和酮的衍生物的熔点分别如表 7.4-1 和表 7.4-2 所示。

表 7.4-1 醛的衍生物的熔点

醛	沸点/℃	缩氨基脲熔点/℃	2,4-二硝基苯腙熔点/℃
乙醛	21	162	168
丙醛	49	82	148
丙烯醛	52	171	165
丁醛	75	95	123
2-丁烯醛	102	—	106

续表 7.4 - 1

醛	沸点/℃	缩氨基脲熔点/℃	2,4-二硝基苯腙熔点/℃
呋喃甲醛	162	202	212
苯甲醛	179	222	237
苯乙醛	195	153	121

表 7.4 - 2 酮的衍生物的熔点

酮	沸点/℃	缩氨基脲熔点/℃	2,4-二硝基苯腙熔点/℃
丙酮	56	—	187
丁酮	80	—	146
3 -戊酮	102	—	138
环戊酮	131	—	210
环己酮	156	—	166
2 -庚酮	151	—	123
苯乙酮	202	20	198
乙基苯基甲酮	218	21	182

实验 7.5 胺的鉴定

1.溶解度与碱性试验

取 3～4 滴试样,逐渐加入 1.5 mL 水,观察是否溶解。若冷水、热水均不溶,可逐渐加入 10%硫酸使其溶解,再逐渐滴加 10%氢氧化钠溶液,观察现象。

样品:甲胺盐酸盐、苯胺。

2.Hinsberg 试验

取 3 支试管,配好塞子,在试管中分别加入 0.5 mL 液体试样,2.5 mL 10%氢氧化钠溶液和 0.5 mL 苯磺酰氯,塞好塞子,用力摇振 3～5 min。手触试管底部,试验哪支试管发热,为什么? 取下塞子,摇振下在水浴中温热 1 min[8],冷却后用pH 试纸检验 3 支试管内的溶液是否呈碱性,若不呈碱性,可再加几滴氢氧化钠溶液,观察下述三种情况并判断试管内是哪一级胺。

①如有沉淀析出,用水稀释并摇振后沉淀不溶解,表明为仲胺。

②如最初不析出沉淀或经稀释后沉淀溶解,小心加入 6 mol/L 的盐酸至溶液呈酸性,此时若生成沉淀,表明为伯胺。

③试验时无反应发生,溶液仍有油状物,表明为叔胺。

样品:苯胺、N-甲基苯胺、N,N-二甲苯胺。

3. 亚硝酸试验

在一支大试管中加入 3 滴(0.1 mL)试样和 2 mL 30%硫酸溶液,混匀后在冰盐浴中冷却至 5 ℃以下。另取 2 支试管,分别加入 2 mL 10%亚硝酸钠水溶液和2 mL 10%氢氧化钠溶液,并在氢氧化钠溶液中加入 0.1 g β-萘酚,混匀后也置于冰盐浴中冷却。将冷却后的亚硝酸钠溶液在摇荡下加入冷的胺溶液中并观察现象:在 5 ℃或低于 5 ℃时大量冒出气泡表明为脂肪族伯胺,形成黄色油状液或固体通常为仲胺。在 5 ℃时无气泡或仅有极少气泡冒出,取出一半溶液,让温度升至室温或在水浴中温热,注意有无气泡(氮气)冒出。向剩下的一半溶液中滴加 β-萘酚碱溶液,振荡后如有红色偶氮染料沉淀析出,则表明未知物肯定为芳香族伯胺。

样品:苯胺、N-甲基苯胺、丁胺。

4. 衍生物的制备

(1)苯甲酰胺的制备。在 50 mL 锥形瓶中,加入 15 mL 5%氢氧化钠溶液、0.5 mL (0.5 g)胺和 1 mL(1.2 g)苯甲酰氯,塞好塞子,充分摇振反应混合物 2~3 min,小心打开瓶塞,释放瓶内压力。继续摇振直至苯甲酰氯气味消失。用玻璃钉漏斗抽滤析出的沉淀,用水洗涤后接着用少量 5%的盐酸洗涤,用乙醇或乙醇-水重结晶,干燥后测定熔点。

样品:苯胺、N-甲基苯胺。

(2)季铵盐的制备

在干燥的试管中混合 0.5 mL(0.5 g)胺和 0.5 mL 碘甲烷(沸点为 43 ℃),在手掌中温热 5 min,塞紧试管,在冰浴中放置 10 min,然后加入 2~3 mL 无水乙醚或无水苯,抽滤析出的晶体,并用少量溶剂洗涤,用无水甲醇或无水乙醇重结晶。季铵盐在空气中易潮解,产品应密封保存。许多季铵盐在熔点附近发生分解。

样品:N,N-二甲苯胺。

实验7.6 羧酸及其衍生物的性质及鉴定

1. 酸性试验

将甲酸、乙酸各 10 滴及草酸 0.5 g 分别溶于 2 mL 水中,然后用干净的玻璃棒分别蘸取相应的试液在同一条刚果红试纸上画线,比较各线条的颜色和深浅程度。

样品:乙酸、苯甲酸

2.氧化反应

取 3 支试管,分别加入甲酸、乙酸、10%草酸溶液各 5 滴,然后再向每支试管加入 1∶5 硫酸及 0.5%高锰酸钾溶液各 2 滴,摇匀,加热,观察颜色变化并比较结果。

3.成盐反应

取 0.2 g 苯甲酸晶体放入盛有 1 mL 水的试管中,加入 10% NaOH 溶液数滴,振荡并观察现象,接着加入数滴 10% HCl,振荡并观察所发生的变化。

4.酯化反应

取 1 支干燥的试管,加入无水乙醇、冰醋酸和浓硫酸各 5 滴,混合均匀,用棉花塞住管口,将试管放在 60~70 ℃ 热水中加热 10 min,取出冷却,加入 3 mL 蒸馏水,观察有无酯层出现,有何气味?(若不分层,可以加入数滴 10% NaOH 溶液)

5.酰氯的水解反应

取一支试管,加入 1 mL 蒸馏水,再加入 2 滴乙酰氯,摇匀,这时,沉入管底的乙酰氯迅速溶解并放出热量(为什么?),冷却后,滴入 1 滴 2%硝酸银溶液,观察现象并说明原因。

6.酸酐的水解反应

取 2 支试管,其中一只加入 1 mL 水,另一支加入 1 mL 氢氧化钠溶液,然后各加入乙酸酐 2 滴,振摇混合,观察现象。若无变化,微热片刻,再观察,比较结果。

7.酯的水解反应

取 3 支试管,各加蒸馏水 1 mL 和乙酸乙酯 8 滴,再在其中一支试管中加入稀硫酸(1∶5)5 滴,在另一支试管中加入 10% 氢氧化钠 5 滴,用棉花塞住管口,将此 3 支试管同时放入 60~70 ℃水浴中加热,并振荡,观察并比较各试管中酯层消失的速度,说明原因。

8.酰胺的水解反应

取 2 支试管,各加入 0.5 g 乙酰胺,然后向其中一支试管加入 10%氢氧化钠溶液 3 mL,另外一支加入 1∶5 硫酸 3 mL,加热煮沸,用石蕊试纸检查两试管口处是否有氨或乙酸蒸气逸出,以判断反应是否发生。

9.乙酰乙酸乙酯的互变异构

将 3 mL 蒸馏水置于试管中,加入 5 滴乙酰乙酸乙酯,加入 2 滴 5%三氯化铁溶液,摇匀,溶液呈紫红色,再加入 2 滴饱和溴水,紫红色褪去(为什么?),放置片刻,紫红色又出现(这又是为什么?),写出反应方程式。

10.油脂的皂化反应

在小锥形瓶中,放入 2 g 熟猪油,加入 10 mL 乙醇和 5 mL 40%氢氧化钠溶液,瓶口用玻塞塞住。置电热包上加热并不断振荡,约 10 min 后将样品倒入试管里。加入 5～6 mL 蒸馏水,加热。如样品完全溶解,没有油滴分出,就表示皂化完全。反之,继续加热直至皂化完全。冷却后,将已皂化完全的溶液倒入盛有20 mL饱和食盐水的小烧杯中,边倒边搅拌,就会有一层肥皂浮在溶液表面(盐析作用)。将析出的肥皂用布过滤拧干。

取盐析过肥皂的饱和食盐水 2 mL,加入 40% 氢氧化钠溶液数滴,然后滴加1%硫酸铜溶液,观察有何现象发生,此现象证明有何物存在?

实验7.7　糖的鉴定

1.α-萘酚试验(Molish 试验)[9]

在试管中加入 0.5 mL 5%糖水溶液,滴入 2 滴 10% α-萘酚的酒精溶液,混合均匀后把试管倾斜 45°,沿管壁慢慢加入 1 mL 浓硫酸(勿摇动),硫酸在下层,试液在上层,若两层交界处出现紫色环,则表示溶液含有糖类化合物。

样品:葡萄糖、果糖、蔗糖、麦芽糖。

1. 西列瓦诺夫(Seliwanoff)反应

在试管中加入 5 滴 5%的糖水溶液,再加入 1 mL 间苯二酚盐酸试剂,在沸水浴中加热,记录溶液转变为红色的时间。如溶液在 1～2 min 内变为红色,说明样品为酮糖,否则为醛糖。

样品:葡萄糖、果糖、蔗糖、麦芽糖。

2. Fehling 试验

取 FehlingI 和 FehlingII 溶液各 0.5 mL 混合均匀,并于水浴中微热后,加入样品 5 滴,振荡,再加热,注意颜色变化及有无沉淀析出。

样品:葡萄糖、果糖、蔗糖、麦芽糖。

Fehling 溶液配制:因酒石酸钾钠和氢氧化铜混合后生成的络合物不稳定,故需分别配置,试验时将两溶液混合。

FehlingI:将 3.5 g 五水合硫酸铜溶于 100 mL 水中,即得淡蓝色的 FehlingI 试剂。

FehlingII:将 17 g 含五个结晶水的酒石酸钾溶于 20 mL 热水中,然后加入20 mL含有 5 g 氢氧化钠水溶液,稀释至 100 mL,即得无色清亮的 FehlingII 试剂。

3. Benedict 试验

用 Benedict 试剂[10]代替 Fehling 试剂做以上试验。

样品:葡萄糖、果糖、蔗糖、麦芽糖。

Benedict 试剂的配制:取 173 g 柠檬酸钠和 100 g 无水碳酸钠溶解于 800 mL 水中,再取 17.3 g 结晶硫酸铜溶解在 100 mL 水中,慢慢将此溶液加入上述溶液中,最后用水稀释至 1 L,如溶液不澄清,可过滤之。

4. Tollens 试验

在试管中加入 2 mLTollens 试剂,再加入 0.5 mL 5%糖溶液,在 50 ℃水浴中温热,观察有无银镜生成。

5. 成脎反应

在试管中加入 1 mL 5%试样,再加入 0.5 mL 10%苯肼盐酸盐溶液和 0.5 mL 15%醋酸钠溶液[11],在沸水中加热并不断振摇,比较产生结晶的速度,记录成脎的时间并在低倍显微镜下观察结晶形状。

样品:葡萄糖、果糖、蔗糖[12]、麦芽糖。

6. 淀粉水解

在试管中加入 2 mL 淀粉溶液,再加 0.5 mL 稀硫酸,于沸水浴中加热 5 min,冷却后用 10%氢氧化钠溶液中和至中性。取 2 滴与 Fehling 试剂作用,观察现象。

实验7.8 氨基酸及蛋白质的鉴定

1. 茚三酮反应

取 3 支试管,分别加入 4 滴 0.5%甘氨酸溶液、0.5%酪蛋白溶液和蛋白质溶液[13],再加入 2 滴 0.1%茚三酮-乙醇溶液[14],混合均匀后,放在沸水浴中加热 1～2 min。观察并比较 3 支试管里显色的先后次序。

2. 双缩脲反应

取 1 支试管,加 10 滴蛋白质溶液和 15～20 滴 10% 氢氧化钠溶液,混合均匀后,再加入 3～5 滴 5%硫酸铜溶液[15],边加边摇,观察有何现象产生。

3. 黄色反应

取 1 支试管,加 4 滴蛋白质溶液及 2 滴浓硝酸(由于强酸作用,蛋白质出现白色沉淀)然后放在水浴中加热,沉淀变成黄色,冷却后,再逐滴加入 10%氢氧化钠溶液,当反应液呈碱性时,颜色由黄变成橙黄色。

取 1 支试管加 4 滴 0.1% 苯酚溶液代替蛋白质溶液重复上述操作,注意颜色的变化。

取 1 支试管,加一些指甲屑,再加 5～10 滴浓硝酸,放置 10 min 后,观察指甲的颜色变化。

4. 醋酸铅反应

取 1 支试管,加 1 mL 0.5% 醋酸铅溶液,再逐滴缓慢滴加 1% 氢氧化钠溶液,直到生成的沉淀溶解为止,摇匀。然后,加 5～10 滴蛋白质溶液,混合均匀,在水浴上小心加热,待溶液变成棕黑色时,将试管取出,冷却后,再小心加入 2 mL 浓盐酸,观察有何现象发生,并嗅其味,判断是什么物质。

注释

1. 烷、烯、炔

[1] 制取乙炔:在一支带有支管的大试管中放置约 5 g 碳化钙,管口用带有滴液漏斗的橡皮塞塞住,支管用橡皮管与导气管相连,滴液漏斗中盛 10 mL 饱和食盐水,打开滴液漏斗活塞,使水缓缓滴入试管中,即有乙炔气产生。

[2] 配置银氨溶液的反应如下:

$$AgNO_3 + NaOH \longrightarrow AgOH + NaNO_3$$

$$2AgOH \longrightarrow Ag_2O + H_2O$$

$$Ag_2O + 4NH_4OH \longrightarrow 2[Ag(NH_3)_2]OH + 3H_2O$$

2. 醇

[3] 低级醇沸点较低,应在较低温度下加热以免挥发。

[4] 3,5-二硝基苯甲酰氯的制备:取 3 g(约 0.014 mol)研细的 3,5-二硝基苯甲酸和 3.3 g(0.016 mol)五氯化磷混合,在 120～130 ℃油浴中加热回流 75 min,把所得的澄清溶液进行减压蒸馏,蒸出三氯氧磷[75 ℃/2.66 kPa(20 mmHg)]。残渣用四氯化碳进行重结晶,可得到产品 2.5 g,熔点 66～68 ℃。

3. 酚

[5] 间苯二酚的溴化物在水中的溶解度较大,需加入较多的溴水溶液才能产生沉淀。

4. 醛和酮

[6] Tollens 试剂久置后将形成雷银(AgN_3),容易爆炸,故必须临时配用。进行实验时,切忌直接加热,以免发生危险。实验完毕后,应加入少许硝酸,立即煮沸

洗去银镜。

[7]硝酸银溶液与皮肤接触,立即形成黑色金属银,很难洗去,故滴加和摇荡时应小心操作。

5.胺

[8]苯磺酰氯水解不完全时,可与叔胺混在一起,沉于试管底部。酸化时,叔胺虽已溶解,而苯磺酰氯仍以油状物存在,往往会得出错误的结论。为此在酸化之前,应在水浴上加热,使苯磺酰氯水解完全,此时叔胺全部浮在溶液上面,下部无油状物。

6.糖

[9]糖类化合物与浓硫酸作用生成糠醛及其衍生物(如羟甲基糠醛)等。其显色原因可能是糠醛及其衍生物与 α-萘酚起缩合作用,生成紫色的缩合物。

[10]Benedict 试剂为 Fehling 试剂的改进,试剂稳定,不必临时配置,同时它还原糖类时很灵敏。

[11]醋酸钠与苯肼盐酸盐作用生成苯肼醋酸盐,弱酸弱碱所生成的盐在水中容易水解生成苯肼。

$$C_6H_5NHNH_2 \cdot HCl + CH_3COONa \longrightarrow C_6H_5NHNH_2 \cdot CH_3COOH + NaCl$$
$$C_6H_5NHNH_2 \cdot CH_3COOH \Longleftrightarrow C_6H_5NHNH_2 + CH_3COOH$$

苯肼毒性较大,操作时应小心,防止试剂溅出或沾到皮肤上。如不慎触及皮肤,应先用稀醋酸冲洗,然后水洗。

[12]蔗糖不与苯肼作用生成脎,但经长时间加热,可能水解成葡萄糖与果糖,因而也有少量糖脎沉淀出现。

7.蛋白质

[13]取 25 mL 鸡蛋清于小烧杯中,加入 100～120 mL 水,搅拌均匀后,用清洁的绸布或经水湿润的纱布或脱脂棉过滤,即得蛋白质溶液。

[14]茚三酮溶液配制如下:溶 0.4 g 茚三酮于 100 mL 95％乙醇中,再加入1.5 mL吡啶摇匀即成。

[15]硫酸铜溶液不能加过量,否则硫酸铜在碱性溶液中生成氢氧化铜沉淀,会遮蔽产生的紫色反应。

思考题

1.烯烃、炔烃、卤代烃

(1)在适当的条件下烷烃和烯烃都可以与溴发生作用,其作用机理是否相同?

(2)具有什么结构的炔烃能生成金属炔化物沉淀？

(3)配制银氨溶液时,为什么不能加入过量的氨水？

(4)乙炔的银氨溶液实验完毕,实验混合物应如何处理？为什么？

(5)卤代烃与硝酸银作用时,为什么要用硝酸银乙醇溶液？用硝酸银水溶液可以吗？

(6)不同的烃基类型的卤代烃与硝酸银乙醇溶液反应的活性顺序是什么？请解释其原因。

(7)一般认为,卤代烃与硝酸银-乙醇溶液的反应是按 S_N1 历程进行的,试由相同卤素原子的不同烃基类型的卤代烃与硝酸银-乙醇溶液的反应活性顺序,推测相应的正碳离子的稳定性次序。

(8)不同卤素原子的卤代烃在各种反应中的活性顺序总是 RI＞RBr＞RCl＞RF,为什么？

2. 醇、醛、酮、酚

(9)为什么 Lucas 试验只适用于鉴别含 6 个以下碳原子的醇？

(10)烯丙醇、苄醇、肉桂醇与 Lucas 试剂反应情况如何？与 1,2,3 级醇中哪一类醇相似？

(11)为什么酚能与碱反应而醇不能？

(12)用溴水、三氯化铁溶液检验酚类应注意什么问题？

(13)哪些试剂可以鉴别醛和酮？

(14)"Fehling 试剂可以鉴别脂肪醛与芳香醛"这一说法对不对？用这种试剂来鉴别低级脂肪醛与常见的芳香醛时应注意什么？

(15)Tollens 试剂为什么要在用的时候才配置？Tollens 实验完毕后,应该加入硝酸少许,立即煮沸洗去银镜,为什么？

(16)Fehling 溶液呈深蓝色,与低级脂肪醛共热时,溶液颜色依次有下列变化:蓝→绿→黄→红色沉淀。你能解释此现象吗？可否据此对反应进程作出判断？

(17)配制碘溶液时,为什么要加入碘化钾？

(18)卤仿反应中为什么选用碘仿反应作为鉴别乙醛和甲基酮的反应？选用氯仿、溴仿反应可以吗？

3. 羧酸衍生物

(19)甲酸为什么有还原性？乙酸为什么对氧化剂稳定？

(20)草酸为什么能被热的高锰酸钾的酸性溶液氧化？而丙二酸在同一条件下却不能被氧化？

(21)酯化反应中,硫酸起什么作用？写出其应机理。

4. 糖

(22)为什么所有的糖都与 Molish 试剂作用而显色？

(23)是否所有的糖都能还原 Benedict 试剂？为什么？

(24)为什么葡萄糖和果糖的糖脎、晶型都是相同的？

5. 氨基酸和蛋白质

(25)怎样区别氨基酸和蛋白质？

(26)进行蛋白质沉淀试验和颜色反应试验时应注意哪些问题？

(27)盐析作用的原理是什么？盐析在化学工业中有什么应用？

附　录

附录1　常用元素相对原子质量

元素名称		相对原子质量	元素名称		相对原子质量
氢	H	1	铬	Cr	52
锂	Li	6.9	锰	Mn	55
硼	B	10.81	铁	Fe	56
碳	C	12	镍	Ni	58
氮	N	14	铜	Cu	63.5
氧	O	16	锌	Zn	65
氟	F	19	溴	Br	79
钠	Na	23	钼	Mo	95.9
镁	Mg	24	钯	Pd	106
铝	Al	27	银	Ag	108
硅	Si	28	锡	Sn	118.7
磷	P	31	碘	I	127
硫	S	32	钡	Ba	137
氯	Cl	35.5	铂	Pt	195
钾	K	39	金	Au	197
钙	Ca	40	汞	Hg	200.6
			铅	Pb	207

附录 2 国产化学试剂的规格

等级	中文名称	英文名称	符号	适用范围	标签标志
一级品	优级纯 （保证试剂）	Guaranteed reagent	G. R.	纯度很高，适用于精密分析工作和科学研究工作	绿色
二级品	分析纯 （分析试剂）	Analytical reagent	A. R.	纯度仅次于一级品，适用于多数分析工作和科学研究工作	红色
三级品	化学纯	Chemical pure	C. P.	纯度较二级差些，适用于一般分析工作	蓝色
四级品	实验试剂	Laboratory reagent	L. R.	纯度较低，适用于一般合成实验和科学研究	棕色或其它颜色
	生化试剂	Biochemical reagent	B. R C. R.		黄色或其它颜色

附录 3 一些溶剂与水形成的二元共沸物

溶剂	沸点/℃	共沸点/℃	含水量/%	溶剂	沸点/℃	共沸点/℃	含水量/%
氯仿	61.2	56.1	2.5	甲苯	110.5	85.0	20
四氯化碳	76.8	66.0	4.0	正丙醇	97.2	87.7	28.8
苯	80.1	69.2	8.8	异丁醇	108.4	89.9	88.2
丙烯腈	78.0	70.0	13.0	二甲苯	137～140.5	92.0	37.5
二氯乙烷	83.7	72.0	19.5	正丁醇	117.7	92.2	37.5
乙腈	82.0	76.0	16.0	吡啶	115.5	94.0	42
乙醇	78.3	78.1	4.4	异戊醇	131.0	95.1	49.6
乙酸乙酯	77.1	70.4	8.0	正戊醇	138.3	95.4	44.7
异丙醇	82.4	80.4	12.1	氯乙醇	129.0	97.8	59.0
乙醚	35	34	1.0	二硫化碳	46	44	2.0
甲酸	101	107	26				

附录 4　常见有机溶剂间的共沸混合物

共沸混合物	组分的沸点/℃	共沸物的组成(质量)/%	共沸物的沸点/℃
乙醇-乙酸乙酯	78.3,77.1	30∶70	72.0
乙醇-苯	78.3,80.1	32∶68	68.2
乙醇-氯仿	78.3,61.2	7∶93	59.4
乙醇-四氯化碳	78.3,76.8	16∶84	64.9
乙酸乙酯-四氯化碳	77.1,76.8	43∶57	75.0
甲醇-四氯化碳	64.7,76.8	21∶79	55.7
甲醇-苯	64.7,80.1	39∶61	48.3
氯仿-丙酮	61.2,56.4	80∶20	64.7
甲苯-乙酸	101.5,118.5	72∶28	105.4
乙醇-苯-水	78.3,80.1,100	19∶74∶7	64.9
乙醇-乙酸乙酯-水	78.3,77.1,100	9∶83.2∶7.8	70.3
正丁醇-乙酸乙酯-水	117.8,77.1,100	8∶63∶29	90.7
异丙醇-苯-水	82.4,80.1,100	18.7∶73.8∶7.5	66.5

附录 5　常用有机溶剂的沸点、密度、水溶解性等物理性质

化合物	分子式	相对分子质量	熔点/℃	沸点/℃	折光率 n_D^{20}	相对密度 d_4^{20}	水溶解性/[g/(100 g)]^{20}
甲醇	CH_3OH	32	−97.7	64.9	1.3284	0.7914	混溶
乙醇	C_2H_5OH	46	−117.3	78.3	1.3611	0.7893	混溶
乙腈	CH_3CN	41	−46	81.6	1.3440	0.7860	混溶
乙醚	$C_2H_5OC_2H_5$	74	−116.2	34.5	1.3526	0.7134	不溶
丙酮	CH_3COCH_3	58	−94.8	56	1.3588	0.7808	混溶
乙酸	CH_3COOH	60	16.5	118	1.3716	1.0492	混溶
乙酸酐	$(CH_3CO)_2O$	102	−73	139	1.3904	1.0820	分解
乙酸乙酯	$CH_3COOC_2H_5$	88	−84	77	1.3723	0.9003	8.5^{15}
二氧六环	$(CH_2)_4O_2$	88	11.8	101.7	1.4175	1.0337	混溶
四氢呋喃	$(CH_2)_4O$	72	−108	65～67	1.4070	0.8890	混溶

化合物	分子式	相对分子质量	熔点/℃	沸点/℃	折光率 n_D^{20}	相对密度 d_4^{20}	水溶解性/ $[g/(100\ g)]^{20}$
苯	C_6H_6	78	5.5	80.1	1.5011	0.8787	0.018
甲苯	$C_6H_5CH_3$	92	−93	110.6	1.4969	0.8669	0.053
氯仿	$CHCl_3$	119	−63.5	61.7	1.4467	1.4832	0.8
四氯化碳	CCl_4	154	−23	76.5	1.4607	1.5842	0.8^{25}
二硫化碳	CS_2	76	−111.6	46.2	1.6275	1.2632	0.2
硝基苯	$C_6H_5NO_2$	123	5.8	210.9	1.5562	1.1990	0.19
叔丁醇	$(CH_3)COH$	74	25.69	82.4	1.386	0.7809	混溶
正丁醇	C_4H_9OH	74	−89.5	117.3	1.3993	0.8098	9.1
二甲基亚砜	CH_3SCH_3	78	18.4	189	1.4790	1.1010	混溶
吡啶	C_5H_5N	79	−41.6	115.2	1.5067^{25}	0.9819	混溶
正己烷	C_6H_{14}	86	−95	69	1.3750	0.6590	不溶
环己烷	C_6H_{12}	84	6.5	80.7	1.4266	0.7786	不溶

附录 6 水在不同温度下的密度和饱和蒸气压

Saturated Water Vaper Pressures at Different Temperatures

$t/℃$	$p/(MPa)$	$t/℃$	$p/(MPa)$	$t/℃$	$p/(MPa)$
0	0.61129	21	2.4877	70	31.176
1	0.65716	22	2.6447	75	38.563
2	0.70605	23	2.8104	80	47.373
3	0.75813	24	2.9850	85	57.815
4	0.81359	25	3.1690	90	70.117
5	0.87260	26	3.3629	91	72.823
6	0.93537	27	3.5670	92	75.614
7	1.0021	28	3.7818	93	78.494
8	1.0730	29	4.0078	94	81.465
9	1.1482	30	4.2455	95	84.529
10	1.2281	35	5.6267	96	87.688

$t/℃$	$p/(MPa)$	$t/℃$	$p/(MPa)$	$t/℃$	$p/(MPa)$
15	1.7056	40	7.3814	97	90.945
16	1.8185	45	9.5898	98	94.301
17	1.9380	50	12.344	99	97.759
18	2.0644	55	15.752	100	101.32
19	2.1978	60	19.932	105	120.79
20	2.3388	65	25.022	110	143.24

附录 7 常用酸碱的密度、质量分数、物质的量浓度及配制(20℃)

名称	相对密度 $d_4^{20}/(g/mL)$	含量/%	$c/(mol/L)$	配备 1 mol/L 溶液 1L 所需体积或质量
盐酸	1.1594	0.32	10.2	98.0 mL
盐酸	1.1693	0.34	10.9	91.7 mL
盐酸	1.1791	0.36	11.6	86.2 mL
盐酸	1.1886	0.38	12.4	80.6 mL
盐酸	1.1977	0.40	13.1	76.3 mL
浓硝酸	1.39～1.40	0.698	16	62.5 mL
浓硫酸	1.84	0.98	18	55.6 mL
冰醋酸	1.05	0.995	17.4	57.5 mL
高氯酸	1.72	0.74	13	76.9 mL
氢氟酸	1.15	0.47	27	37 mL
磷酸	1.69	0.85	14.7	68.0 mL
浓氨水	0.88～0.90	0.25～0.28	15	66.67 mL
氢氧化钠				40 g
氢氧化钾				56.1 g
氢氧化钙				74 g

参考文献

[1] 罗冬冬,周忠强. 有机化学实验[M]. 北京:化学工业出版社,2012.

[2] 何树华,朱云云,陈贞干. 有机化学实验[M]. 武汉:华中科技大学出版社,2012.

[3] 张敏,陈杰,黄培刚,等. 有机化学实验[M]. 上海:上海大学出版社,2012.

[4] 林璇,谭昌会,尤秀丽,等. 有机化学实验[M]. 厦门:厦门大学出版社,2012.

[5] 吴晓艺,王铮,厉安昕,等. 有机化学实验[M]. 北京:清华大学出版社,2012.

[6] 华南师范大学化学实验中心. 有机化学实验[M]. 北京:化学工业出版社,2011.

[7] 杨定桥,朱育林,龙玉华. 有机化学实验[M]. 北京:化学工业出版社,2011.

[8] 兰州大学. 有机化学实验[M]. 3版. 北京:高等教育出版社,2010.

[9] 查正根,郑小琦,汪志勇,等. 有机化学实验[M]. 合肥:中国科技大学出版社,2010.

[10] 刘峥,丁国华,杨世军. 有机化学实验绿色化教程[M]. 北京:冶金工业出版社,2010.

[11] 王清廉,等. 有机化学实验[M]. 3版. 北京:高等教育出版社,2010.

[12] 邢其毅,等. 基础有机化学[M]. 2版. 北京:高等教育出版社,2010.

[13] 阴金香. 基础有机化学实验[M]. 北京:清华大学出版社,2010.

[14] 焦家俊. 有机化学实验[M]. 2版. 上海:上海交通大学出版社,2010.

[15] 姜艳,韩国防. 有机化学实验[M]. 3版. 北京:化学工业出版社,2010.

[16] 徐雅琴,杨玲,王春. 有机化学实验[M]. 北京:化学工业出版社,2010.

[17] 曾伟,方毅伊,蒋亚,等. 有机化学实验[M]. 成都:西南交通大学出版社,2010.

[18] 王玉良,陈华. 有机化学实验[M]. 北京:化学工业出版社,2009.

[19] 任玉杰. 有机化学实验[M]. 北京:高等教育出版社,2008.

[20] 单尚,强根荣,金红卫. 新编基础化学实验(II)——有机化学实验[M]. 北京:化学工业出版社,2007.

[21] 曾昭琼. 有机化学实验[M]. 3版. 北京:高等教育出版社,2004.

[22] 李兆陇,阴金香,林天舒. 有机化学实验[M]. 北京:清华大学出版社,2001.

[23] 朱红军. 有机化学微型实验[M]. 北京:化学工业出版社,2001.

［24］李明,李国强,杨丰科. 有机化学实验［M］.北京:化学工业出版社,2001.

［25］高鸿宾. 有机化学［M］.3 版. 北京:高等教育出版社,1999.

［26］周科衍. 有机化学实验［M］.3 版. 北京:高等教育出版社,1996.

［27］北京大学化学系有机化学教研室. 有机化学实验［M］.北京:北京大学出版社,1990.

［28］John C Gilbert,Stephen F Martin. Experimental Organic Chemistry:A Miniscale and Microscale Approach［M］. Belmont, CA:Thomson Brooks/Cole, 2005.

［29］Charles F Wilcox, Mary F Wilcox. Experimental Organic Chemistry:A Small Scale Approach［M］. 2nd ed. New Jersey:Prentice Hall,1994.

［30］Daniel R P. Experimental Organic Chemistry［M］. New York:John Wiley & Sons, Inc. , 2000.

［31］Jr Clark F Most. Experimental Organic Chemistry［M］. John Wiley & Sons, Ltd. , 1988.

［32］R. M. 罗伯茨. 现代实验有机化学［M］.曹显国,胡昌奇,译. 上海:上海科学技术出版社,1981.